众里寻他

[美]艾丽卡·洛林·米拉姆 编著
李 靓 侯冬霞 译

众里寻他

挑剔的雌性生物

辽宁科学技术出版社
·沈阳·

图书在版编目（CIP）数据

众里寻他：挑剔的雌性生物 /（美）艾丽卡 · 洛林 · 米拉姆编著；李靓，侯冬霞译 . — 沈阳：辽宁科学技术出版社，2024.1
ISBN 978-7-5591-3058-7

Ⅰ . ①众… Ⅱ . ①艾… ②李… ③侯… Ⅲ . ①动物行为—研究 Ⅳ . ① Q958.12

中国国家版本馆 CIP 数据核字（2023）第 106366 号

出版发行：辽宁科学技术出版社
（地址：沈阳市和平区十一纬路 25 号　邮编：110003）
印 刷 者：辽宁新华印务有限公司
经 销 者：各地新华书店
幅面尺寸：145mm × 210mm
印　　张：10.25
字　　数：200 千字
出版时间：2024 年 1 月第 1 版
印刷时间：2024 年 1 月第 1 次印刷
责任编辑：闻　通
封面设计：何　萍
版式设计：韩　军
责任校对：韩欣桐

书号：ISBN 978-7-5591-3058-7
定价：79.00 元

联系编辑：024-23284372
邮购热线：024-23284502
E-mail:605807453@qq.com
http://www.lnkj.com.cn

献给我的家人，无论老少，无论远近

Preface

In my second year of graduate work in biology, I became fascinated by the social implications of female choice theory. I was deep in planning a doctoral dissertation exploring the evolution of internal fertilization in fishes. As I started my research, I realized that in the papers I was reading, scientists sometimes looked at the same data and saw different things. Differences in the behavior or sexual anatomy of males and females might be interpreted as the result of male–male competition, female choice, chase–away selection, or cryptic female choice. The options abounded. I was fascinated and began to explore the history behind the current theories, as a way of explaining the origins of their variation. Slowly, a new academic field opened before my eyes—the history of science. What a joy! I decided to change academic fields and began a dissertation on the history of mate choice. I wanted to understand the history of sexual selection as an idea, how the theory was entangled in social conceptions of masculinity and femininity, and, perhaps most importantly, how theories of sexual behavior in animals contributed to ideas about what it means (and meant) to be human. *Looking for a Few Good Males: Female Choice in Evolutionary Biology* became my answer to all these questions.

Throughout my research process, the opportunity to talk to scientists about their scholarly lives enriched my project enormously. In reconstructing past events, historians necessarily rely on archival research. In addition, when working on recent history, talking with scientists while they are still alive allows historians like myself access to voices and perspectives that would otherwise be impossible to include. Much about a scientist' s life is never recorded in a paper trail: from the books and experiences people found inspiring when they were teenagers to the friends who sustained them during and after graduate school. I found it thrilling to meet people the people about whom I was writing in person. The lilting cadence of a voice, the disorderliness of an office, and the art on a wall: each of these things leaves a singular impression impossible to glean from the written word. Looking back, I am grateful to the generosity of the scientists entrusted me, as a graduate student, with stories about their lives and research.

I now have the distinct pleasure of working with a

wonderful community of scholars, including undergraduate and graduate students, as well as postdoctoral fellows at Princeton University. In recent years, my historical attention has turned to both male–male competition and aggression in evolutionary theory, published as *Creatures of Cain: The Hunt for Human Nature in Cold War America* with Princeton University Press (2019), and I have remained fascinated with the connotations of animal behavior for understanding human nature, especially in evolutionary theory. With Suman Seth, of Cornell University, I recently co–edited a special issue on the legacy of Darwin' s theories of sexual selection: *Descent of Darwin: Sex, Race, and Human Nature, for BJHS Themes* (2021) on the occasion of the 150th anniversary of Charles Darwin' s *Descent of Man and Selection in Relation to Sex.*

Most of all, I want to express my delight that *Looking for a Few Good Males* will be published in China. I extend sincere thanks to the publisher and translator of this book.

Erika Lorraine Milam, 4 June 2023

中文版序

在攻读生物学博士研究生学位的第二年，我深深地被雌性选择理论的社会影响力所吸引。当时，我正在准备一篇博士学位论文，探究鱼类体内受精的进化。在阅读相关参考文献的过程中，我发现即使查看相同的实验数据，不同的科学家可能也会有不同的理解。关于两性行为或生殖器官解剖结构差异产生的原因，不同的科学家就可能会有不同的解释，包括雄性个体竞争、雌性选择、驱赶选择或隐性雌性选择。诸如此类的选择理论很多，我深陷其中，便开始探索这些理论的发展历史，从而追溯这些选择理论产生的根源。慢慢地，一门新的学科出现在我的面前，那便是科学史。喜出望外！我决定改变研究方向，把博士学位论文的内容改为配偶选择的科学史，想要去探究雌性选择概念的科学史，理解这个理论怎么会与男性和女性的社会性概念交织在一起，以及可能最重要的是，这些动物性行为的理论对于理解人类性行为有过或会有怎样的意义。《众里寻他：挑剔的雌性生物》便是我回答这些问题的答案。

在整个创作过程中，与科学家们面对面地访谈，倾听他们讲述自己的学术生涯，极大地丰富了我的研究内容。在重构历史事件的时候，历史学家必然会借助于档案资料。而在研究近期的历史事件时，如果没有对在世科学家的访谈，那么历史学家就不可能像我这样，把这些科学家的声音和观点写进书中。因为一位科学家的许多经历都不可能被写入有关他们的文本中，这包括他们自己撰写的著述，以及一生中相识的好友的记录。我发现能够亲自见到我正在描述的人物是一件非常令人兴奋的事情。科学家抑扬顿挫的声音、凌乱的办公室和办公室墙上悬挂的艺术品，都给我留下了无法从文本中获得的独特印象。现在回想起来，我要特别感谢那些科学家的慷慨大度，能够信任还是一名研究生的我，乐于分享他们生活和研究的故事。

现在，我非常荣幸与普林斯顿大学的本科生、研究生和博士后研究员组成的优秀学术团队一起工作。近几年，我的史学关注点已经转向了进化理论中的雄性竞争和攻击，相关的研究成果 *Creatures of Cain: The Hunt for Human Nature in Cold War America*（《该隐的后代：冷战时期美国的人性追寻》）已由普林斯顿大学出版社于 2019 年出版。而关于动物行为理论对理解人性的意义，特别是进化理论的人性，我一直有着浓厚的兴趣。最近，我与康奈尔大学的休曼・赛斯（Suman Seth）教授共同为 *BJHS Themes* 杂志编写了一期关于达尔文性选择理论遗留问题的特刊：*Descent of Darwin: Sex, Race, and Human Nature*（2021）(《达尔文的后裔：性别、种族和人性》，2021)，以纪念查尔斯・达尔文的《人类的由来及性选择》出版 150 周年。

最重要的是，《众里寻他：挑剔的雌性生物》将在中国出版，我非常开心，我向本书的出版社和译者表示衷心的感谢。

艾丽卡・洛林・米拉姆

2023 年 6 月 4 日

推荐序

根据达尔文的进化理论，自然界中的动物在外表上总是尽可能地和环境保持一致，这样才有利于它们躲避天敌和捕食猎物，提升自身的生存概率。然而，我们还是能够看到一些“高调”存在的动物，比如雄性孔雀，其拥有华丽多彩的羽毛，而鲜艳的颜色往往更容易暴露给天敌，依据进化论的标准，这似乎不符合自然规律。如果你对这类问题存在疑惑，那么《众里寻他：挑剔的雌性生物》一书中可能会有你想要的答案。

《众里寻他：挑剔的雌性生物》是普林斯顿大学著名科学史学家艾丽卡·洛林·米拉姆撰写的一本关于雌性选择理论的科普著作，该书详细介绍了雌性选择理论的发展历史。雌性选择是指在许多物种中，雌性会根据各种因素如皮肤外貌、行为或基因质量等选取配偶的能力，最终目的是最大化他们的生殖成功率。雌性选择理论最初的起源可以追溯到查尔斯·达尔文的进化论，他首次提出了性选择理论，认为动物选择配偶的行为是进化过程中的重要驱动因素。该领域的另一位先驱是英国生物学家罗纳德·费希尔，他于 19 世纪 30 年代提出雌性选择是通过观察和评估雄性的性状来实现的。米拉姆专注于查尔斯·达尔文和罗纳德·费希尔等研究先驱的工作，通过历史回顾并结合进化生物学理论分析，深入探讨了该现象的科学本质。

本书以引人入胜、易于理解的论述介绍了影响雌性选择的各种因素，包括生理特征、行为和雄性基因质量等；并通过多种例证，包括昆虫、鸟类、灵长类动物和人类，在不同物种之间进行了对比分析，探讨了社会和文化因素如何塑造我们对雌性选择的理解以及雌性选择在自然领域的运作方式，为雌性选择理论在人类配偶选择研究中的应用提供了启示。在这本书中，读者将深入了解自然界配偶选择的复杂性，以及雌性选择方式如何影响了雄性特质和行为的演化。无论你是一位希望深化对雌性选择理解的生物学家，还是单纯对动物行为的迷人细节感兴趣的读者，《众里寻他：挑剔的雌性生物》都是一本极具吸引力的上乘之作。

习近平总书记指出，科技创新、科学普及是实现创新发展的两翼，要把科学普及放在与科技创新同等重要的位置。南京大学始终响应国家号召，生命科学学院于 2022 年成立了秉志讲师团，面向社会积极承担科普工作。《众里寻他：挑剔的雌性生物》一书是由我院李靓、侯冬霞两位专业教师翻译的关于雌性选择理论的科普著作，它为读者了解性选择理论的发展历史提供了全新的视角和观点。

南京大学生命科学学院党委书记

纪勇

目录

前言

母鸡怎么决定自己是否要交配？她又是如何挑选最佳“伴侣”的？从人类择偶的角度出发，母鸡要挑选出合适的公鸡，首先需要区分公鸡个体之间的差异，然后基于这些差异进行比较，最后选择合适的对象进行生殖投资（交配）。上述的认知比较行为需要一定程度的理性思维和审美能力，而 20 世纪多数生物学家认为动物并不具备这种能力。对于他们来说，理性选择是人类特有的能力，以此来解读基于选择的动物行为只能是一种拟人化的方式。尽管存在争议，不少科学家仍认为研究动物的择偶行为可以为更加复杂的人类择偶选择过程提供参考。在进化生物学中，雌性选择研究的发展历史中存在的以上两种观点反映了生物学家对人和动物基于选择的行为中隐含的审美和理性思维持谨慎态度。

查尔斯·达尔文的性选择理论是研究雌性择偶的理论依据。1871 年，达尔文出版了 *Descent of Man and Selection in Relation to Sex*（《人类的由来及性选择》）。他在书中详尽地阐述了相关理论[1]。性选择理论包含了两种机制，它们共同解释了为什么雄性和雌性在外表和行为上存在差异：雌性选择和雄性间竞争。在雌性选择过程中，雌性动物通过比较性成熟的雄性个体的交配展示来选择最有吸引力的个体进行交配。而雄性间竞争则是通过个体间的争斗决定领域内交配权的归属。达尔文认为，上述两种机制都将催生夸张的雄性特征。在进化的时间尺度上，雌性选择会促进雄性特征越来越显著（长尾巴，艳丽的羽毛），而雄性间竞争会强化彼此的“铠甲和武器”（鳞片或犄角）。

达尔文将性选择理论和他著名的自然选择理论进行对比：自然选择是生存，性选择是繁殖。自然选择会促使生物产生功利性的适应，然而达尔文发现，有些生物携带无关生存的审美特征，无法用自然选择来解释，而性选择则为这些现象提供了新的理论解释，如动物产生美的特征、同种生物的雌雄差异、物种内的种群差异等。对于20世纪后期的生物学家来说，雌性选择意味着生物具有美感以及基于美感做出理性选择的能力。但那时人们很难将这种高级精神属性和动物联系在一起，因为人类和动物在认知上存在巨大鸿沟，即人类能够做出理性的审美选择，而动物不能。

---

[1] 达尔文在《物种起源》中对性选择做了简要介绍，描述了雄性间竞争和雌性的挑选。达尔文在第1章中讨论人工挑选和饲养“被选择的动物”时用了“选择”一词，而这也是书中唯一出现的一次。直到1871年，他才将“雌性做出的选择”描述为进化的机制，而他也从未用过“雌性选择”这一表述。我认为选择这一表述应当归功于华莱士。参见达尔文的著作：*On the Origin of Species by Means of Natural Selection or the Preservation of Favoured Races in the Struggle for Life*（伦敦：John Murray，1859）；以及《人类的由来及性选择》（伦敦：John Murray，1871）的第2卷。

关于性选择理论的历史文献记载有很多，直到 20 世纪 70 年代，生物学家才意识到应该使用达尔文的雌性选择模型来解释进化机制。雌性选择模型强调了人和动物都具有理性和选择能力，这种能力的连续性跨越了人和动物的界限[1]。历史学家和生物学家通常都认为雌性选择理论的流行导致了领域内对性选择理论研究兴趣的消退，而罗伯特·特里弗斯（Robert Trivers）在 1972 年撰写的里程碑式论文 *Parental Investment and Sexual Selection*（《亲本投资和性选择》）为自然界的雌性选择提供了明确的生物学解释，从而重新点燃了领域内对该理论的兴趣[2]。截至 2008 年，该论文共计被引用了 4500 余次，这一纪录反映了近几十年来性选择研究领域的热度。

---

[1] 参见玛丽·巴特利的论文：*Conflicts in Human Progress: Sexual Selection and the Fisherian 'RunAway'*，刊登于 *British Journal for the History of Science*，第 27 期（1994）；*Courtship and Continued Progress: Julian Huxley's Studies on Bird Behavior*，刊登于 *Journal of the History of Biology*，第 28 期（1995）。参见海伦娜·克罗宁的著作：*The Ant and the Peacock: Altruism and Sexual Selection from Darwin to Today*（剑桥：剑桥大学出版社，1991）。参见罗伊·波特和 M. 泰西编著的 *Sexual Knowledge, Sexual Science: The History of Attitudes to Sexuality*（剑桥：剑桥大学出版社，1994）中西蒙·J. 弗兰克尔撰写的 *The Eclipse of Sexual Selection Theory* 部分内容。克罗宁的著作让我开始思考性选择理论的历史。在书中，她从哲学层面研究了利他主义（蚂蚁）和性选择（孔雀）历史中的利害关系。对于性选择，她特别留意近年来生物学家提出的各种研究问题以及达尔文、华莱士时期关于女性选择的辩论提出的问题之间的共通点。她指出，两者主要的区别在于拟人化。达尔文和华莱士将他们的文化信念解读为情感和研究对象的选择，而现代生物学家在研究中剥离了拟人化的语言，更注重于分析基础。虽然克罗宁没有明确提出性选择的“消亡”，她对该话题的报道显然暗示其已经发生了。巴特利和弗兰克尔扩展了克罗宁的分析。巴特利的工作突出了朱利安·索莱尔·赫胥黎和罗纳德·艾尔默·费希尔两人在理解性选择理论过程中关于人类性行为和进化的假设。基于其未发表的哲学硕士论文，弗兰克尔的文章呼应了克罗宁，认为拟人化的观点让“选择”无法被大部分生物学家接受，他也提请注意群体遗传学家在 20 世纪 60 年代后期提供非拟人化场景研究性选择时的作用。

[2] 参见伯纳德·克拉克·坎贝尔编著的《性选择和人类起源，1871—1971》（芝加哥：Alcline Publishing Co.，1972）中，罗伯特·特里弗斯撰写的《亲本投资和性选择》章节，p138 和 p144。

交配选择的发展历史和性选择迥然不同。在 20 世纪，虽然生物学家对性选择的研究兴趣有所消退，但是对雌性选择理论的研究始终保持着热情。在 20 世纪初期，生物学家在形容动物的雌性选择时，通常使用机械性的被动语言如“刺激”(stimulation)，而不是认知性的主动语言“选择”(choice)。显然，交配选择是在受到潜在追求者们的不同求爱表现刺激后的结果。当用“刺激”理论框架解释基于选择的行为时是被接受的；而当用“选择”理论框架来暗示动物能够通过审美进行认知比较时便不被认可。就雌性选择而言，它是达尔文和特里弗斯的问题，生物学家关注的焦点集中在拟人化的“选择”而不是“雌性”。

如果历史由胜利者书写，那么其间几十年的研究者都可被称作失败者，因为那些性选择 / 雌性选择的研究都被同时代的人忽略遗忘了(而事实上从未遗忘)，甚至被排除在历史之外。在某种程度上，本书是对那些被遗忘的性选择研究历史的复原。另外，本书也记载了人类关于动物意识认知的改变是如何影响科学界对性选择 / 雌性选择相关理论的认可及其历史发展的。

在 20 世纪初，生物学家及心理学家认为：相较于动物，人类更容易产生基于选择的行为，因为动物似乎缺少辨别潜在配偶间细微审美差异的认知能力。而达尔文希望通过分析动物的行为和交流方式进入它们的内心世界，从进化角度出发，他认为人类和动物具有连续性，包括思维在内。然而，随着孟德尔遗传理论的蓬勃发展并重申在实验室环境中控制动物的重要性，达尔文的这种想法变得备受质疑[1]。虽然当时大多数生物学家不认为动物在求偶时存在主动的选择，但那些想把进化理论应用到人类婚姻的研究者始终坚信雌性选择理论。女性对婚姻伴侣的选择似乎是一个强大的进化机制，促进了人类的进化。女性对配偶的选择决定了她们后代的价值——即小孩的数量和质量[2]。在进化理论的框架下，即使科学家都认同生物“躯体”在生理进化过程中存在连续性，但意识和审美的敏感性仍然是区分人和动物的“不连续元素”。

生物学家和数学家试图在孟德尔遗传理论和进化论理论之间构建桥梁，他们建立了一种进化模型，即微小的遗传变化随着时间推移，可能会导致巨大的形态改变[3]。20 世纪 20—30 年代发展起来的进化数学模型反映了科学家对研究特定种群定向进化的兴趣[4]。随着群体遗传学这一新领域的产生，生物学家将

---

[1] 参见菲利普・波利的著作：*Controlling Life: Jacques Loeb and the Engineering Ideal in Biology*，收录于 *Monographs in History and Philosophy of Science* 系列，（牛津：牛津大学出版社，1987）。参见丹尼尔・托德斯的著作：*Pavlov's Physiology Factory: Experiment, Interpretation, Laboratory Enterprise*（巴尔的摩：约翰霍普金斯大学出版社，2001）。

[2] 参见伯特・本德尔的著作：*Evolution and "The Sex Problem": American Narratives during the Eclipse of Darwinism*（肯特，俄亥俄州：肯特州立大学出版社，2004）及 *The Descent of Love: Darwin and the Theory of Sexual Selection in American Fiction, 1871–1926*（费城，宾夕法尼亚大学出版社，1996）。参见温迪・克莱恩的著作：*Building a Better Race: Gender, Sexuality, and Eugenics from the Turn of the Century to the Baby Boom*（伯克利：加州大学出版社，2001）。参见安琪莉可・理查森的著作：*Love and Eugenics in the Late Nineteenth Century: Rational Reproduction and the New Woman*（牛津：牛津大学出版社，2003）。

[3] 参见威廉・B. 普罗文的著作：*Origins of Theoretical Population Genetics*（芝加哥：芝加哥大学出版社，1971 首版；2001 再版）以及 *Sewall Wright and Evolutionary Biology*（芝加哥：芝加哥大学出版社，1986）。

[4] 参见罗纳德・艾尔默・费希尔的著作：《自然选择的遗传学理论》，（牛津：Clarendon，1930）。参见 J.B.S. 霍尔丹的著作：*The Causes of Evolution*（普林斯顿，普林斯顿大学出版社，1932 首版；1990 再版）。参见休厄尔・赖特的论文：*Evolution in Mendelian Populations*，刊登于 *Genetics*，第 16 期（1931）。

进化定义为特定种群长时间积累的遗传变化。基于环境的变化，一个种群会经历繁荣或消亡，但无论怎样，进化只有在种群遗传组成发生改变后才会发生，定向改变的程度越大，进化的程度也越大。种群进化的一个重要推动力就是自然选择。对群体遗传学家而言，自然选择在很大程度上取决于生物个体产生后代的数量和质量。这种对自然选择的诠释和达尔文的观点截然不同，后者将自然选择视为差异性生存，将性选择视为差异性繁殖。将交配选择融入自然选择理论，这种性选择的说法在 20 世纪 30 年代的进化理论中十分流行，因为该理论的主要目的是解释人类的进化史[1]。

直到 20 世纪 30—40 年代，随着新的进化理论形成以及博物学家对科学传记、分类学、物种特性和分布等问题有了最新的研究之后，传统的定向选择模型才有了理论上的改变[2]。相对于过去将进化定义为单个种群的改变，那些曾接受过生物分类

❶ 参见苏珊·伦辛的论文：*Feminist Eugenics in America: From Free Love to Birth Control, 1880–1930*（博士论文，明尼苏达大学，2006）。

❷ 参见约瑟夫·艾伦·凯恩的论文：*Common Problems and Cooperative Solutions: Organizational Activity in Evolutionary Studies*，刊登于 ISIS，第 84 期（1993）；*Ernst Mayr as Community Architect: Launching the Society for the Study of Evolution and the Journal Evolution*，刊登于 *Biology and Philosophy*，第 9 期（1994）；以及 *Towards a 'Greater Degree of Integration': The Society for the Study of Speciation,* 1939－1941，刊登于 *British Journal for the History of Science*，第 33 期（2000）。参见恩斯特·迈尔和威廉·B. 普罗文的著作：《综合进化论》（剑桥：哈佛大学出版社，1980）。参见瓦西莉基·贝蒂·斯莫科维茨的论文：*Disciplining Evolutionary Biology: Ernst Mayr and the Founding of the Society for the Study of Evolution and Evolution*（*1939–1950*），刊登于《进化论》，第 48 卷第 1 期（1994）；*Keeping Up with Dobzhansky: G. L. Stebbins, Plant Evolution and the Evolutionary Synthesis*，发表于 *History and Philosophy of the Life Sciences*，第 28 期（2006）；以及著作：*Unifying Biology: The Evolutionary Synthesis and Evolutionary Biology*（普林斯顿，普林斯顿大学出版社，1996）。

学、古生物学和心理学教育的生物学家开始将进化视为新物种形成的过程——一个内部相互交配的群体分裂成两个生殖隔离的群体。换句话说，生物学家对物种在进化树分枝中的变化方向和速度已经不感兴趣，他们开始关心进化树分杈时发生了什么。这些生物学家用交配行为来鉴别物种特性。如果种群中的雌性个体始终选择种群内的雄性个体进行交配，那么这种交配行为对维持种群特性非常重要——尤其是当同一地区存在相似种群的时候。类似地，如果一个群体内某些雌性个体拒绝和一类雄性交配，而其余雌性个体拒绝和另一类雄性个体交配，那么这种情况下的雌性选择最终会产生两个生殖隔离的群体（原来只有一个群体）。因此，进化生物学家在审视雌性选择时不再局限于单一物种的进化，而是将其视为新物种形成的潜在动力。科学家们为进化研究建立了用于量化动物的交配行为的新检测方法，他们不再强调个体行为的定性描述，转而聚焦于群体行为的统计学分析。由于忽略了个体行为的重要性，他们没有关注动物交配行为中的心理因素，而这却是第二次世界大战前动物行为学研究中不可或缺的一个方面。

第二次世界大战后，生物学家越来越着迷于动物行为和进化理论结合的研究。美国和英国均在这方面进行了尝试，但他们关注的问题及追求的研究方法有所不同。

动物行为学是研究动物行为的一门科学，起源于欧洲大陆。这个学科的奠基人是康拉德·洛伦兹（Konrad Lorenz）和尼古拉斯·廷伯根（Nikolaas Tinbergen，1909—1988）。随着廷伯根 1949 年入职牛津大学，这个学科被带入英国[1]。动物行为学家认为雌性个体与一些特定雄性个体交配的倾向仅仅是由雄性刺激的差异性导致的。虽然雌性个体看起来像是在选择配偶，但实际上她们的自然天性是不予回应，仅仅是对第一个能够唤起她交配兴趣的雄性起反应。在 20 世纪 70 年代，雌性选择理论遭到了攻击，因为当时认为雌性在性选择方面是被动的，而雄性则具有主动性。但是这种批评忽略了动物行为学家的观点，即所有动物都会对环境中的刺激做出反应，在某种程度上大家都是被动的。廷伯根和其他动物行为学家非常清楚，动物求偶的最重要的功能是确保在交配季进行正确的物种配对，同时调动起雌雄双方的性趣。

在大洋的另一边，美国群体遗传学家正在研究果蝇行为的遗传学基础。果蝇的神经构造非常简单，因此遗传学家在讨论果蝇择偶的研究结果时无须担心存在类似人类择偶时认知过程的影响。这让遗传学家可以将行为作为驱动形态变化和物种形成的潜在进化机制进行研究。这个研究团体认为，雌性选择和雄性展示的功能不仅可以防止异种交配，还能维持种群的遗传多样性。有些群体遗传学家发现雌性果蝇倾向于和群体中出现频率最低的雄性果蝇交配，他们把这种现象称

---

[1] 参见小理查德·W. 伯克哈特的著作：*Patterns of Behavior: Konrad Lorenz, Niko Tinbergen, and the Founding of Ethology*（芝加哥：芝加哥大学出版社，2005）。严格来说，卡尔·冯·弗里希的工作不属于动物行为学，但他通过语义语言对蜜蜂舞蹈的研究把动物和人的意识联系到一起。参见塔尼亚·蒙茨的论文：*Of Birds and Bees: Karl von Frisch, Konrad Lorenz and the Science of Animals, 1908–1973*（博士论文，普林斯顿大学，2007）；*The Bee Battles: Karl von Frisch, Adrian Wenner and the Honey Bee Dance Language Controversy*，刊登于 *Journal of the History of Biology*，第 38 期（2005）。

为“稀有雄性效应”（rare-male effect）。雌性果蝇在不同环境下选择不同类型配偶的能力提示其能够识别个体之间的细微差异，并根据这些差异选择配偶。这些遗传学家认为，与稀有雄性交配的偏好性使雌性选择能够维持种群的遗传多样性。因此，雌性选择在进化过程中可以对抗自然选择对种群遗传多样性的削弱。

受到 20 世纪 60—70 年代个体生物学发展的鼓舞，动物行为学和群体遗传学研究者将他们的实验对象从动物延伸到人类。个体生物学是对生物科学各专业知识的重新整合。在第二次世界大战前，动物学家主要根据其研究对象划分，而在战后，无论是在生态、个体、细胞或分子层面，生物学家更多地采用相同的研究方法。虽然动物行为学领域的研究越来越热，但是对于那些致力于在自然条件下研究动物的学者，其光辉还是被当时分子生物学的巨大进展所掩盖。博弈论的发展允许个体生物学家用动物选择来简化概括进化中的选择行为而无须实际论证。同时，位于大西洋两岸的个体生物学家通过声称对人类社会行为和性行为的科学研究拥有知识管辖权（即话语权）来捍卫他们的专业立场。

当有历史意识的生物学家开始积极参与撰写他们自己学科的发展史时，他们成功地将性选择定义在个体生物学范畴内，这等于抹杀了那些使人与动物的雌性选择研究重新繁荣的理论和实验生物学家的贡献。换句话说，20 世纪 70 年代的个体生物学家改进了关于性选择和雌性选择的理论，因为那段历史证明了他们的研究是创新的。对于传统的进化生物学家如恩斯特·迈尔（Ernst Mayr，1904—2005）来说，性选择理论已经过时了，因为数学群体遗传学家如罗纳德·艾尔默·费希尔（Ronald Aylmer Fisher）、J. B. S. 霍尔丹（J. B. S. Haldane，1892—1964）和休厄尔·赖特（Sewall Wright），在20世纪30年代重新定义了自然选择仅仅是改变基因频率的过程。在这样错误的定义下，迈尔认为生物个体的适应性是通过其传给子代的基因数量来衡量的。彼时任何试图理解物种变化的原因及过程的努力都被压制了，任何突出遗传贡献对子代影响的机制都被打上了“自然选择”的标签，其中也包括了交配优势。此后，性选择一直被归于自然选择的范畴，直到20世纪70年代才开始“复苏”。数量理论生物学家早在20世纪60年代就通过建立雌性选择的数学模型来解释进化，他们认为自己的研究对性选择理论提前10年复苏发挥了关键作用。在20世纪50—60年代就开始研究果蝇交配行为的群体生物学家同样认为雌性选择理论的复苏比迈尔申明的更早。这些历史观点也反映了那个阶段学术界争名夺利的现象，并且直到那些对动物行为感兴趣的生物学家的学术身份得到承认，性选择和雌性选择的标准历史才被确定下来。许多科研团体对雌性择偶行为的研究感兴趣，并且动物学、计算生物学以及实验群体生物学的发展点燃了个体生物学家对雌性选择的研究热情（20世纪60—70年代），然而直到20世纪80年代，只有非实验生物学家的研究被纳入性选择的科研历史。

本书探讨了关于动物行为和进化方面的科学研究历史及其如何影响科学家基于动物求偶的研究来理解人类求偶的生物学

机制。每一章节论述一个关于如何用动物行为的研究结果来科学解释人类社交行为的问题。在进化理论的框架下，人类和动物的求偶行为在生物学上到底有没有相似性？哪些动物具有认知审美敏感性，足以帮助它们择偶？自然界的进化过程是怎样的？求偶行为是否对物种的进化有贡献？动物求偶行为的功能及其对物种进化和生态的历史背景有何影响？自然选择和性选择的关系是什么？如何科学权威地解释动物和人类求偶行为之间的联系？这些相互联系的问题很难回答，并会在本书对雌性选择和性选择的讨论中反复出现。生物学家将用他们对这些问题的回答展开对本能和学习、生理和文化以及动物和人之间的界限的争辩。

尽管利用动物模型来研究人类行为已有很长历史，但仅仅从果蝇或者鱼类模型研究中获得的知识对于我们理解自身行为还远远不够。生物学家至少用了两种对立的理论框架（拟人论和拟兽论）来瓦解人与动物的界限。拟人论（anthropomorphism），对动物行为加入人类的感性和理性，让动物更像人类。拟兽论（zoomorphism），将人类行为解读为动物行为的复杂形式，或者寻找人与动物行为在进化功能中的相似性，让人类更接近动物[1]。作为概念化人类和动物行为的理论，拟人论和拟兽论存在了数年，对于我们理解进化生物学及行为生物学中雌性选择的历史发展非常重要。

---

[1] 虽然在艺术史之外很少使用，但是“拟兽化”这一词指将动物形态归因于神或者超人类。1976 年，埃塞尔·托巴赫（Ethel Tobach）曾用它描述社会生物学“将人类下调至更低等的生物”。参见埃塞尔·托巴赫的论文：*Evolution of Behavior and the Comparative Method*，刊登于 *International Journal of Psychology*，第 2 期（1976），p195。

通过提出人与动物间关于意识和理性的问题，基于选择的交配行为一直存在很大争议[1]。雌性选择作为动物进化的机制，可以被拟人化——雌性动物“理性地比较”交配展示并且“选择”了“最美丽”的雄性进行交配。而另一个极端是，人类进化过程中的雌性选择可以被拟兽化——女性出于“本能”与第一个通过“求爱仪式”使她达到性兴奋阈值的男人交配。两种解读模式，即动物的有意识选择行为以及人类的生物学本能行为，造成了长久以来不同学派（均试图理解人与动物行为和进化之间的关系）间甚至学派内部的概念分歧。

作为进化和行为科学的研究对象，人类社会行为和性行为的受重视程度在 20 世纪起伏不定。最初，生物学家将人类作为直接主体来研究雌性选择（演化的机制）的影响。到 20 世纪 40 年代，人类行为进化的研究基本消失了，取而代之的是对动物行为的研究。那时的进化生物学家更想了解在当下的自然环境中，进化在动物群体中是如何作用的。他们不再试图揭示动物行为进化的历史，对人类的研究也是如此。同时，研究动物行为的生物学家羞于将动物的选择行为拟人化，因为他们正努力提高自身的学术地位，所以会有意识地避免在学术论文中进行动物和人的类比讨论（学术雷区）。到 20 世纪 60 年代，个体生物学家试图重启人类行为的科学研究。不出意外，他们的社会生物学理论遇到了相当大的阻力，因为那些人认为人类性行为

---

[1] 关于灵长类动物语言能力的争论在生物学家中激起了类似的关于拟人化和职业认同的担忧。对这段历史精彩的描述，请参见格雷戈里·拉迪克的著作：*Simian Tongue: The Long Debate about Animal Language*（芝加哥：芝加哥大学出版社，2007）。

的相关问题应该由社会科学更体面地解决。尽管如此，社会生物学依然逐渐成为主流，推动了 20 世纪 80 年代雌性选择和性选择研究的发展。从关注社会行为和性行为进化的生物学家的角度来看，他们对人文环境的回归意味着之前从未有人涉足相关问题研究，并且他们也不会把（20 世纪 40—60 年代之间）雌性选择的研究纳入性选择的研究历史。是否需要在动物和人类行为之间划出一条边界，以及如何划分，至今仍然是个重要的问题。

母鸡会选择她们的配偶吗？答案见仁见智，得看你问谁，什么时候问他们，以及当你问这个问题时，“选择”的内在含义是什么？

01　美女与野兽

达尔文、华莱士与动物－人类边界

雌性大猩猩成为母亲会怎样……可以肯定的是她不会向雄性大猩猩表达她的仰慕，带着他们爱的誓言许以栖身之地与强大的保护……她会生下一个满身皱纹、粉红身体的弱小宝宝，看上去像一只被剥了皮的猴子——最小最弱的那种，即使成年以后也需要依靠人造皮肤生存，通过制造机器来获取食物并保护自己免受天敌的侵扰。

——理查德·格兰特·怀特[1]

---

[1] 参见理查德·格兰特·怀特（Richard Grant White）的著作：*The Fall of Man: Or, the Loves of the Gorillas.A Popular Scientific Lecture upon the Darwinian Theory of Development, by Sexual Selection, by a Learned Gorilla*（纽约：G. W. Carleton，1871），p8。

博物学家约翰·古尔德（John Gould）用了很大篇幅描写了澳洲花亭鸟的“竞技场”。他形容花亭鸟“用能收集到的最鲜艳、最喜庆的饰品装扮鸟巢，例如玫瑰山的蓝色尾羽、骨饰、蜗牛壳等”。古尔德描述花亭鸟的鸟巢时称：“就是一个异性求偶的竞技场，雄性展示着他们的高雅，做出许多引人注目的举动[1]。”利用装饰精心设计的鸟巢表达求爱倾向，花亭鸟的行为演化给达尔文的自然选择理论带来了一个问题，因为上述行为本身不可能帮助这些鸟类更好地适应环境并生存。它们更像是丰富多彩的内在审美情趣的外延。

当达尔文通过雌性选择和雄性间竞争来阐明其性选择理论时，这看似是解释动物世界中关于美的理论。然而，要接受雌性选择作为一种进化机制仍然阻力重重，其中包含了人类社会的政治因素以及对动物具有类似人类心智的担心。多数维多利亚时代的科学家认为非人动物无法真正做出理性选择，因此拒绝用雌性选择这一有前景的理论来解释动物的演化。然而，在人类研究中，雌性选择理论具有相当大的可行性。尽管还存在争议，其对社会未来进化的调节还是能被认可的。

达尔文关于性选择的理论基于他对男女规范关系的假设以及维多利亚时代英国在现代文明中的地位[2]。性选择为达尔文的两个相关问题提供了单一答案：同一物种的雄性和雌性在外表

---

[1] 参见约翰·古尔德的著作：*Handbook to the Birds of Australia*，第 1 卷（伦敦：作者自己出版，1865），p444。达尔文在《人类的由来及性选择》（1871）的第 2 卷中广泛引用了这些内容。

[2] 参见珍妮特·布朗的著作：*Charles Darwin: The Power of Place*，传记第 2 卷（纽约：Alfred A.Knopf，2002）。

当约翰·古尔德到达澳大利亚后，他被花亭鸟的求偶场面震惊了。他这样形容道："有时雄鸟会到处追逐雌鸟，它们会去鸟巢叼起一根鲜艳的羽毛或一片大叶子，发出特别的声音，竖起浑身的羽毛，在鸟巢附近跑来跑去……它不停地交替打开翅膀，发出低沉的口哨声……直到最后有雌鸟接近。"参见约翰·古尔德的著作：*Handbook to the Birds of Australia*，第1卷，p444；*Birds of Australia*，第4卷，第10版，"缎兰花亭鸟"。

及行为方面是如何产生显著差异的？物种内部的不同种族是如何产生的？这些问题是相互联系的，都涉及单一物种内的稳定变异。对于达尔文来说，这也是关于人类社会生物起源的基本问题。达尔文认为所有生物（包括人）都具有心理连续性，这反映了女性在智力上的进化弱于男性，而且所有的人种都属于同一物种。

达尔文的反对者和拥趸们很快察觉到了性选择理论的人文意义，尤其是他的朋友和合作者阿尔弗雷德·拉塞尔·华莱士（Alfred Russel Wallace，1823—1913）——自然选择理论的共同发现者。动物中的雌性选择问题让达尔文和华莱士重新审视关于动物与人差异的生物学本质。达尔文相信人类与其他动物在生理、智力、道德和行为上具有连续性，所以自然选择和性选择对人和动物同等重要。而华莱士，倾向于在两者之间划出一道明确的界限[1]。华莱士认为人与动物在智力上存在的巨大差异，只能是高阶文明的神奇干预。他的信念与这个观点一致，即他也相信雌性选择必需的智力和心理能力只有人类才具备。到了 20 世纪末，仍有许多博物学家和心理学家在这两种观点间摇摆。在讨论 20 世纪后期达尔文性选择理论的流行时，本章节既记载了达尔文将雌性选择确立为性选择理论机制的特殊时刻，也强调了后期生物学家针对该理论反馈的一些问题。

动物和人类之间达尔文式的心理连续性

达尔文家境优渥，从小受到科学环境的熏陶。他祖父伊拉斯谟斯·达尔文（Erasmus Darwin），是月球社（Lunar Society）成员，发表过著名诗篇《自然的殿堂或社会的起源》。诗中，他描述了“地球生命初始点”到“智慧牛顿”式的生命连

[1] 参见大卫·科恩编著的 *The Darwinian Heritage*（普林斯顿：普林斯顿大学出版社，1985）中约翰·杜兰特撰写的文章 *The Ascent of Nature in Darwin's Descent of Man* 和马尔科姆·杰伊·科特勒撰写的文章 *Charles Darwin and Alfred Russel Wallace: Two Decades of Debate over Natural Selection*，以及马尔科姆·杰伊·科特勒的论文：*Darwin, Wallace, and the Origin of Sexual Dimorphism*，刊登于 *Proceedings of the American Philosophical Society*，第 124 卷，第 3 期（1980）。

续演变[1]。达尔文的父亲罗伯特·达尔文是一名医生，他希望达尔文能子承父业。虽然达尔文没有完成他的医疗学习，但他的确和他父亲一样，和威治伍德家族的一位表姐结婚了（他的两个姐姐也是近亲结婚）。达尔文的这种近亲婚姻反映了当时的社会状态，长期的交往和封闭的社交圈子让这些家庭联系在一起[2]。

达尔文乐于和他人分享科学观点。他一生撰写了大量的著作，即使到了退休年龄，健康问题让他只能待在家里，他仍然以私人信件的方式进行大量科学讨论。达尔文在 29 岁时，将他花 5 年时间搭乘小猎犬号环游世界时所写的日记改编成了极受欢迎的旅行故事。这让他在文学和科研界名声大噪。但考虑到宗教亲戚、朋友和同龄人的接受程度，他对发表自然进化论挑战生物神创论之事仍犹豫不决。一切都是命中注定，达尔文受到华莱士一封信的鼓励，出版了《物种起源》（1859）。这本书概述了物种分化的机制，与达尔文对自然选择的想法类似。华莱士比达尔文小 14 岁，出生于普通家庭。虽然两人建立了联系，但达尔文在科学和社会上都更占上风。1858 年，伦敦林奈学会（Linnaean Society）刊发了由达尔文和华莱士联合署名的论文，但达尔文在《物种起源》（1859）中详细阐述的证据和观点让他毁誉参半。

---

[1] 参见伊拉斯谟斯·达尔文的著作：*The Temple of Nature ;or, the Origin of Society: A Poem with Philosophical Notes*（伦敦：Jones and Co.，1825），p13，p52。

[2] 关于查尔斯·达尔文生平的更多信息，请参考 *Charles Darwin: Power of Place*（2002）和 *Charles Darwin: Voyaging*，传记第 1 卷（纽约：Alfred A. Knopf，1995），以及阿德里安·德斯蒙德和詹姆斯·摩尔的著作：*Darwin*（伦敦：Joseph，1991）。

在《物种起源》(1859)一书中，达尔文简要地概括了自然选择的第二种补充理论[1]。性选择解释了同一物种的雌雄个体为何在外表和行为上出现差异，尤其是那些美丽的求偶展示。与自然选择相比，达尔文认为“性选择……并不是生存的斗争，而是雄性之间争取雌性占有权的斗争，其结果不是失败的一方死亡，而是减少或丧失繁育后代的机会”。这种争取雌性的斗争或许是实战形式，这在食肉动物中很常见，但也有相对平和的形式，例如在鸟类求偶过程中，雄性通过鸣叫和跳舞的比拼来吸引雌性青睐，而不是赤膊搏斗。达尔文还说：“同人类一样，动物在哺育幼崽时会尽可能地提供优质资源……我没有理由怀疑雌性鸟类通过她们自己的审美标准选择……最悦耳或最美丽的雄鸟，会产生显著的效果[2]。”这两个机制，雌性选择和雄性间竞争，构成了达尔文性选择理论的核心。

在1871年出版的《人类的由来及性选择》一书中，达尔文扩展了性选择的内涵。他认为，尽管自然选择可以解释单一物种长期以来的生理演化，以及该物种如何分裂并产生其他物种，但它不能解释单个物种内部出现的稳定变化，如性和种族的变异。他希望自己的性选择理论能够解释长期稳定存在的种内变化。当雄性之间争夺交配权时，帮助他们赢得这种斗争的任何特质，包括力量、犄角尺寸等，都会遗传给子代。只有成功获得交配权的雄性才会有子代，长此以往，这种雄性间竞争会产

---

❶ 参见 *On the Origin of Species by Means of Natural Selection or the Preservation of Favoured Races in the Struggle for Life*(1859)，p87–89。达尔文对性选择的讨论(p156–158)除了涉及第二性征的起源，还提到了退化器官(p197–199)。

❷ 同❶，p88，p89。

生更强大的雄性和更有力的武器（如犄角等）。但是当雌性个体在多个潜在交配对象之间进行比较，并挑选一个进行交配产生子代时，雄性的武器就显得没那么重要了，此时成功的关键在于吸引雌性的注意。达尔文认为，经过长期的演化，这些雄性逐渐变得更赏心悦目，以此吸引雌性的注意。在性选择过程中，雄性斗争催生了更强大的武器，雌性的审美促使雄性更加漂亮。达尔文将雌性选择和雄性间竞争理论结合起来，以此解释种群内部出现的性和种族的变异。性选择理论为上述雄性特质的演化形成提供了科学解释，而达尔文认为这恰恰是自然选择理论无法做到的[1]。

总之，自然选择理论可以解释物种之间的变异，而性选择理论可以应对同一物种个体（雄性和雌性）之间的差异。自然选择基于差异化生存，而性选择基于差异化繁殖。自然选择依靠物种个体与生存环境之间必要的相互作用，而性选择是个体自愿的，甚至是理性思考下的挑选。在此二元框架下，两个理论的细节都被简化了，但它确切地体现了达尔文同时代的人对其理论的评价和回应。达尔文的朋友，著名的心理学家乔治·约翰·罗曼尼斯（George John Romanes），将人类对美的欣赏解释为性选择的结果。在 1892 年，他写道："这（进化）在自然界

[1] 参见《人类的由来及性选择》（1871），第 1 卷，p240–250。在这里，达尔文争辩道："人种之间的特征差异［'肤色、毛发、特征形式'（p250）］不能完全归因于生活条件的直接作用（自然选择），也不能归因于频繁使用躯体的某一部分，更不能归因于相关性原理。"但是，他又补充道："存在一种对人和动物都具有强大作用的机制，即性选择（p248，p249）。"这段内容搭建了第一部分"人类的由来"和第二部分"性选择"之间的桥梁。参见阿德里安·德斯蒙德和詹姆斯·摩尔的著作：*Darwin's Sacred Cause:How a Hatred of Slavery Shaped Darwin's Views on Human Evolution*（纽约：Houghton Mifflin，2009）。

可以明显地分为两大类，即适应和美丽。达尔文的理论通过自然选择学说解释了前者，通过性选择学说解释了后者[1]。”对于罗曼尼斯和达尔文来说，只有具备“维持生存价值”的特质可以通过自然选择进化形成，性选择学说则为所有的美学、性特质的存在提供了合理的解释框架。当生物学家在读《人类的由来及性选择》时，他们将性选择和自然选择进行对比，前者是基于个体审美的繁殖过程，后者是部分基于环境压力的生存过程。

作为自然界过程的类比，达尔文通过对家养动物繁殖的研究，进一步加强了性选择和理性挑选之间的密切联系[2]。随着时间的推移，饲养员可以根据自己的个人喜好改变繁育品种的外观。换句话说，让动物接受人工选择。达尔文写道：“人工选择可以让饲养员根据自己的标准让家养动物逐渐产生相应的美学特质。因此，在自然状态下，雌性鸟类长期通过选择更具吸引力的雄性作为配偶，增加了他们的美丽和其他产生吸引力的特质[3]。”人工选择和性选择都取决于变化莫测的个体选择——前者是饲养员的选择标准，而后者是雌性动物的偏好性。达尔文将人工选择和性选择描述为种群中个体差异性繁殖的结果。如果种群中只有少数个体能够繁殖，那么子代群体将会更多继承

---

❶ 参见乔治·约翰·罗曼尼斯的著作 *Darwin and after Darwin: An Exposition of the Darwinian Theory and a Discussion of Post-Darwinian Questions* 中的第 1 卷：*The Darwinian Theory*（芝加哥：Open Court Publishing Co.，1892），p277。他在第 10 章 *The Theory of Sexual Selection and Concluding Remarks* 中做了进一步阐述。

❷ 参见 *The Darwinian Heritage*（1985）中约翰·杜兰特撰写的文章 *The Ascent of Nature in Darwin's Descent of Man*，p297。

❸ 参见《人类的由来及性选择》（1882），p211。这句话的另一种稍微浮夸点的措辞可以在 1871 年版第 1 卷 p259 中找到。

性别差异是雄性间竞争的结果（左：亚特拉斯甲虫，*Chalcosoma Atlas*，上为雄性，下为雌性），性别差异是雌性选择的结果（右：缨冠蜂鸟，*Lophornis ornatus*，上为雌性，下为雄性）。达尔文的假说认为这两种形式的性选择都能导致二型性的产生（雌雄间的外表差异），但是雄性间竞争会让雄性个体的武器（角刺）变强，雌性选择会让雄性变得更加有吸引力。引自查尔斯·达尔文《人类的由来及性选择》（增补修订版），纽约，Appleton and Company，1922，p295，p387。

那些“幸运儿”的特质。

达尔文性选择学说的一个核心是：雄性的形态（颜色，鲜艳的羽毛）和行为（求偶舞蹈，叫声）共同创造了一个充满活力的形象，进而吸引雌性的注意，唤起她们交配的意愿。达尔文认为，该过程的两方面都有心理过程的参与：首先，雌性个体评价和挑选雄性的求偶展示；其次，雄性对手通过竞争获取雌性的青睐。然而，达尔文的同行和读者们主要对雌性选择方面的心理过程存有质疑。他们认为，雄性间竞争可以通过个体间活力和健康程度的比较来解释，只有雌性选择需要心理层面的理论框架，而问题就在于对动物脑功能的理解评估。

在学术交流的信件中，达尔文得知雌性选择的概念很可能会招来部分读者的质疑。他未雨绸缪，首先在《人类的由来及性选择》（1882）一书中仔细地概述了“挑选（choice）”的确切的含义，其次在书中用大量篇幅论证雌性可以进行“挑选”。在描述雌性选择时，他竭力澄清自己并没有刻意暗示人类在选择伴侣时也有同样的“理性”思考。

毫无疑问，这意味着雌性个体具有品味和鉴赏能力，而这在最初看起来是极不可能的，但根据下文将罗列的事实，我希望能够表明她们是有这些能力的。然而，当讨论低等动物也有审美意识时，我们绝对不能把这种意识和人类文明的意识相提并论，因为人类的思想是多样而复杂的。关于对美的品味，我们把动物与最低等的茹毛饮血的野蛮人进行比较会更为恰当，因为那些野蛮人也喜欢用灿烂的、闪闪发光的或奇异的东西装饰自己[1]。达尔文说，雌性个体对于交配的欲望会弱于雄性。雌性动物需要求爱展示作为交配的前奏，然后通过表现出“害羞”或“长时间地试图逃离雄性”的样子做出选择。雌性个体虽然相对被动，但她们对随机交配的拒绝正是其具有辨别能力的证据[2]。

雌性选择需要审美能力，这一点也反映了所有动物都有被艳丽外表吸引的内在倾向。雌性个体只需要确定哪个雄性的展示最吸引眼球、最闪亮、最壮观。雌性选择和雄性间竞争暗示着

---

[1] 参见《人类的由来及性选择》（1882），p211。达尔文在这一版中为澄清论点将“动物对美的品味”与“最低等的野蛮人”进行了比较。

[2] 参见《人类的由来及性选择》（1871），第1卷，p273。

一定程度的心理过程，而达尔文尚不确定该过程在动物界的应用是否具有普适性。他相信性选择（雌性选择或雄性间竞争）的作用，只存在于能感受爱和妒忌并会欣赏声音、颜色和外在美的物种个体中。他进一步说道："这些精神能力显然取决于大脑的发育程度[1]。"通过《人类的由来及性选择》（1882）一书的章节排布，我们可以清晰地看到这种情感和心理功能的层次连续性。书中，达尔文从昆虫开始了他的进化之旅，接着讲到雌雄鱼类外表和行为差异的演化，然后是两栖类、爬行类、鸟类和哺乳动物，最后以对人类性选择和种族演化的讨论收尾。换句话说，达尔文主张昆虫是人们能够观察到性选择作用的"最低等"物种。同样，他将动物喜好和"野蛮人"喜欢用奇异物品装饰自身进行类比，透露了他对自然界层次性和连续性的坚定看法。其余的高等动物以及人类都在这种行为和智力的复杂连续体上共存，仅有程度上的差异，而没有本质区别，最终在人类文明社会中达到顶峰。

事实上，在《人类的由来及性选择》（1882）一书中，达尔文同等看待了鸟类、哺乳动物的求偶以及人类的求爱和婚姻。他认为这都归结于性选择在起作用，他说道："在雌雄双方结合之前的选择很重要，而结合持续时间的长短并没有多大影响[2]。"他详细描述了鱼类和爬行动物的"婚姻安排"，蝴蝶的"婚姻飞行"和"婚礼仪式"，鸟类的"婚姻"以及四足动物的"婚姻联

---

[1] 参见《人类的由来及性选择》（1882），p617。另参见 *The Darwinian Heritage*（1985）中小理查德·W. 伯克哈特撰写的 *Darwin on Animal Behavior and Evolution* 部分内容。

[2] 参见《人类的由来及性选择》（1882），p589。

盟”[1]。当描写雌性鸟类对特异雄性个体的偏好性时，达尔文建议读者把自己想象成外星人来到地球，首次观察人类求偶行为，只有这样才能理解书中鸟类的状况。“如果这个外星人看到很多年轻的乡下人，为一个漂亮女孩求爱和争吵，就像鸟儿在它们的聚集地一样，那么仅仅根据求婚者展示外表来取悦她的热情，外星人就会推断漂亮姑娘拥有选择的权力[2]。”外星人无法直接看透人类的精神世界，就像生物学家无法理解鸟类的内心想法，两者都需要基于已有的行为学数据进行推论。对达尔文及后世的生物学家来说，对于人与动物择偶行为的研究，对于数据的推论必不可少。

达尔文坚信人和动物具有心理连续性，因此也把男女行为和雌雄动物间的行为相提并论[3]。他曾说道：“相比女性，男性更加勇敢、好斗并充满活力，也更具有创造力。”而女性，在直觉、快速感知，或许还有模仿等方面优于男性。达尔文不能直白地表达这些观点，因此他补充道：“其中有些是低等人种的特点，在过去较低的文明状态中常见。”他打趣道：“幸运的是，孩子能继承父母双方的特点，否则男人会通过进化变得越来越聪明，就像雄性孔雀的羽毛那样变得越来越华丽[4]。”以将所有人

---

[1] 参见《人类的由来及性选择》（1882），p220（鱼），p319（蝴蝶），p406、p495（鸟），p522（四足动物），p573–585（人类）。

[2] 参见《人类的由来及性选择》（1871），第2卷，p122。

[3] 参见大卫·奥尔德罗伊德和伊恩·朗厄姆编著的 *The Wider Domain of Evolutionary Thought*（伦敦：D. Reidel Publishing Co.，1983）中伊夫琳·理查兹撰写的 *Darwin and the Descent of Woman* 的部分内容。

[4] 参见《人类的由来及性选择》（1871），第2卷，p316、p326、p326–327以及p328–329。

种归为一类——人类为代价，性选择理论削弱了女性的社会地位，让她们显得比男人低下[1]。

在讨论人类的婚姻选择时，达尔文在《人类的由来及性选择》(1871)最后一章中把两部分看似独立的内容——人类进化和性选择，巧妙地联系起来，以解释人类种族的演变[2]。在书的前面部分，达尔文认为除了性选择理论，其他尝试从生物学角度解释不同人种存在的假说均以失败告终，如不同生活环境的特异性适应、种族特征及疾病免疫力等造就了人种的不同[3]。而性选择，是唯一"幸存"的理论。不同人种的审美标准不同，而长期基于这些审美差异进行的性选择，会导致后代显著 不同，比如肤色、脸部特征、毛发疏密程度等。达尔文认为这些特征可以用来区分人种[4]。

尽管达尔文试图从生物学角度解释人类种族多样性，他也相信人种的演化具有动态性——随着时间一直在变化。他告诫读者在选择伴侣时要慎重。他批评那些将更多精力放在喂养宠物而不是挑选妻子的男性，建议他们在做出选择时，要更注重

---

[1] 参见 *Charles Darwin: The Power of Place* (2002)，p344–346；参见 *The Darwinian Heritage* (1985) 中小理查德·W. 伯克哈特撰写的 *Darwin on Animal Behavior and Evolution* 部分内容；参见詹姆斯·摩尔和阿德里安·德斯蒙德的著作 *Charles Darwin: The Descent of Man* (伦敦：Penguin Books，2004)，第 48 卷的前言部分。

[2] 参见《人类的由来及性选择》(1871) 中第 1 卷的第 7 章 *On the Races of Man*，第 2 卷的第 19 章 *Secondary Sexual Characters of Man* 以及第 20 章 *Secondary Sexual Characters of Man—continued*.

[3] 参见《人类的由来及性选择》(1871)，第 1 卷，p241–248。

[4] 参见《人类的由来及性选择》(1871)，第 1 卷，p241，p250；第 2 卷，p383–384。参见 *Charles Darwin: The Descent of Man* (2004)，第 12 卷、第 25 卷至第 30 卷的前言部分。另参见 *Darwin's Sacred Cause:How a Hatred of Slavery Shaped Darwin's Views on Human Evolution* (2009).

“精神层面的美”，而不要被“财富或地位”蒙蔽双眼[1]。达尔文希望这样能够优化后代的体质和精神健康[2]。在文明社会，婚姻选择和动物界盛行的雌性选择规律相反：男性挑选他们的妻子，女性则在竞争优秀的男性。当来到夸张的求偶展示环节时，女性而非男性会通过色彩丰富的外在来吸引异性的注意[3]。尽管如此，达尔文还是建议那些自知有明显缺陷（精神或身体）的人尽量避免结婚生子[4]。

作为动物和人在精神上具有连续性的证据，达尔文紧跟《人类的由来及性选择》（1871）的脚步，在 1872 年出版了 *The Expression of the Emotions in Man and Animals*（《人和动物的情感表达》）一书。在书中，他探索了人类和动物共有的各种情感，从绝望到快乐，从悔恨到震惊。他也再次强调了一些他在《人类的由来及性选择》（1871）中概述的观点，性选择理论核心的两种基本情绪（爱和妒忌）具有连续性。当爱人相聚，他们的爱在生理上显示出来，表现为双方心跳加快、呼吸急促、脸颊泛红。[5]

---

❶ 参见《人类的由来及性选择》（1882），p617。

❷ 同❶。

❸ 参见《人类的由来及性选择》（1882），p573，p577-580。另参见辛西娅·伊格尔·罗塞特的著作：*Sexual Science: The Victorian Construction of Womanhood*（剑桥，马萨诸塞：哈佛大学出版社，1989），p80。

❹ 同❶和❷。

❺ 参见 *Charles Darwin: The Power of Place*(2002)，p368-369；参见 *The Darwinian Heritage*（1985）中珍妮特·布朗撰写的 *Darwin and the Expression of the Emotions* 的部分内容。参见达尔文的著作：《人和动物的情感表达》（伦敦：John Murray，1872），p78-79。

后续的相互爱抚也是人和动物常见的表达爱意的方式[1]。达尔文认为，动物求偶时的鸣叫不仅能在交配季节把同类个体聚在一起，也是雄性“吸引和挑逗雌性”的必要手段[2]。同样，人类社会的音乐也作为一种情绪唤起的方式而出现。达尔文说道：“在人类的祖先中，发出音乐声的习惯源于一种求偶手段，随后用来表达强烈的情感——热烈的爱，竞争和胜利[3]。”达尔文强调了人和动物在发声表达性兴奋和妒忌方面具有连续性，这两种情感对自然界的雌性选择与雄性间竞争都非常重要。

达尔文的著作概述了人类的自然起源以及人和动物在情感与性行为方面的延续性。在此之后，很多科学家试图通过定义文明人与野蛮人再次强调人与动物的边界[4]。是语言、推理、审美还是爱的能力不同？在不同的时间、地点，科学家提出了上述不同的解释。人类特有的理性能够通过语言、社交（爱、恨和记忆等能力形成了他们生活的文化）或自身的智力和心性来体现。

---

❶ 参见《人和动物的情感表达》（1872），p215-216；达尔文说：“虽然有些人认为接吻纯属是人类的特征，但是众所周知，一些黑猩猩会把嘴唇贴在一起表达相互的爱意，而我们并不确定接吻在各种人类文化中的具体含义。”

❷ 参见《人和动物的情感表达》（1872），p84。

❸ 参见《人和动物的情感表达》（1872），p87；《人类的由来及性选择》（1871），第2卷，p330-337。

❹ 参见达尔文的著作：《物种起源》（1859）和《人和动物的情感表达》（1872），以及圣乔治·米瓦特就《人类的由来及性选择》（1871）撰写的书评，刊载于 *Quarterly Review* 的第131期，1871年7月。参见罗伯特·理查兹的著作：*Darwin and the Emergence of Evolutionary Theories of Mind and Behavior*（芝加哥：芝加哥大学出版社，1987）；另参见 *Sexual Science: The Victorian Construction of Womanhood*（1989）.

华莱士，天赐的智慧和选择问题

对于自然界的雌性选择理论，生物学家是否认同达尔文，关键在于他们对“自然界”概念的定义范围是否包含人类。许多20世纪初的生物学家，包括阿尔弗雷德·拉塞尔·华莱士，认为动物是没有能力进行理性比较和思考的，所以也很难认同动物世界存在雌性选择。达尔文尝试证明人类与非人动物在生理、情感、心理和道德基础上具有连续性，而华莱士为其提供了有力的反证。华莱士通常用精神和道德能力来区分人和动物，他认为，所有人类种族都有一个发育出色的大脑——精神的器官，即使是最落后的人，也远高于野兽[1]。对华莱士而言，这是神的馈赠，承载了“人类的伟大和尊严”，让人类通过他们的才智、共情和道德情感，成功避开了自然选择过程中一些最严重的灾难[2]。这个观点让他拒绝接受动物的雌性选择，将其视为一种毫无根据的进化机制——动物没有理性思考能力，因此也无法做出合理选择。

1864年，华莱士参加“伦敦人类学会”时表明，“非常发达的大脑”在人类种群形成之后通过进化产生，而不同种群的这个

---

❶ 参见阿尔弗雷德·拉塞尔·华莱士撰写的论文：*The Origin of Human Races and the Antiquity of Man Deduced from the Theory of 'Natural Selection'*，刊登于 *Journal of the Anthropological Society of London*，第166期（1864）。

❷ 参见 *The Origin of Human Races and the Antiquity of Man Deduced from the Theory of 'Natural Selection'*. 另参见阿德里安·德斯蒙德撰写的论文：*A Visit to Dr. Alfred Russel Wallace, F.R.S.*，刊登于 *Bookman*（伦敦），第13期（1898）。

进化过程是独立的[1]。种族间固有的差异，解释了为何“那些低等的、精神上未开化的”群体在遇到欧洲人后会不可避免地走向灭亡[2]。关于人类的起源，有人认为不同种族存在多个进化的起源，也有人认为人类在进化上只有一个共同的起源，而华莱士不赞成任何一方的观点[3]。他认为虽然所有人类都有一个共同的祖先，但意识、理性和共情的成熟发展是在人类种族开始分化之后完成的。他鼓励读者根据自身的立场来理解这个表述，既可以是所有人类的单一生物起源，抑或是不同人种的一系列独立的精神和道德起源[4]。他补充道：“所有人类，即使是最落后的人种，在智力上也远优于最聪明的动物。”

和达尔文不同，华莱士在精神上阐明对愚笨动物和聪明人类的区分，认为自然选择无法解释这极为重要的“感觉或意识的起源”。华莱士提供了三条推论以支持他的观点。第一，所有未开化人种的大脑都很大，超出应对他们目前文明所需的水平。第二，不同种族间的大脑容量的误差非常小，低于这些人群应

[1] 参见 *The Origin of Human Races and the Antiquity of Man Deduced from the Theory of 'Natural Selection'*（1864）. 另参见约翰·杜兰特撰写的论文：*Scientific Naturalism and Social Reform in the Thought of Alfred Russel Wallace*，刊登于 *British Journal for the History of Science*，第 12 期（1979）。

[2] 参见 *The Origin of Human Races and the Antiquity of Man Deduced from the Theory of 'Natural Selection'*（1864）.

[3] 参见亨里卡·库克利克编著的 *A New History of Anthropology*（牛津：Blackwell Publishing，2008）中托马斯·格丽克撰写的 *The Anthropology of Race across the Darwinian Revolution* 部分内容，以及乔治·史铎金编著的 *Race, Culture, and Evolution: Essays in the History of Anthropology*（纽约：Free Press，1968）的第 3 章：*The Persistence of Polygenist Thought in Post Darwinian Anthropology*.

[4] 参见 *The Origin of Human Races and the Antiquity of Man Deduced from the Theory of 'Natural Selection'*（1864）；另参见 *Scientific Naturalism and Social Reform in the Thought of Alfred Russel Wallace*（1979）.

对生态需求差异所需的水平。第三，他推测，所有人类包括高度文明的欧洲人，拥有过剩的精神力量，人类大脑是一个“超出主人实际需要的器官[1]”。华莱士用对野蛮文明的描述代表了早期原始人类历史记录，这很难从其他证据中复现[2]。由于这些群体中有人偶尔表现出较好的道德和智力，华莱士认为，这种能力掩藏于所有人类大脑中，野蛮人的大脑的容量远远超出了他在野蛮状态下的实际要求。对华莱士而言，这种高级的智力发展也超出更高文明的需求——因此无法用自然选择来解释，提示存在更高阶的力量指导人类的形成[3]。

华莱士认为非人哺乳动物的毛发是用来防水和御寒的。所有人类种族基本没有动物那样的毛发，尤其是背部脊椎中间，而其他哺乳动物的这个部位恰恰是毛发最多的。华莱士无法用自然选择理论来解释人类生态需求和身体适应之间的差异。最后，他将“野蛮人的歌唱”描述成“类似单调的嚎叫”。达尔文认为，人类的歌声和动物求偶时发出的声音具有进化上的连续性。与这个观点相反，华莱士则认为性选择理论无法解释动物求偶时喧闹的噪声。总之，华莱士认为，就像人类通过农业手段影响动植物的演化那样，存在更高级的智慧为了某个目标而指导人类朝一个明确的方向演进[4]。华莱士决定一生坚持上述立

---

❶ 参见阿尔弗雷德·拉塞尔·华莱士撰写的文章：*The Limits of Natural Selection as Applied to Man*，收录于其著作：*Contributions to the Theory of Natural Selection, a Series of Essays*（伦敦：Macmillan，1870），p333，p339。

❷ 参见 *The Darwinian Heritage*（1985）中约翰·杜兰特撰写的文章：*The Ascent of Nature in Darwin's Descent of Man*.

❸ 参见 *The Limits of Natural Selection as Applied to Man*（1870），p333，p339。

❹ 同❸，p350，p359。

场并最终表明：人类智力与道德的同步发展是生命发展史中最近的一次转变——晚于无机物到有机生命、植物（非敏感）到动物（敏感）的转变，并且这无法用自然选择解释[1]。

华莱士否认雌性动物能够理性评估雄性求爱展示的美学吸引并据此做出选择。在其 1877 年关于动植物外观颜色的论文中，华莱士和达尔文一样，也将雌性选择界定为“自愿的”性选择（衬托雄性间为获取交配权的斗争）。但华莱士认为达尔文的“自愿（voluntary）”严格来说并不适用，应该用“有意识（conscious）”或“有感觉（perceptive）”来替代。他认为这两种说法没有歧义，对整体论点没有影响[2]。华莱士觉得，仅有一点能支持达尔文“有意识”的性选择理论：雄性的持之以恒最终赢得了“害羞”的雌性。在求偶过程中，雄性对雌性似乎来者不拒，雌性只会在雄性进行坚持不懈、精力充沛的展示后接受求偶[3]。然而，这种有意识的选择是否能够解释动物王国的自然审美，华莱士仍然表示怀疑。

华莱士认为，雄性夸张奢侈的外表是正常的，并对自然界美的起源提出了另一个解释。鲜艳的颜色和造型独特的羽毛或犄角是身体极度具有活力的自然表现。华莱士认为，这解释了

---

[1] 参见 *A Visit to Dr. Alfred Russel Wallace, F.R.S.*（1898）.

[2] 参见阿尔弗雷德·拉塞尔·华莱士 1877 年发表于 *American Naturalist* 第 11、12 期的两篇文章：*The Colors of Animals and Plants*（*part 1*）和 *The Colors of Animals and Plants*（*part 2*）. 这两篇文章最初分别在 1877 年的 9 月和 10 月刊登于 *Macmillan's Magazine*. 在 *Macmillan's Magazine* 的 p474 中，注释 4 没有出现在 *American Naturalist* 这一版本中。

[3] 参见 *The Colors of Animals and Plants*（*part 1*）和 *The Colors of Animals and Plants*（*part 2*）.

为什么雄鸟求偶展示时胸部隆起的颜色非常艳丽——这种颜色是由于鸟儿歌唱时精力过剩。在当时，众所周知雄性动物比雌性更具活力，因此雄性比雌性更多姿多彩也看似符合道理。如果还有什么需要解释，那就是为什么雌性在颜色上如此低调。华莱士用自然选择理论进行解释：雌性面临更大的进化压力，需要低调。如果掠食者在繁殖期抓到雌性个体，不仅母亲会丢掉性命，所有子代也无法存活[1]。华莱士对动物世界性选择理论的思考也反映了当时许多同行的想法。

更有争议的是华莱士关于人类如何选择的看法，他认为这无关自然选择，而是一种由灵性力量赐予人类的能力——理性意识。华莱士推断有意识地选择伴侣，为人类提供了一种主动控制其进化未来的方法。然而，社会规则和习俗必须先有改变[2]。

华莱士担心与美丽和智慧相比，人们挑选婚姻对象时常常被经济状况左右[3]。他补充道："鉴于对人类遗传的新研究，教育似乎无法解决这个难题，因为父母既不能将自我完善的能力传给后代，也不能让他们继承自己多年积累的智慧。"教育和习惯不是可遗传的人类特质。基于这些现实，人类社会的进化前景可能会很严峻，但华莱士在这方面是个乐观主义者。

他认为某些形式的生物选择，是"改善我们种族"所不可或

---

❶ 参见阿尔弗雷德·拉塞尔·华莱士的著作：*Darwinism*，第二版（伦敦：Macmillan Co.，1889），p273-281。

❷ 参见阿尔弗雷德·拉塞尔·华莱士的论文：*Human Selection*，刊登于 *Fortnightly Review*，第 48 期（1890）。

❸ 同❷，p325。

缺的。这种选择会采用何种形式？曾有一项提议认为，每代人中只有少数个体能被赋予繁育后代的资格。还有提议完全废除婚姻制度，允许女性与优秀的临时丈夫生育子女，对此华莱士都不赞同。在确定个人结婚生子的权利时，他反对国家的法律干预。华莱士认为，当人们能够“自由随心”时，他们会自发形成一套“选择体系”，始终将那些低级的、堕落的人排除在外，进而不断地提升人类的整体素质[1]。经济平等和全民教育能够让人们避免财务问题，让他们在选择时可以毫无顾虑地追随自己的本能。他认为社会发展的第一步就是让社会地位低的人（所有的女性和部分低等级的男性）获得同等的经济机会。只有这样，性选择驱动的进化才会真正发挥作用。

毫无疑问，只有当女性能够摆脱经济和社会因素自由选择时，那些想要依靠这些条件轻而易举地娶到老婆的“渣男”才会到处碰壁。这是人类的希望之光。正如我们对当前残酷而糟糕的社会制度进行改革一样，我们将尽可能地保障婚姻中的选择权自由，因为只有这样才能稳步提升人类的素质[2]。

男性更容易产生爱的激情，这种情感通常也更强烈，对他们来说解决生理需求的唯一出路就是婚姻。因此，每一个女性都会收到多次求婚，而她们在选择丈夫时会极度谨慎——这也是她们的天性。华莱士认为，如果不考虑未来的经济负担，有些女性宁愿选择单身，也不愿委身于一个“体弱多病，慵懒自私”

---

[1] 参见 *Human Selection*，p328，p331。

[2] 参见阿尔弗雷德·拉塞尔·华莱士的著作：*Social Environment and Moral Progress*（纽约：Cassell，1913），p151–153。

的丈夫。这种性选择能够帮助人类社会消除那些最不合适的成员。无须任何法律干预，“未来女性自身的修养和本能”可以促进人类素质的稳步提升[1]。

相对于动物，华莱士认为雌性选择对人类进化的影响更大，因为人类的都市生活条件与动物的自然生态栖息地存在巨大差别。在人类社会，环境条件对个体生存的影响有限，不足以掩盖雌性选择的进化效应。“性选择，”华莱士写道，“能够影响未来群体智力和道德的发展，将种族的文明和健康程度提高到地球生命能够到达的上限[2]。”华莱士希望，经济地位的平等能够让雌性选择（通过婚姻）越来越深地影响社会的进化变革。

华莱士认为，雌性选择是一种有意识的心理活动，类似于人工选择，其对人与动物性选择的观点也衍生于此。他坚信人的理性和动物的本能存在根本的不同，因此他在主张人类性选择理论的同时也拒绝承认动物雌性选择的存在。

人类与动物雌性选择理论的确立

达尔文去世以后，性选择的概念失去了延续，由于无法评估动物思维的内在逻辑和审美偏好，生物学家和心理学家很难界定雌性选择这一概念[3]。达尔文的表弟弗朗西斯·高尔顿（Francis Galton）是著名的优生学家。他认为雌性选择是一个两

---

[1] 参见 *Human Selection*.

[2] 参见 *Social Environment and Moral Progress*（1913），p140–141。

[3] 参见让·伽永的著作：*Darwinism's Struggle for Survival: Heredity and the Hypothesis of Natural Selection*（剑桥：剑桥大学出版社，1998），p514。

性通过共鸣形成配对的过程，比如高个女性倾向于和高大男性结婚，高智商男性通常拥有聪明的妻子[1]。著名的数学家和统计学家卡尔·皮尔逊（Karl Pearson）将两种雌性选择（高尔顿的选型交配和真正的雌性偏好）进行了区分。在两种情况下，皮尔逊都强调雌性选择是相对的，雌性个体不会根据绝对标准拒绝所有的雄性个体，而是选择她最欣赏的雄性个体[2]。第一波女性主义者很快利用这些择偶理论提出改革英美的求爱习惯和婚姻制度的诉求。然而，科学家对性选择概念的不同见解以及对动物择偶过程中审美和理性判断能力的质疑，让达尔文的动物性选择理论发展举步维艰。

达尔文和华莱士的追随者们就雌性选择作为进化机制这一观点提出了一些关于雄性气质、雌性气质、种族差异和理性思维等生物学定义常见的问题，因为这是区分人和动物的关键。一些女性主义者高举达尔文关于人与动物择偶之间差异的论述：相对于雌性动物可以自由选择她们的配偶，维多利亚时代的英国女性只能任凭男人摆布。她们认为这种非自然的状态只会导致社会的退步。另一些女性主义者则认为达尔文的理论仅仅是在重申一个常识——两性在生理和社会层面上是独立且平等的，因而女性也可以自豪地拥有人类的道德和审美标准。有趣的是，很少有人反对达尔文关于两性对立的理论框架——女性的“矜

---

[1] 参见卡尔·皮尔森的著作：*The Life, Letters and Labours of Francis Galton*, vol. 3a:*Correlation, Personal Identification and Eugenics*（剑桥：剑桥大学出版社，1930）的第14章 *Correlation and the Application of Statistics to the Problems of Heredity*.

[2] 参见卡尔·皮尔森的论文：*Mathematical Contributions to the Theory of Evolution. III. Regression, Heredity, and Panmixia*，刊登于 *Philosophical Transactions of the Royal Society of London, Series A Mathematical* 的187期（1896），p257–258。

持”和男性的“殷切”。直到20世纪后期，这个理论才开始受到人们的广泛质疑。尽管动物的性选择理论没能掀起波澜，但性选择对人类社会的潜在影响激发了科学界及受过教育的群众的想象力。

随着达尔文的一系列著作出版，特别是在《人和动物的情感表达》一书面世后，一些生物学家开始尝试系统地探索动物心理。达尔文的朋友乔治·约翰·罗曼尼斯（George John Romanes）在19世纪80年代创作 *Animal Intelligence*（《动物智慧》）和 *Mental Evolution in Animals*, *with a Posthumous Essay on Instinct by Charles Darwin*（《动物心理进化》）时，对此始终念念不忘[1]。罗曼尼斯试图建立人与动物在心理能力上的连续性。他认为，人类心智能力的所有特点，都能从动物行为中找到起源。但在感知和应对周围世界变化时，人类思维的复杂性有着质的飞跃。在《动物心理进化》一书中，罗曼尼斯以“选择”为客观标准，用来界定动物是否具有理性思维。他说道：“有能力选择行动意味着其能够感受刺激，进而根据刺激做出选择[2]。”罗曼尼斯倾向于将“美丽情感”的审美能力归因于动物都展现出多彩的第二性征（性选择的结果），甚至包括昆虫、蜘蛛和螃蟹[3]。对他来说，选择和感觉紧密相连。

其他心理学家发现罗曼尼斯这种选择和感觉之间的联系问

---

[1] 参见乔治·约翰·罗曼尼斯的著作：《动物智慧》（伦敦：Kegan Paul，Trench，1881）和《动物心理进化》（伦敦：Kegan Paul，Trench，1883）。

[2] 参见《动物心理进化》（1883），p20。

[3] 参见《动物智慧》（1881），p281。

题重重。1889 年英国的心理学家、性行为学家帕特里克·盖迪斯（Patrick Geddes）和他的学生兼好友 J. 阿瑟·汤普森（J. Arthur Thompson）共同出版了备受赞誉的 *The Evolution of Sex*（《性的进化》）一书[1]。他们在阐述雌性选择和性选择时强调了几个从动物到人类择偶进化史中的关键转变，尤其是由感性选择到理性选择的转换[2]。盖迪斯和汤普森认为在灵长类动物中，饥饿（营养驱动）和性爱（生殖驱动）是自私且容易满足的本能行为。在进化过程中，随着高等动物个体自我意识和社会意识的不断提升，这些基础本能逐渐演变成为社会本能。在一个理想的群体中，社会凝聚力需要通过利他主义和共同的价值观来维持。盖迪斯和汤普森认为，更确切地说，人类择偶的过程与动物相比，理性因素多于感性因素，精神层面高于生理层面。人类到达如今的进化地位，是通过男性主动、女性被动的两性互补角色实现的，即便在生命最初期也是如此（精子小而有力，卵子大而笨重）[3]。

一些早期的女性主义者很快将达尔文关于“反”性选择的描述及盖迪斯和汤普森生理 / 心理进化模型当作武器，论证维多利亚时代女性的地位“不合理”[4]。她们认为，除非当前社会环境好转，否则文明社会进化的未来必然会走向衰退。如果女性没有

---

[1] 参见帕特里克·盖迪斯和 J. 阿瑟·汤普森的著作：《性的进化》（伦敦：Walter Scott，1889 初版；1901 再版）。

[2] 参见 *Sexual Science: The Victorian Construction of Womanhood*（1989），p89–92，p135–136。

[3] 参见《性的进化》（1901），p297，第 19 章 *Psychological and Ethical Aspects.*

[4] 参见芭芭拉·T. 盖茨和安·施泰尔的著作：*Natural Eloquence: Women Reinscribe Science*（麦迪逊：威斯康星大学出版社，1997），p51。

被赋予选择配偶的自由，高级社会进化的未来将不复存在。为了保障配偶选择自由，女性需要挣脱社会和经济的枷锁，否则大多数女性会因为金钱结婚而不是自由选择她们爱的人[1]。

密歇根的女性主义运动者伊莉莎·伯特·甘波尔（Eliza Burt Gamble）1894年出版了*The Evolution of Woman: An Inquiry into the Dogma of Her Inferiority to Man*（《女性的进化：对男尊女卑传统观念的声讨》）一书。甘波尔认为，尽管社会普遍认为男性更高一等，但是女性在道德和审美上都优于男性，因为几千年来她们一直挑选"最优质的"的男性作为配偶[2]。对甘波尔而言，雌性选择不仅提升了女性的智慧，也让男性为了吸引异性而变得出类拔萃。她相信男性天生自私自大（因为性选择决定雄性个体的生物功能是看起漂亮并驱赶其他同性），而女人具备无私的母性。女性在自然选择过程中形成的母性本能，被性选择放大并成为所有社会情感的基础[3]。甘波尔认为，要具有选择最佳配偶的能力，女性必须拥有比男性更敏锐的美感和直觉。她还辩称，男性在许多方面的优越是因为女性（通过雌性选择）"让男

---

[1] 参见佩内洛普·多伊彻的论文：*The Descent of Man and the Evolution of Woman*，刊登于*Hypatia*，第1期（2004）。参见芭芭拉·T. 盖茨的著作：*Kindred Nature: Victorian and Edwardian Women Embrace the Living World*（芝加哥：芝加哥大学出版社，1998）。参见罗纳德·纳伯斯和约翰·斯坦豪斯编著的*Disseminating Darwinism: The Role of Place, Race, Religion, and Gender*（剑桥：剑桥大学出版社，1999）中萨莉·格雷戈里·科尔施泰特和马克·R. 乔根森撰写的'*The Irrepressible Woman Question*'：*Women's Response to Darwinian Evolutionary Ideology*部分内容。

[2] 参见伊莉莎·伯特·甘波尔的著作：《女性的进化：对男尊女卑传统观念的声讨》（纽约：G. P. Putman's Sons，1894）。这本书的第二版（1916）更名为*The Sexes in Science and History*，但内容基本没有改动。

[3] 参见迈克·霍金斯的著作：*Social Darwinism in European and American Thought, 1860–1945: Nature as Model and Nature as Threat*（纽约：剑桥大学出版社，1997），p261。

性更美丽，让男性容易被接受”。此外，甘波尔认同达尔文的说法——在维多利亚时代通常由性选择定义的性别角色被推翻了。社会被自私自我的人（男性）统治，缺少利他主义（女性）的思想。甘波尔把在择偶过程中雌性选择的缺失视为社会可持续发展的障碍。她认为如果女性无法自由选择配偶，最终会导致进化停滞和社会倒退。甘波尔说道：“除非完全取消对女性自由的限制，否则人类永远不会提升到更高的思维和生活水平[1]。”在甘波尔的结论中，他断言人类的历史是“一系列发展和衰退时期的交替[2]”。每一次的衰退都对应女性被社会排斥和压迫的时期。甘波尔声称，由于极高的出生率，低等级的族群将不可避免地取代更先进的社会群体——除非女性可以重新获得应有的地位。

夏洛特·帕金斯·吉尔曼（Charlotte Perkins Gilman）也把雌性选择看成现代社会的唯一救赎方法。吉尔曼是一位多产的美国作家，一生撰写了许多纪实文学和小说作品，同时也是美国 19 世纪 90 年代著名的社会评论家[3]。吉尔曼以她的小说 *The Yellow Wallpaper*（《黄色墙纸》，1899）和 *Herland*（《她乡》，1915）闻名于世。她在 1898 年撰写了 *Women and Economics*：*A study of the Economic Relation between Men and Women as a*

---

❶ 参见 *The Sexes in Science and History*（1916），p31，p75。

❷ 同❶，p380。

❸ 吉尔曼在美国女性主义及女性健康的许多历史中居主导地位，我在这里仅引用了其中一小部分。参见南希·科特的论文：*Passionlessness: An Interpretation of Victorian Sexual Ideology, 1790－1850*，发表于 *signs* 第 2 期（1978）。另参见玛丽·希尔的著作：*The Making of a Radical Feminist, 1860－1896*（费城：坦普尔大学出版社，1983），以及安·J. 莱恩的著作：*To Herland and Beyond: The Life and Work of Charlotte Perkins Gilman*（纽约：Pantheon Books，1997）。

Factor in Social Evolution（《女性和经济》）一书，重温了甘波尔对维多利亚时期女性选择处于“不合理”状态的看法[1]。她认为，只有当女性摆脱男性实现经济独立，可以自由选择伴侣时，社会进化的枷锁才会打开，两性之间的平衡也会得以恢复[2]。她强调，处于“不合理”社会地位的女性无法创造社会价值，只能像寄生虫一样消耗整个社会的能量。吉尔曼认为，如果不迅速改善女性地位，社会将停滞不前，经济发展也将受到阻碍[3]。

英国的女性主义者和社会活动家弗朗西斯·斯威尼（Frances Swiney）相信道德和社会真理是自然存在的。她试图了解包括性选择在内的自然规律，以便为人类构建更美好的未来[4]。1899年，斯威尼出版了 *The Awakening of Women or Woman's Part in Evolution*（《女性的觉醒》），呼吁将女性纳入社

---

[1] 参见夏洛特·帕金斯·吉尔曼的著作:《女性和经济》(波士顿: Small, Maynard and Co., 1898)。

[2] 参见 *Kindred Nature: Victorian and Edwardian Women Embrace the Living World*（1998）; 参见 *Social Darwinism in European and American Thought, 1860 - 1945: Nature as Model and Nature as Threat*（1997）; 参见 *The Making of a Radical Feminist, 1860 - 1896*（1983），p268；参见 *To Herland and Beyond: The Life and Work of Charlotte Perkins Gilman*（1997），p283；参见 *Love and Eugenics in the Late Nineteenth Century: Rational Reproduction and the New Woman*（2003），p76。另参见 *Sexual Science: The Victorian Construction of Womanhood*（1989）.

[3] 参见《女性和经济》(1898)，以及爱丽丝·罗西编著的 *The Feminist Papers: From Adams to de Beauvoir*（纽约: Bantam Books，1973）。吉尔曼女性优势的观点在她的乌托邦式小说《她乡》中体现得尤为明显，该小说最初在1915年以连载的形式发表，参见吉尔曼的著作:《她乡》(纽约: Pantheon Books，1979)。在 *Woman and Labour*（伦敦: Virago，1978）一书中，奥利弗·施莱纳也把维多利亚时代的女性批评为社会的寄生虫。

[4] 参见乔治·罗布的论文: *Eugenics, Spirituality, and Sex Differentiation in Edwardian England:The Case of Frances Swiney*，刊登于 *Journal of Women's History*，第3期(1998)。

会劳动体系，给她们提供工作机会[1]。结合盖迪斯和汤普森的观点，斯威尼使用进化论和其他科学推理来论证女性是合成者（维护工业技术、家庭美德和国家福利），而男性是分解者（擅长发明、科学、艺术、美和知识）[2]。然而，作为进化选择的结果，女性要优于男性，而且能够根据自身意志掌控人类进化的未来。她宣称女性生来就比男性优越，就像在动物界雌性选择大行其道。长久以来，低等级的女性为了迎合男性的兴趣而堕落。女性只有通过维护社会公德才能为伊甸园的错误赎罪，推动国家和社会的进化发展[3]。

上述这些女性主义者主要关注性选择理论在人类社会的应用，对动物进化过程中的性选择的影响基本无视。她们的观点却成为一个在 19 世纪末及 20 世纪初形成的关于“女性问题”大讨论的一部分[4]。例如，吉尔曼和斯威尼都认为与生俱来的性别差异显然让女性比男性更优越——女性的生育能力及对配偶选择的控制[5]。她们都试图利用雌性选择理论来解放女性——通过

---

[1] 参见弗朗西斯·斯威尼的著作：《女性的觉醒》（伦敦：George Redway，1899）。另参见 *Love and Eugenics in the Late Nineteenth Century: Rational Reproduction and the New Woman*（2003），p48。

[2] 参见《女性的觉醒》（1899），p20。

[3] 参见 *Eugenics, Spirituality, and Sex Differentiation in Edwardian England:The Case of Frances Swiney*. 另参见《女性的觉醒》（1899），p92-102。

[4] 参见 *Kindred Nature: Victorian and Edwardian Women Embrace the Living World*（1998）；参见 *Natural Eloquence: Women Reinscribe Science*（1997）；另参见 *Love and Eugenics in the Late Nineteenth Century: Rational Reproduction and the New Woman*（2003）.

[5] 参见 *The Making of a Radical Feminist, 1860 - 1896*（1983），p268。

强调女性作为性选择者的角色来加强社会的性别建构[1]。

在关于对人类社会和性选择的讨论中，也许是因为不想招惹麻烦，多数女性主义者避开了对动物心理的讨论。尽管罗曼尼斯试图夯实动物心理的科学基础，但是自然研究的普及和英美中产阶级宠物文化的兴起让动物更频繁地进入家庭空间，这加强了拟人化和对动物情感关怀之间的联系[2]。女性在给孩子讲解自然史时通常会在宠物的趣事中插入一些道德说教，这引发社会对“自然捏造”的科学关注[3]。因为女性也深度参与了反对活体解剖的运动以及新兴的奥杜邦鸟类保护协会，所以女性的多愁善感与动物福利之间的关系远远超出了儿童的教育范畴。能正确看待进化论的第一波女性主义者，会发现避开讨论动物行为大有裨益：能够专注于主要目标，即人类社会进化的未来。

然而，相较于由达尔文提出的关于雌性控制配偶选择的颇具争议的假说，大部分科学家更关心非人动物的理性思维假说。密歇根大学的科拉·黛西·里维斯（Cora Daisy Reeves）研究了蓝镖鲈的求偶习惯。她在 1907 年发表的论文中总结道：“没有理由将雄性多姿多彩的求爱展示归因于雌性的选择。”和当时

---

[1] 参见帕特里克·帕林德的论文：*Eugenics and Utopia: Sexual Selection from Galton to Morris*，刊登于 *Utopian Studies*，第 2 期（1997）。

[2] 参见萨莉·格雷戈里·科尔施泰特的论文：*Nature Not Books: Scientists and the Origins of the Nature Study Movement in the 1890s*，刊登于 *Isis*，第 3 期（2005），p324－352。另参见詹妮弗·梅森的著作：*Civilized Creatures:Urban Animals, Sentimental Culture, and American Literature, 1850–1900*（巴尔的摩：约翰霍普金斯大学出版社，2005）。

[3] 参见拉尔夫·卢茨编著的 *The Nature Fakers: Wildlife, Science,and Sentiment*（戈尔登：Fulcrum，1990）中，由杰德·梅耶撰写的第 5 章 *In Search of an Earthly Eden*：*The Expression of the Emotions in Man and Laboratory Animals*，刊登于 *Victorian Studies*，第 3 期（2008）。

的生物学观点一致，里维斯将上述刺激功能归因于雄性强烈的追求和反复敲打雌性的身体。她于 1917 年获得博士学位并且又发表了几篇讨论鱼和大鼠辨别不同波长光的能力的学术论文[1]。她后期对动物“行为刺激”而非“选择”的研究反映了当时英美动物心理学研究的趋势——将动物视为鲜活可控的机器，忽视了动物的选择。

这一新趋势的杰出代表是英国心理学家康韦・劳埃德・摩根（Conway Lloyd Morgan）的“准则”，这个“准则”提议心理学家不应该假定存在高于解释动物行为所需的精神状态[2]。换言之，动物心理学家不应把动物行为称作“选择”，除非他们有明确证据显示动物真的在做“选择”。在 *Animal Life and Intelligence*（《动物生命与智慧》，1891）一书中，摩根花了大量篇幅批判达尔文的择偶理论[3]。他并不认同动物（鸟类）“有意识的审美动机”可以解释鸟类或其他动物美的起源。摩根认为对美的欣赏和评判，属于人类而非动物的心理范畴。摩根随后在书中阐明了他的立场。动物仅拥有“感知意识”，而人类拥有“概念意识”。简单来说，在特定环境下，动物可能会在两种给定的可能性中做

---

[1] 参见科拉・黛西・里维斯的几篇论文：*The Breeding Habits of the Rainbow Darter*（*Etheostoma coeruleum Storer*）*: A Study in Sexual Selection*，刊登于 *Biological Bulletin,* 第 14 期（1907）；*Discrimination of Light of Different Wave- Lengths by Fish*，刊登于 *Behavior Monographs*，第 3 期（1919）；*Moving and Still Lights as Stimuli in a Discrimination Experiment with White Rats*，刊登于 *Journal of Animal Behavior*，第 3 期（1917）。

[2] 参见威廉・金勒的论文：*Reading Morgan's Canon: Reduction and Unification in the Forging of a Science of the Mind*，刊登于 *American Zoologist*，第 6 期（2000）；参见格雷戈里・拉迪克的论文：*Morgan's Canon, Garner's Phonograph, and the Evolutionary Origins of Language and Reason*，刊登于 *British Journal for the History of Science*，第 33 期（2000）。

[3] 参见康韦・劳埃德・摩根的著作：《动物生命与智慧》（波士顿：Ginn and Co.，1891）。

出选择（左或右，蓝或红），但它们无法在环境改变时回顾或设想自己的选择，因此它们的选择也许会随之变化。人类拥有自我反思的能力，能有意识地欣赏自身的选择（包括审美），摩根将之与概念思维相联系[1]。摩根同意华莱士（反对达尔文和罗曼尼斯）的观点，人类的智慧和意识无法用自然选择的“淘汰法则”来解释[2]。摩根和他的准则被那些于20世纪初创立美国行为学派的动物心理学家以及欧洲主流动物行为学家奉为经典[3]。在19世纪后期，达尔文关于雌性选择的理论引发了激烈争论——学界对于其是否有助于理解动物世界的美及人类社会的婚姻选择褒贬不一。对于许多这样的科学家、女性主义者、哲学家和诗人来说，人类的求偶和性行为仅仅是兽性的肉欲而非理性的思考。雌性选择理论带来一个意料之外的难题，因为达尔文认为即将进行性行为（交配）的雌性动物具备审美的心理优势和有意识的选择。这一概念遭到了华莱士等生物学家们的强烈反对，他们断言雌性选择永远无法在动物本性中体现。

---

❶ 参见康韦·劳埃德·摩根的著作：《动物生命与智慧》（波士顿：Ginn and Co.，1891），p409，p460-461。另参见苏厄德（Seward）的著作：*Darwin and Modern Science: Essays in Commemoration of the Centenary of the Birth of Charles Darwin and of the Fiftieth Anniversary of the Publication of the Origin of Species*（剑桥：剑桥大学出版社，1909）中康韦·劳埃德·摩根撰写的 *Mental Factors in Evolution* 部分内容。

❷ 同❶，p484-485。

❸ 摩根的“准则”影响了心理学家爱德华·桑戴克，而后者的思想又影响了罗伯特·耶基斯。参见 *Simian Tongue: The Long Debate about Animal Language*（2007），p8-9，p52，p201-220。

我们要记得世纪之交对进化论来说是一段艰难的时期[1]。对许多实验生物学家来说，性选择（或自然选择）不是理解物种演化所必需的。就像雅克·洛布（Jacques Loeb）关于动物生理心理的理论模型在不涉及动物内心情感体验的情况下提供了动物行为学研究的框架一样，格雷戈尔·孟德尔（Gregor Mendel）的遗传理论似乎是物种演变的一个可替代解释[2]。

达尔文和华莱士关于人与动物雌性选择争论的结果使大众认为只有人类能够选择，也只有人类具有审美偏好，当然这并不是因为华莱士的论述更有说服力。我们在后面的章节会看到，20 世纪早期对于动物求偶行为的研究既为英美社会进化的未来提供了经验，又具体化了人类与动物的认知 – 审美鸿沟。当生物学家用数学模型勾勒人类进化的未来时，他们的公式显示了生殖对未来人群更高智商和美貌的重要性。尽管生物学家认为女性择偶对人类的进化至关重要，但他们仍然拒绝承认动物具有挑选配偶的能力。

---

[1] 参见 *Darwin and the Emergence of Evolutionary Theories of Mind and Behavior*（1987）. *Journal of the History of Biology* 发行了一期特刊，专门重新评估世纪之交达尔文进化变化机制的重要性（或缺乏）的历史观念。参见 *The 'Darwinian Revolution': Whether, What, and Whose?* 刊登于 *Journal of the History of Biology*，第 1 期（2005）。

[2] 参见罗宾·马兰茨·海尼希的著作：*The Monk in the Garden: The Lost and Found Genius of Gregor Mendel, the Father of Genetics*（波士顿：Houghton Mifflin Books，2001）。另参见 *Controlling Life: Jacques Loeb and the Engineering Ideal in Biology,* 收录于 *Monographs in History and Philosophy of Science* 系列（1987）。

02 进步的渴望

第一次世界大战后的理性演变

丰富多样而又个性化的人类求偶和鸟类求偶存在根本的差异。人类恋爱时用大脑思考，他（她）反应积极且可塑性强，能够随机应变，而鸟类择偶时依靠纹状体（无法像人那样思考），所以经常出现彼之砒霜、吾之蜜糖的状况。人类的恋爱行为丰富多彩，而求偶的鸟类就是没有感情的机器。

——H.G. 威尔斯、朱利安・索莱尔・赫胥黎和 G.P. 威尔斯[1]

[1] 参见 H.G. 威尔斯、朱利安・索莱尔・赫胥黎和 G.P. 威尔斯的著作：*The Science of Life*（《生命的科学》，纽约：Doubleday，Doran and Co.，1931），第 5 卷，p1239。

在 20 世纪初，两种不同的描述动物求偶的方式使英美生物学家能够概括出动物和人类的生殖行为。第一种遵循达尔文的性选择理论，将动物求偶形容为人类婚姻选择的进化先驱。在优生理论框架下，这种关于物种进化或退化的叙述，能够将人类和他们的野蛮祖先进行区分，也能将一些底层的基本行为习惯动物化。第二种将动物求偶描绘成一个生理过程，借用朱利安·索莱尔·赫胥黎（Julian Sorell Huxley，1887—1975）的委婉说法，即“类似人类情爱的每一个行为”。将动物交配与人类择偶等同起来，这代替了 20 世纪初关于爱情等级关系的描述。性选择过程中的配偶挑选提示选择一方具有审美比较的能力，但这个关于求偶的生理学描述将人与动物的行为归结为非理性和情绪刺激的结果。生物学家使用上述两种模型研究人类的性关系，但仍纠结于一个问题：雌性选择是否是动物演化的有效机制?

20 世纪初至 20 世纪 30 年代，几乎所有的动物学家都不认为动物中存在雌性选择[1]。性发育过程中性腺（激素）理论的兴起，让大家无须为同一现象提供进化上的解释。

然而，对动物学家来说更无法接受的是，动物心理学假设的前提是动物存在基于选择的系列行为。雌性动物根据雄性个体的求偶展示来挑选配偶，提示她们需要比较雄性展示的美感并根据偏好做出合理的决定。

---

[1] 埃德蒙·塞洛斯、威廉·皮克拉夫特、朱利安·索莱尔·赫胥黎以及美国自然历史博物馆（American Museum of Natural History，简称 AMNH）的格拉德温·金斯·莱伊的早期评论有别于当时否认动物配偶选择的主流思想。本章将讨论前三者的研究内容，而莱伊的研究将被放在第 3 章去讨论。

动物学家通过限制或重新理解达尔文最初关于雌性选择的含义，试图挽救达尔文的理论。真正的选择仅限于人类；虽然动物们不能“真正”选择配偶，但人类显然具备这种思维能力，并且合适的婚姻选择将为后代带来更聪明、更美丽的孩子。动物的配偶选择并不一定意味着思考，也可以是求偶展示带来的情绪刺激的结果：那些通过求偶展示有效刺激雌性的雄性个体，更容易获得交配权，且更有可能在繁殖季节和配偶待在一起。一些动物学家将动物求偶与人类求偶行为进行类比，把上述仪式化、情感化的求偶理念应用到人类身上，这样做的好处是维持夫妇在婚后幸福的状态。

这些对性选择理论的修改涉及在人类和动物求偶过程中的情绪连续性，同时也加深了人与动物之间的心理学鸿沟。真正的雌性选择是理性的过程（至少存在理性因素），动物学家认为这是人的特质。在达尔文的理论框架内，20 世纪早期的动物学家始终在野性的动物世界和文明的人类社会之间划出了一条清晰的界限[1]。

对性选择理论的讨论依然集中在雌性选择对人类进化的作用。自然选择也许会影响“野蛮”的人类社会（祖先），当然也会影响动物演化。在动物世界中它们挣扎求生，直到能够繁殖后代。一些动物学家认为，在现代的人类社会，基于差异性生存的自然选择可能不再作为一种有效的进化机制。医疗技术的发展让环境因素对人类生存的影响越来越小。与自然选择相比，更有可能影响现代社会进化未来的因素是差异性繁殖。社会保

---

[1] 参见 *Sexual Science: The Victorian Construction of Womanhood*（1989）.

健组织成员试图教导人们如何做出更好的生殖选择，鼓励“名门”家庭多生孩子[1]。这种形式的人类生育工程与性选择中雌性挑选的合理性不谋而合[2]。通过恰当的雌性挑选，性选择能够长期持续地改善人类的遗传资源库，让女人更漂亮，男人更智慧。

一些英美人士认为理性的繁育是促进社会进化的更优策略，比第一次世界大战时期德国人推崇的“万能”的自然选择要好。美国动物学家弗农·凯洛格（Vernon Kellogg）教授曾表示，德国人的侵略性源于他们坚持认为自然选择有助于帝国在现代文明中的持久性。凯洛格 1917 年发表的 *Headquarters Nights: A Record of Conversations and Experiences at the Headquarters of the German Army in France and Britain*（《总部之夜》）一书中提到，德国的军事顾问相信不同人群间“残酷的斗争一定会发生，因为这是自然规律；也应该发生，因为它会以不可避免的残酷方式拯救人类[3]”。实际上凯洛格认为，德国人挑起战争是为了测试他们在世界上的进化地位。虽然凯洛格的书不能真实反映德国

---

[1] 关于社会卫生和积极优生学的重要性，请参见丹尼尔·J. 凯夫尔斯的著作 :*In the Name of Eugenics: Genetics and the Uses of Human Heredity*（纽约：Alfred A.Knopf，1985），以及 *Building a Better Race: Gender, Sexuality, and Eugenics from the Turn of the Century to the Baby Boom*（2001）. 另参见 *Feminist Eugenics in America: From Free Love to Birth Control, 1880-1930*（2006）.

[2] 对于人类生育工程作为美国社会科学观念的影响，请参见丽贝卡·列莫的著作：*World as Laboratory: Experiments with Mice,Mazes,and Men*（纽约：Hill and Wang，2005）。

[3] 参见弗农·凯洛格的著作：《总部之夜》（波士顿：Atlantic Monthly Press，1917），p29，以及马克·拉根特的论文：*Bionomics: Vernon Lyman Kellogg and the Defense of Darwin,1890–1930*，刊登于 *Journal of the History of Biology*，第 32 期（1999）。

人对进化的态度，但这是很好的宣传[1]。他希望传递给读者一个道德警示，即将自然选择视作社会进化的唯一向导力，这种狂热的支持会导致不受控制的侵略和战争。自然选择强调适者生存，而雌性选择提供了理性的、和平的、基于选择的方式来理解和控制社会进化的未来。

1900—1939 年间的《纽约时报》见证了当时社会对人类性选择和雌性选择的浓厚兴趣[2]。一些文章引用了威廉·詹宁斯·布赖恩（William Jennings Bryan）的话，性选择被“嘲笑出教室”；亨利·费尔德·奥斯本（Henry Fairfield Osborn）则指出性选择是进化理论中存在“争议”的部分。这些文章以不太积极的态度从动物进化角度描述性选择，而并没有讨论雌性选择对人类进

---

[1] 关于对第一次世界大战前德国生物学思想更细致的看法，请参见桑德尔·格利博夫的著作：*H. G. Bronn, Ernst Haeckel, and the Origins of German Darwinism*（剑桥，马萨诸塞：MIT Press，2008）。参见林恩·尼哈特的著作：*Biology Takes Form: Animal Morphology and the German Universities, 1800-1900*（芝加哥：芝加哥大学出版社，1995），以及劳拉·奥蒂斯的著作：*Müller's Lab*（牛津：牛津大学出版社，2007）。另参见罗伯特·理查兹的著作：*The Tragic Sense of Life: Ernst Haeckel and the Struggle over Evolutionary Thought*（芝加哥：芝加哥大学出版社，2008）。

[2] 《纽约时报》在 1871—1900 年间一共发表了 26 篇提及性选择的文章，在 1900—1939 年间发表了 24 篇；相比之下，1940—1980 年间只发表了 2 篇。其中，萧伯纳撰写的（或关于他的）文章包括：*English Can't Choose Mates, Says Shaw*（*1913* 年 *3* 月 *30* 日）；*Shaw Expounds Socialism as World Panacea*（1926 年 12 月 12 日）；*Would Lift Marriage Bars*（《纽约时报》特刊，1928 年 2 月 11 日）；*The Case for Socialism*（1926 年 9 月 12 日）。在“猴子审判”的背景下，《纽约时报》也多次刊发了关于性选择主题的文章，包括：*Full Text of Mr. Bryan's Argument against Evidence of Scientists*（《纽约时报》特刊，1925 年 7 月 17 日）；*Text of Bryan's Evolution Speech, Written for the Scopes Trial*（1925 年 7 月 29 日）；*Bryan Is Attacked before Scientists*（《纽约时报》特刊，1924 年 12 月 31 日）；以及亨利·费尔德·奥斯本撰写的 *Evolution and Religion*（1922 年 3 月 5 日）和威廉·詹宁斯·布莱恩撰写的 *God and Evolution*（1922 年 2 月 26 日）。《纽约时报》中其他提及性选择的文章包括：伊尼斯·韦德撰写的 *What It Costs a Young Girl to Be Well Dressed*（1910 年 4 月 24 日）；*Man's Future in the Light of His Dim Past*（1929 年 4 月 28 日）；Says Man *Will Grow for Ages to Come*（《纽约时报》特刊，1929 年 4 月 20 日）；以及尤金·巴格撰写的 *Haldane Looks into the Future: A Review*（1924 年 4 月 6 日）。

化未来的影响。文章将性选择视为人类进化的动力，作者们认为，如果女性在挑选婚姻伴侣时做出好的选择，人类后代的美貌与智慧就会不断传承。萧伯纳（George Bernard Shaw）在被刊登在《纽约时报》的文章中不断强调女性自主选择婚姻伴侣的重要性——消除经济和社会的限制，呼吁让真正的“女性选择”来影响社会。此外，发表于 1921 年的一篇文章甚至认为性选择可以用来代替鼠药解决伦敦的鼠患问题[1]。根据标题，灭鼠人应该“只杀雌鼠，剩下的雄鼠会自相残杀，最终导致鼠群的覆灭”。雄性的侵略本性如果不加控制，将导致老鼠种群的毁灭，就像人类一样（世界大战）；而雌性的理性选择，可以挽救物种免于灭绝。到 20 世纪 30 年代后期，第二次世界大战将大众的注意力从雌性选择理论转移到更紧迫的问题上。关于性选择和雌性选择的内容直到 20 世纪 70 年代才再次出现在《纽约时报》上。

动物的美与审美问题

在 20 世纪初期，华莱士用自然选择而达尔文用性选择理论来解释雌雄动物之间的差异，但生物学家对此都不满意。同时，动物行为学研究中相互促进的趋势，也淡化了将雌性选择作为动物进化改变的有效机制。动物学家开始提出新的生殖行为理论模型，并用新的术语描述这些行为，从而回避动物审美和理性分析能力等问题。果蝇和飞蛾等生物的交配行为实验似乎显示了昆虫不具备选择配偶必要的精神基础。此外，用雌性选择

[1] 参见 *Would Force Rats into Race Suicide*（《纽约时报》特讯），刊登于《纽约时报》，1921 年 12 月 11 日。

理论解释的特征——行为和外观的性别差异——也可以用其他因素来解释。比如生理学家的实验证据显示，不同性别的生理差异源于激素和发育，而不是进化。交配季节雄性鸟类艳丽的舞姿和展示可归因于信息交流和领地防御需要。动物学家根本不需要性选择理论来解释这些性别差异。动物行为学的研究有助于绘制社会进化和性别行为发展的谱系，而在关于理性分析能力的问题上，这也加深了人与动物之间的鸿沟。人类代表着行为复杂性的巅峰。为了进行比较，生物学家强化了传统的智慧概念，即动物和人类在智力上有着根本的不同。人类具有语言、理性分析和决策能力，而动物却没有[1]。在 17 世纪笛卡儿（Descartes）以及 18 世纪布冯（Buffon）和林奈（Linnaeus）的著作中，兽性激情和人类理性之间的区分，可以追溯到亚里士多德和柏拉图时期。在 19 世纪后期，达尔文和罗曼尼斯再次质疑动物和人类之间严格的二分法，这一区分后来被他们的批评者进一步强化[2]。

动物学家支持和反对达尔文观点最常引用的一个摘要是

---

[1] 除了少数例外，20 世纪早期科学家对动物求偶的研究区分了人类和非灵长类动物。科学家很难接近那些生活在自然栖息地里的灵长类动物，并且在研究中心附近建立半自然状态的灵长类养殖群体也非常困难（部分是因为高昂的费用）。这种状态一直持续到第二次世界大战结束后。参见克尔斯滕·雅各布森·比恩的文章：*Psychobiology, Sex Research and Chimpanzees: Philanthropic Foundation Support for the Behavioral Sciences at Yale University, 1923 - 1941*，刊登于 *History of the Human Sciences*，第 2 期（2008）。参见唐娜·哈拉维的著作：*Primate Visions: Gender, Race, and Nature in the World of Modern Science*（纽约：Routledge，1989）。另参见乔治娜·蒙哥马利的文章：*Place, Practice and Primatology: Clarence Ray Carpenter, Primate Communication, and the Development of Field Methodology, 1931 - 1945*，刊登于 *Journal of the History of Biology*，第 38 期（2005）以及 *Simian Tongue: The Long Debate about Animal Language*（2007）.

[2] 参见 *Sexual Science: The Victorian Construction of Womanhood*（1989）.

弗农·凯洛格于1907年出版的*Darwinism Today: A Discussion of Present-day Scientific Criticism of the Darwinian Selection Theories,together with a Brief Account of the Principal Other Proposed Auxiliary and Alternative Theories of Species-Forming*(《当代达尔文主义》)[1]。凯洛格对于性选择的态度是谨慎的，他用了22页记录生物学家反对性选择理论的证据和批评，而辩护的篇幅不到2页。他详细描述了这些针对雌性选择理论而非雄性间竞争的批评。凯洛格认为，雄性个体进攻性或防御性生理结构的进化完全可以用自然选择来解释。雌性选择理论是动物学家的绊脚石，不能和自然选择混为一谈。

凯洛格密切关注达尔文在《人类的由来及性选择》(1882)中的论点，他认为当群体中雌性个体数量短缺或部分雄性个体与多数雌性交配时(类似多配偶)，会有一部分雄性个体无法拥有配偶[2]。在这些群体中，雌性选择会减少后代(由群体中部分雄性产生)的总量。性选择的潜在作用只能局限于上述物种。然而，不是所有拥有艳丽交配展示的动物都满足这些标准，这让性选择理论看起来不像是正确的解释。此外，在雌雄个体数量相当的群体中，除了雄性个体在求偶时的交配展示之外，没有审美能力逐渐发展的证据，也缺少选择能力演化出现的进化论证[3]。

---

[1] 凯洛格是美国达尔文主义的狂热支持者。参见弗农·凯洛格的著作:《当代达尔文主义》(纽约：Henry Holt and Co.，1907)，p106－128，p48－50。另参见*Bionomics: Vernon Lyman Kellogg and the Defense of Darwin,1890–1930.*

[2] 参见《人类的由来及性选择》(1882)，p243–260。

[3] 参见《当代达尔文主义》(1907)，p114。

更糟糕的是，凯洛格发现大多数证据似乎和动物的选择能力背道而驰。动物学家发现，雌性个体要么被动地和首先遇到的雄性个体交配，要么在面对多个不同特质（颜色）雄性个体时，无法体现出一致的偏好性。凯洛格在《当代达尔文主义》中花了数页篇幅介绍剑桥昆虫学协会主席 A.G. 迈尔（A.G.Mayer）关于蛾类的实验[1]。迈尔将雄性蚕蛾翅膀的多彩鳞片全部刮去，追踪观察它们是否还能找到配偶，结果是可以。然后他将雄性蚕蛾的翅膀去除，粘上雌性蚕蛾的翅膀，追踪观察它们是否还能吸引配偶，答案依然是可以。最后，他将雌性蚕蛾的翅膀去除，粘上雄性蚕蛾的多彩翅膀，追踪观察雌性蚕蛾的"多彩翅膀"是否会阻止雄性与其交配。上述雌性个体最终也找到了配偶。迈尔总结道："雌性通过散发气味吸引雄性个体，帮助对方在黑暗中找到她。尽管颜色鲜艳，但是雄蛾的外表不是吸引雌性配偶的因素，雌蛾显然也不会根据雄蛾的颜色做出选择[2]。"对于 20 世纪初期的生物学家来说，这些实验证据提示至少在蛾类中配偶选择不太可能存在。在 1931 年出版的《生命的科学》中，作者说道："我们需要意识到雄蛾并没有配偶的意识，它仅有交配的反应；这种反应仅仅由一个刺激因素激发——一种特定的气

---

❶ 参见 J.R. 马修斯的论文：*History of the Cambridge Entomological Club*，刊登于 *Psyche*，第 81 期（1974）。

❷ 参见 A.G. 迈尔的论文：*On the Mating Instinct in Moths*，发表于 *Psyche*，第 9 期（1900）。

味[1]。”在后来的30年内，迈尔的研究论文被引用了许多次，作为驳斥达尔文性选择理论的典型证据[2]。

在凭借对果蝇的研究成果出名之前，托马斯·亨特·摩根（Thomas Hunt Morgan）就反对性选择理论，因为没有任何解释或证据显示雌性动物的偏好性——即使是他夏天在伍兹霍尔生物实验室饲养的小鸡也没有[3]。

我们是否应该假设还存在另一个选择过程，比如雄性个体欣赏特别的雌性魅力进而选择雌性个体，抑或是品位高于平均水平的雌性个体挑选雄性，这样一方持续堆积装饰，另一方欣赏这些装饰？毫无疑问，沿着这些思路可以写一部有趣的小说，但会有人相信吗？如果有的话，他又如何去证明呢[4]？

在摩根的指导下，哥伦比亚大学的博士生阿尔弗雷德·亨

---

[1] 参见《生命的科学》（1931），第2卷，p1156。关于动物对自然世界的反应，请参见C. 席乐编著的 *Instinctive Behavior*（纽约：国际大学出版社，1957）中雅各布·冯·尤克斯库尔勒撰写的 *A Stroll through the Worlds of Animals and Men:A Picture Book of Invisible Worlds*（1934年首次发表）部分内容。

[2] 参见大卫·斯塔尔·乔丹和弗农·凯洛格合著的《进化与动物生命》（纽约：D. Appleton and Co.，1907）。参见《当代达尔文主义》（1907）以及 *Evolution*（纽约：D. Appleton and Co.，1924）。参见理查德·斯旺·洛尔的著作：*Organic Evolution*（纽约：MacmillanCo.，1917）。另参见《生命的科学》（1931）。

[3] 参见托马斯·亨特·摩根的著作：*Heredity and Sex*（纽约：哥伦比亚大学出版社，1913）以及 *The Genetic and the Operative Evidence Relating to Secondary Sexual Characters*（华盛顿：卡内基研究所，1919）。另参见托马斯·亨特·摩根和H.D. 顾代尔的论文：*Sex-Linked Inheritance in Poultry*，刊登于 *Annals of the New York Academy of Sciences*，第22期（1912）。在此感谢塔尼娅·蒙茨（Tania Munz）让我注意到摩根关于鸡的性选择的实验。

[4] 参见《当代达尔文主义》（1907），p119。有趣的是，罗纳德·艾尔默·费希尔后来提出一个“设想”（他称之为“失控的性选择”，在本章后面讨论），与摩根对雌性选择的讽刺性描述惊人地相似。他的理论今天已得到了人们的高度重视。当然，费希尔肯定没有引用摩根的描述。参见马尔特·安德森和约·瓦夏撰写的文章：*Sexual Selection*，刊登于《生态学与进化趋势》，第2期（1996）。另参见 *Conflicts in Human Progress: Sexual Selection and the Fisherian 'Runaway'*.

利・斯特蒂文特（Alfred Henry Sturtevant，1891—1970）展开了让雌性和雄性果蝇可以互相挑选的研究[1]。斯特蒂文特总结道："在果蝇中，无论哪个性别都不存在配偶挑选。准备好交配的果蝇对任意异性个体都来者不拒[2]。"如果说某个雄性个体具有交配优势，那也是因为其天生的活力——换句话说，是自然选择而非性选择。斯特蒂文特认为，某些实验现象之前被解释为交配选择也许并不正确。雌性个体生来孤僻，依赖外在刺激促使她们交配。一旦刺激足够，雌性个体会与其遇到的第一个雄性交配。斯特蒂文特的实验显示，雌性选择所需要的审美比较似乎超越了果蝇所具备的心理能力。

生理学家也不认可雌性选择对雄性动物美丽外表的影响[3]。他们把性别差异的进化原因视为没有根据的猜测，倾向用性激

---

[1] 斯特蒂文特于 1914 年获得了博士学位并留在哥伦比亚大学继续与摩根合作，他们的研究成果在华盛顿卡内基研究所的资助下于 1915 年发表。参见爱德华・路易斯的论文：*Alfred Henry Sturtevant, November 21, 1891–April 5,1970*，收录于 *Dictionary of Scientific Biography*（纽约：Chas. Scribner's Sons，1976）。也可以参考罗伯特・科勒（Robert Kohler）描述摩根果蝇实验室里科研及人情世故的著作，他在那本书里细写了摩根（"老板"）和他下属（"男孩"）——比如斯特蒂文特——之间的关系。参见罗伯特・科勒的著作：*Lords of the Fly: Drosophila Genetics and the Experimental Life*（芝加哥：芝加哥大学出版社，1994）。

[2] 参见阿尔弗雷德・亨利・斯特蒂文特的论文：*Experiments on Sex Recognition and the Problem of Sexual Selection in Drosophila*，刊登于 *Journal of Animal Behavior*，第 6 期（1915），p336。

[3] 今天，我们不会认为这样的生理学解释与相关的进化解释不相容。例如，我们可以把哺乳动物保持恒温的生化机制和导致它们产生这种体温调节机制的自然选择放在一起讨论。然而，对于 20 世纪早期的生理学家来说，生理学解释比进化解释更能简单、直观地阐明这些特征产生的原因。参见 J. T. 坎宁安的著作：*Sexual Dimorphism in the Animal Kingdom: A Theory of the Evolution of Secondary Sexual Characters*（伦敦：Black Press，1900 年）。弗农・凯洛格和托马斯・亨特・摩根都引用了这样的生理学解释。参见《当代达尔文主义》（1907），p118，以及摩根的著作：*The Scientific Basis of Evolution*（伦敦：Faber and Faber，1932），p159–160。

素理论来解释雌雄差异[1]。不同类型的性腺分泌的激素对雌雄身体的发育作用不同，最终产生（理论）不同性别特征的成年个体。在交配季节，个体的兴奋性提高，促使激素分泌增加，最终产生季节性的华丽（求偶）外表。即便是偏爱遗传学的摩根也接受了上述生理学的理论推理。摩根据此推论，如果在鸟类中注射性激素，其行为和外表会发生改变，向相反的性别靠拢。激素在性别决定时可以压倒染色体（遗传因素），因此，我们不需要性选择理论，也不应该用它来解释两性差异[2]。

根据上述结果，凯洛格怀疑雌性选择的实验证据无法获得，尤其是在昆虫中。他只提供了两条可能的维护意见。第一，不管这个理论是否正确，它应该可以暂时用来解释两性差异，直到更好的理论产生。第二，如果动物学家将雌性对求偶展示的反应行为视作对刺激的情绪反应，那么就可以绕开雌性选择相关的审美与精神内涵问题。凯洛格跟随康韦·劳埃德·摩根的脚步说道："这种所谓的选择是一种冲动而非思考，它是充分刺激后的必要反应……它是冲动后的感性选择而非基于动机和意志的观念化选择。"求偶行为能够刺激雌性个体产生"足够的冲动，克服其天生的羞怯和消极"。因此，达尔文性选择理论中描述的雄性求偶成功率的变化，并非由雌性的审美偏好决定，而是取决于雄性本身的行为效果[3]。流行作家们经常被科学家贬损

---

[1] 参见爱丽丝·德雷格尔的著作：*Hermaphrodites and the Medical Invention of Sex*（剑桥，马萨诸塞：哈佛大学出版社，1998）的第 5 章 *The Age of Gonads*.

[2] 参见 *The Scientific Basis of Evolution*（1932）的第 7 章 *The Theory of Sexual Selection and Hormones*.

[3] 参见《当代达尔文主义》（1907），p149–150。

为“自然骗子”——歪曲自然界中为生存而进行的残酷斗争[1]。考虑到他们对于动物认知的模糊认识，将雌性选择置于“非理性”的框架显得十分及时。

其实在1907年昆虫雌性选择的证据就被发现了，但凯洛格并没有提到任何支持动物性选择理论的实验或发现。这也许是因为很多证据是由热心的外行而非专业的生物学家发现的，例如乔治·佩卡姆（George Peckham ）和伊丽莎白·佩卡姆（Elizabeth Peckham）对蜘蛛交配行为的研究、威廉姆·普雷恩·帕克拉夫特（William Plane Pycraft）的动物行为理论以及埃德蒙·塞卢斯（Edmund Selous）关于鸟类求偶的研究观察等。

在关于蜘蛛求偶仪式演变的文章中，（两位）佩卡姆试图提供证据来解决达尔文和华莱士关于性选择理论长期以来的争端[2]。他们认为华莱士是错误的，并认为夸张的颜色不可能是个体活力的生理表现。虽然雄性蜘蛛比雌性蜘蛛更加艳丽，但雌性蜘蛛显然更具活力。此外，颜色最鲜艳的蜘蛛是黄斑蜘蛛，它们总是静静地等待猎物自投罗网。相反，更加活跃的跳蛛颜色却很单调。华丽的雄性蜘蛛只会在雌性蜘蛛出现时进行求偶展示，保证他们的美丽能在求偶全程一览无余地展现在雌性蜘蛛面前。（两位）佩卡姆总结道：“雄性蜘蛛的颜色和体毛一定是达尔文式性选择的结果。”他们的结果似乎否定了华莱士关于

---

[1] 参见 *The Nature Fakers: Wildlife, Science,and Sentiment*.

[2] 参见乔治·佩卡姆和伊丽莎白·佩卡姆刊登于 *Occasional Papers of the Natural History Society of Wisconsin* 的两篇文章：*Additional Observations on Sexual Selection in Spiders of the Family Attidae, with Some Remarks on Mr. Wallace's Theory of Sexual Ornamentation*，第三期（1890）；*Observations on Sexual Selection in Spiders of the Family Attidae*，第一期（1889）。

活力导致动物两性差异的观点，但没有涉及华莱士对达尔文理论批判的其他方面，即非人动物的心智发展不足以评价和选择配偶。

威廉姆·普雷恩·帕克拉夫特是大英自然历史博物馆的动物学家。在1913年，他出版了 *The Courtship of Animals*（《动物求偶》）一书，为性选择理论发声[1]。根据凯洛格早期的说法，帕克拉夫特假定雄性装饰和展示不一定要遵循雌性的审美意识，只需要让对方兴奋即可。雄性展示可以被视为将雌性提升到“性兴奋”状态以便交配的手段。他的章节总结包含如下主题：“幸福的麋羚”“天堂鸟的爱”“求婚的蛙”以及“蜘蛛的新婚”[2]。帕克拉夫特的巧舌如簧给他招惹了麻烦。比如，AMNH馆长在被问及关于帕克拉夫特著作时曾说：“这本书非常受欢迎，遗憾的是我始终无法从中获得真正的价值[3]。”

对达尔文性选择理论最持久的支持来自剑桥的自然学家埃德蒙·塞卢斯[4]。塞卢斯在20世纪前30年发表了大量关于动物

---

[1] 参见威廉姆·普雷恩·帕克拉夫特的著作：《动物求偶》（纽约：Henry Holt and Co.，1913）。在讣告中，帕克拉夫特被这样描述：“由于常年体弱多病，他的大部分研究只能在室内进行；否则，他会成为一流的博物学家。”参见洛奇的文章：*Obituary: William Plane Pycraft*，刊登于 *Ibis*，第85期（1943），p109。

[2] 参见《动物求偶》（1913），p146，xi－xiv.

[3] 参见格拉德温·金斯利·诺布尔（Gladwyn Kingsley Noble，1894–1940）致R. M. 斯特朗的信，1934年5月28日，存档于诺布尔档案，文件：R.M. 斯特朗，馆藏档案，AMNH爬虫学馆，纽约（此后为AMNH–Herpetology）。

[4] 小理查德·W. 伯克哈特写了大量关于埃德蒙·塞卢斯在英国动物学家中的地位、他观察鸟类的爱好以及他通过朱利安·索莱尔·赫胥黎与后代英国鸟类学家建立联系的文章。参见小理查德·W. 伯克哈特的论文：*Edmund Selous*，刊登于 *Dictionary of Scientific Biography*（增刊），第8卷（1990），及其著作：*Patterns of Behavior: Konrad Lorenz, Niko Tinbergen, and the Founding of Ethology*（2005），p77–92。

行为学的论文，包括鸟类的求偶行为研究[1]。

在经过数百小时对野生鸟类的观察后，塞卢斯认为非人动物中一定存在雌性选择。他发现雌鸟并没有对所有雄鸟展示做出同样的反应，他还特意指出部分雄鸟获得了多个配偶，而有些雄性则没能成功交配。塞卢斯把雄性之间的竞争描述为一种“战争舞蹈”。他推测雄性通过对其他同性展示其特征，是维护其领地的方法，用来代替实际的争斗。塞卢斯对于动物交配的观点没有引起其他自然学家的共鸣。他把同行对他理论的厌恶归咎于如下说法：“我永远无法理解反对性选择理论的论据，但能看清它们背后的偏见正愈演愈烈，生物学家能认同动物和人的进化关系，但不能忍受动物与人类在心智上的连续性[2]。”当时只有一位有影响力的学者把塞卢斯关于性选择的观点放在心上——年轻的朱利安·索莱尔·赫胥黎。

---

[1] 埃德蒙·塞卢斯的著述包括：论文 *An Observational Diary of the Nuptial Habits of the Blackcock*（*Tetrao tetrix*）*in Scandinavia and England*，刊登于 *Zoologist*，第 13 期（1909）；论文 *Observations Tending to Throw Light on the Question of Sexual Selection in Birds, Including a Day to Day Diary on the Breeding Habits of the Ruff*（*Machetes pugnax*），刊登于 *Zoologist*，第 10 期（1906）；论文 *The Nuptial Habits of the Blackcock*，刊登于 *Naturalist*（1913）；著作 *Bird Life Glimpses*（伦敦：Allen，1905）；著作 *Evolution of Habit in Birds*（伦敦：Constable and Co.，1933）；著作 *Realities of Bird Life: Being Extracts from the Diaries of a Life- Loving Naturalist*（伦敦：Constable and Co.，1927）。

[2] 参见塞卢斯致费希尔的信，1932 年 11 月 9 日，费希尔档案，Series I: Correspondence, MSS 0013, 特藏，Barr Smith 图书馆，阿德莱德大学（此后为 AU–BSL）。费希尔以前曾写信给塞卢斯致贺 *Realities of Bird Life* 出版，并且为直到自己的《自然选择的遗传学理论》（1930）出版后才读到这本书而感到遗憾。塞卢斯则抱怨同行们对他用“性选择”理论描述鸟类求偶行为怀有偏见。现在网络上能获取的关于费希尔的论文大多数（非全部）来源于阿德莱德大学数字图书馆存档的电子档案，http://digital.library.adelaide.edu.au/coll/special/fisher/index.html.

相互选择，婚姻之爱和凤头鸊鷉

朱利安·索莱尔·赫胥黎是托马斯·亨利·赫胥黎的孙子、“达尔文的牛头犬”，也是 *Chrome Yellow*《克罗姆庄园的铬黄》和 *Brave New World*《勇敢新世界》的作者奥尔德斯·赫胥黎的哥哥。从小就酷爱观察鸟类的朱利安·索莱尔·赫胥黎曾在牛津大学学习动物学，并于 1914 年成为休斯敦莱斯研究所的生物学助理教授。他在第一次世界大战开始后回到英国，作为一名陆军情报官员为国效力。第一次世界大战结束后几年里他在牛津工作，最终成为家喻户晓的公众人物。第二次世界大战结束后，他先后在联合国教科文组织担任秘书及总干事[1]。赫胥黎痴迷于动物行为学研究，他将威廉姆·普雷恩·帕克拉夫特的性刺激论点和埃德蒙·塞卢斯的性选择论点纳入他对动物求偶的研究分析中。然而，赫胥黎依然认为雌性选择是一个有问题的理论，性选择促生夸张羽饰的说法似乎与他基本的信念（自然选择驱动进化）背道而驰[2]。

赫胥黎在 1968 年出版的 *The Courtship-Habits of the Great Crested Grebe*（《凤头鸊鷉的求偶习惯》）一书中避免谈及他所研究

---

[1] 参见肯尼斯·C. 沃特斯（Kenneth C. Waters）和阿尔贝特·范黑尔登（Albert Van Helden）合编的 *Julian Huxley, Biologist and Statesman of Science: Proceedings of a Conference Held at Rice University, 25-27September 1987*（休斯敦，得克萨斯：莱斯大学出版社，1992）。

[2] 参见 *Courtship and Continued Progress: Julian Huxley's Studies on Bird Behavior*. 另参见 *Patterns of Behavior: Konrad Lorenz, Niko Tinbergen, and the Founding of Ethology*（2005），p103–126。

的动物审美偏好[1]。但他坚持认为不同种类动物的交配是一个行为连续体：一端是帕克拉夫特的性刺激，"没有理性，全凭自觉"；而另一端则是塞卢斯的性选择，即"陷入恋爱中"[2]。赫胥黎认为，帕克拉夫特描述的择偶本能模型，代表了交配行为的"原始状态"。在许多动物中，这种原始状态逐渐发展成基于选择的交配体系。越来越多的雄性间竞争和雌性选择会在多配偶（一夫多妻或一妻多夫）物种中产生达尔文所说的性选择。在单配偶制的物种中，雌雄数量平衡，基于选择的求偶行为会演化成"互相选择"。在两种情况下，外观展示和求偶行为的兴奋功能被丢弃，取而代之的是真正的择偶。

参考帕克拉夫特的"感性刺激"概念，赫胥黎将达尔文关于雌性对雄性审美比较的观点转变为专业词汇与理论框架。在关于动物求偶行为的讨论中，他用"潜意识心理活动"和"遗传的性冲动"来代替主动比较、欲望激发和审美意识[3]。尽管如此，赫胥黎仍然认为，具有相当复杂心智的动物能够也确实做出了理性的配偶选择，就像人类一样。

赫胥黎坚持动物行为存在真正的选择，虽然这一观点在20世纪初很不寻常，但他站在进化高度上对行为复杂性的解构（从低等动物到人类）方法却很常见。在1916年，两位来自斯坦福的动物学家弗农·凯洛格和他的同事大卫·斯塔尔·乔

---

[1] 参见朱利安·索莱尔·赫胥黎的文章：《凤头鸊鷉的求偶习惯》（伦敦：Jonathan Cape，1968），Cape版，第18卷。

[2] 同[1]，p92。

[3] 参见《凤头鸊鷉的求偶习惯》（1914），p92。

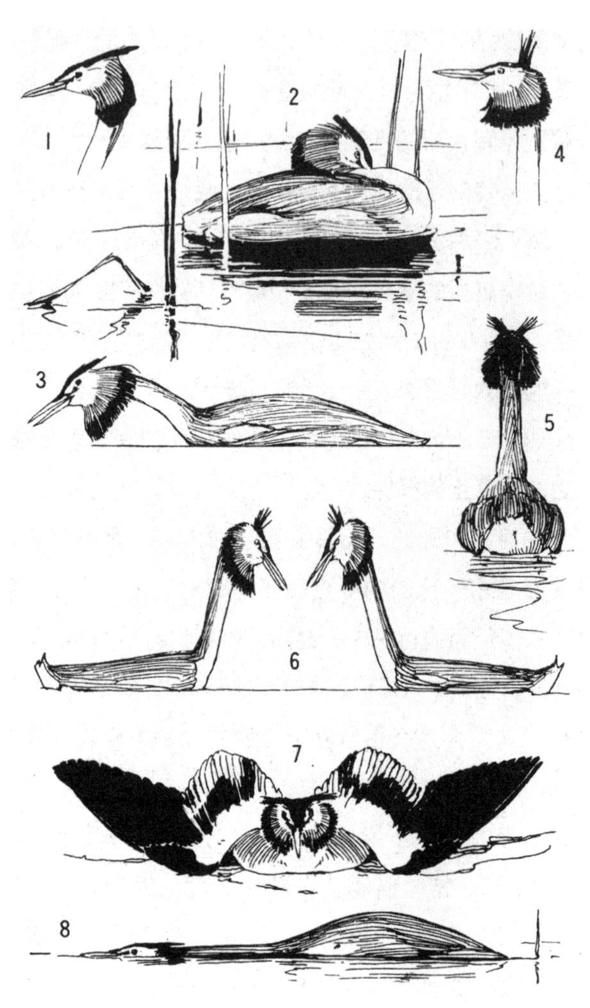

凤头䴙䴘雌雄个体在整个交配季节互相展示，不仅仅是交配前。雌雄双方都会参与求偶舞蹈。赫胥黎提出这种形式的求偶属于“互相选择”。他画出了凤头䴙䴘在求偶不同阶段的多种姿势：(1，2)休息，(3)搜寻，(4-6)摇动姿势，(7)类猫姿势和(8)被动配对姿势。摘自朱利安·索莱尔·赫胥黎的《凤头䴙䴘的求偶习惯》——性选择理论的补充；《动物社会进展》，第35期(1914)：p491-562，图1。

丹（David Starr Jordan）合作出版了 *Evolution and Animal Life : An Elementary Discussion of Fact, Processes, Laws and Theories Relating to the Life and Evolution of Animals*（《进化与动物生命》）。他们认为只有高等动物才有可能做出审美选择[1]。他们还总结道："做出审美选择的能力并不足以显示雌性选择是生命进化的机制，还需要额外的证据显示配偶选择在不同个体间以及同一个体不同阶段均具有一致性。"他们主张，目前证据还不够，尤其在研究人类过程中。耶鲁的古生物学家理查德·史旺·鲁尔（Richard Swann Lull）重申了凯洛格和乔丹的观点，即对于自然选择无法涵盖的现象，性选择也无法解释。他认为即便有人能够证明动物具有审美意识，"基于个人品位的审美标准因人而异，而在动物中也可能如此。"事实上，性选择是"达尔文提出的所有理论中最受质疑的部分，其仍然存在的原因是大家没有更好的选择[2]"。

在同一时间，朱利安·索莱尔·赫胥黎进行了一系列主题为"生物与人类"的公开演讲。在演讲中，他阐明了动物与人类求偶行为的联系，类似于华莱士对人类进化的看法。赫胥黎认为，如果女性在才智上能够得到与男性平等的对待，赋予她们投票权利，鼓励参加体育活动，允许独立思考，那么合适的女性选择将会促进人类进化的持续发展。通过解放女性，相互之

[1] 参见《进化与动物生命》（1907），p78。

[2] 参见 *Organic Evolution*（1917），p101，p122。弗农·凯洛格后来再次重申了这一点。参见 *Evolution*（1924），p136。

间的性选择将稳步改善人类社会[1]。到了20世纪30年代，赫胥黎对性选择的看法开始改变[2]。自从撰写了《凤头鸊鷉的求偶习惯》(1914)一书，他开始坚信只有当自然选择无法解释性别差异时，性选择才能作为后备的理论解释。他把威胁(来自同性竞争对手)和性识别(来自异性成员)描述为求偶展示的两种最基本的功能，并把它们归为自然选择的范畴[3]。赫胥黎还提出了一系列行为展示的其他功能，均和性选择无关，如对掠食者的警示、区分幼年和成年的性识别信号，以及成年间远距离的性识别信号。

在多数情况下，漂亮的雄性展示是一种信号，也可以被认作身体特征。赫胥黎认为："虽然展示是针对心理层面而非纯生理层面发挥作用，其仍然类似于交配器官——促进了性细胞(配子)的结合[4]。"只有当特征是"美丽而不仅是吸引眼球"抑或是"复杂而微妙"时，他才接受雌性择偶选择是决定特征的重要原因。赫胥黎推理，求偶展示要成为有效的诱导选择的行为，潜在的配偶必须近距离观察，感知和评估个体间的差异。如果距离太远，上述个体差异将无法被察觉。因此，交配展示中复杂模式和行为的持续性与距离识别和威胁姿态无关。然而，大部

---

[1] 参见 *Courtship and Continued Progress: Julian Huxley's Studies on Bird Behavior*.

[2] 参见朱利安·索莱尔·赫胥黎的论文:《达尔文的性选择理论及其包含的数据》，刊登于 *American Naturalist*，第72期(1938)。另参见加文·德比尔编著的 *Evolution: Essays on Aspects of Evolutionary Theory* (伦敦：牛津大学出版社，1938年)中，朱利安·索莱尔·赫胥黎撰写的 *The Present Standing of the Theory of Sexual Selection* 部分内容。

[3] 参见《达尔文的性选择理论及其包含的数据》(1938)。

[4] 参见朱利安·索莱尔·赫胥黎、路德维希·科赫及伊拉的著作：*Animal Language* (伦敦：Country Life，1938)，p12。

分动物的求偶展示不具备上述细节，雌性选择自然也无从谈起。

因为对性选择理论不满意，赫胥黎提议用两个新概念取代陈旧的理论[1]。第一是“诱惑选择”，即“展示两性常见的特征”——配子结合所必需的，就像凤头鸊鷉的相互展示一样。第二是“性内选择”，即在能够接触到异性的所有同性成员间的竞争。赫胥黎认为，漂亮的雄性外表帮助雌性克服天生的性沉默（被动），因此被归于诱惑选择，即属于自然选择。他说道：“在单配偶制情况下，所有诱惑特征可以被认为是选择的原因，至少主要是自然选择，而非限性特征[2]。”此外，雄性经常向其他同性（而非异性）个体进行展示以炫耀其生理健壮。由此，赫胥黎将诱惑选择和性内选择囊括到自然选择（而非性选择）理论中。

尽管赫胥黎相信鸟类不像人类那样有能力选择，但两者都是单配偶制。就像凯洛格和达尔文一样，赫胥黎认为雌性选择可能存在于雄性比例占优的多配偶制物种内，而这种交配体系是非常少见的。他提到在单配偶制的鸟类中，展示是互相的，并且在个体完成配对以后发生，这就排除了展示影响配偶选择的理论可能。显然，赫胥黎对于人类性规范的看法让他认为，多数动物物种通过单配偶制的相互展示刺激来维持伴侣的稳定。这些伴侣通常只在交配季节维持稳定关系，它们在下一季往往会有不同的交配繁殖对象，这让人类婚姻和动物求偶显得非常

[1] 参见《达尔文的性选择理论及其包含的数据》（1938）*Data Subsumed by It,in the Light of Recent Research*，p421，p431。

[2] 参见《达尔文的性选择理论及其包含的数据》（1938），p417。

相似[1]。在赫胥黎的交配行为模型中，他相信动物在配对完成以后也会用性展示来刺激伴侣，而不只局限于在求偶的过程中。此外，他觉得个体动物都能找到配偶，只有当雄性比例过高时，才会形成竞争和雌性选择的情况[2]。赫胥黎觉得单配偶制物种的展示应当算作自然选择，因为其发生在配对之后，也是物种延续必需的方式。只有在多配偶制物种内，性内选择才会催生纯粹用于吸引异性的性特征。即便如此，多配偶制动物的第二性征往往被赋予性以外的功能（掠食者警告、刺激功能等），因此也属于自然选择的范畴。在单配偶制动物中，赫胥黎很难想象出性选择在雄性外表进化中的作用[3]。

赫胥黎在 1938 年发表的论文中完全否定了动物雌性选择中的达尔文进化机制，与他早期关于凤头鸊鷉的研究形成了巨大反差。赫胥黎把性选择的功能影响局限在少数物种中，显示出他对动物心理假设的谨慎。赫胥黎主张，雄性的艳丽展示是用来诱导雌性本能性接受的，以规避雌性动物择偶行为中的理性和审美的选择问题。赫胥黎承认，在极少数情况下雌性动物能够进行审美选择，但实际上他认为那些雌性动物并没有根据其审美欣赏选择伴侣，而只是被动地接受给它带来最强刺激的雄性个体。

然而，人类的女性个体能够有意识地选择她们的潜在伴侣。

---

❶ 参见 *Courtship and Continued Progress: Julian Huxley's Studies on Bird Behavior*（1995）. 关于鸟类求偶中的“一夫一妻制”与人类相似的这一假设也定义了奥斯卡奖电影——*March of the Penguins*《帝企鹅日记》的叙事主线（导演：Luc Jacquet，2005）。

❷ 参见《达尔文的性选择理论及其包含的数据》（1938）。

❸ 参见 *Courtship and Continued Progress: Julian Huxley's Studies on Bird Behavior*（1995）.

在 1931 年，赫胥黎、赫伯特・乔治・威尔斯（Herbert George Wells，著名的小说家）及乔治・菲利普・威尔斯（George Philip Wells，生物学家，赫伯特之子）共同撰写了一本生物学著作。在书中，他们严格区分了人类和动物的求偶行为，他们说道："人类的爱情多种多样，各具特色，和鸟类的求偶有本质不同……爱情能激发人类想象；而求偶的鸟类只是一部优雅的检测机器[1]。"虽然鸟类和人类求偶行为的外在形式类似，但两者在行为的心理和情感因素方面有很大不同，即动物不停重复同样的行为，而人类会随机应变，因为他们的行为是由复杂大脑的不同区域控制的。三位作者对于动物本能行为和人类适应行为及反馈选择的区分，为性选择只能在人类社会中起作用这一观点提供了神经生物学解释。

即便是对人类性反应感兴趣的科学家也发现性选择和雌性选择的话题具有争议。20 世纪 20—30 年代的性学家暗示，和动物类似，女性在性相关行为之前需要接受刺激。著名性学家玛丽・斯特普斯（Marie Stopes）在《婚姻之爱》（1918）中写道："需要注意，婚姻并不能让男性一劳永逸地获取女性芳心，他必须在每次欢愉前讨好她，每一次都对应一场新的婚礼，这一点田间的野兽和天空中的飞鸟都知道[2]。"斯特普斯提出，就像动物的交配需要求偶仪式，人类尤其是男性，不应该随心所欲地要求和配偶发生关系，女性只有在自然地受到女性周期刺激的

---

[1] 参见《生命的科学》（1931）的第 2 卷，p1239。

[2] 参见玛丽・卡迈克尔・斯托斯的著作：*Married Love, or Love in Marriage*，由威廉・罗宾逊博士作序并作注（纽约：Critic and Guide，1918），网址：digital.library.upenn.edu / women / stopes / married / 1918.html.

情况下，才想要和丈夫交媾。野生动物比人类精明，雄性个体在缺少其种族求爱特征时无法得到异性青睐，他们要么通过打斗显示其力量，要么展示漂亮的外表和歌声。通过把人类的前戏和动物求偶类比，斯特普斯关于求偶展示生物学功能的看法与赫胥黎一致，即影响动物求偶的主要因素是刺激而非基于雌性个体的主动比较和选择。然而，赫胥黎认为，人与动物的类似性在于一夫一妻制的婚姻，而斯特普斯则强调了人类个体的性行为。彼时，许多当代婚姻手册中用动物求偶仪式和人类婚姻中恰当的性礼仪进行类比，这无形中加强了人类与动物求偶之间的联系[1]。

赫胥黎在 1938 年的观点是，在动物层面，雌性选择理论远不及达尔文最初假设的那样普遍。这符合他同时代动物学家区分人类和动物心理属性的趋势。结合某些不支持动物雌性选择理论的生理学和遗传学实验证据，性选择似乎不再是对雄性美的合理解释。雌性选择的存在依赖于美感和理性，而这恰恰是人类区别于动物的特质。赫胥黎关于动物求偶展示观点的改变，让其对人类与动物求偶之间联系的看法也随之变化。在其学术生涯早期，他认为相互的求偶展示是配偶选择的基础。赫胥黎强调个体选择的力量可以促进人类的进化。而在后期，他反而强调求偶展示发生在配对之后，进而推测在人类和动物世界里，相互展示是一个重要的行为因素，通过加强伴侣间的纽带来维

---

[1] 参见彼得・莱普森的论文：*'Kiss without Shame, for She Desires It': Sexual Foreplay in American Marital Advice Literature, 1900–1925*，刊登于 *Journal of Social History*，第 29 卷，第 3 期(1916)，p510。

持单配偶关系。赫胥黎在学术生涯后期对基于选择的性行为和生物进化之间的关系仍然非常好奇。虽然赫胥黎后期没有再发表过相关主题的论文，但他依然是动物行为与进化领域的学术泰斗，无形中指导着后辈们的相关研究[1]。

雌性选择、婚姻选择和进化理论

20 世纪 20 年代开始，罗纳德·艾尔默·费希尔、J. B. S. 霍尔丹和休厄尔·赖特三位学者开始整合遗传和自然选择理论，他们用数学工具描述一个种群的进化[2]。其中，只有一位进化理论学家费希尔对雌性选择非常感兴趣。由于视力很差，费希尔在第一次世界大战期间参军被拒。此后，他希望成为一名农民为国家做贡献。1917 年，费希尔和他的新娘及姐姐一起搬到英格兰布拉福德的村舍。他们很快有了孩子，并养起了几头猪和一头牛。费希尔试图通过自给自足的耕耘实现优越生活，而这仅仅维持了一段时期。彼时战后财政拮据，在达尔文之子（Leonard Darwin，第四子，李奥纳多·达尔文）的不断劝说下，费希尔放弃了田间生活，加入洛桑实验室成为一名统计学家。早年的职业生涯展现了他毕生的热情所在，即优生学、理论种

---

[1] 在澳大利亚花亭鸟性选择的研究方面，朱利安·索莱尔·赫胥黎和艾伦·约翰·马歇尔保持着紧密的合作。我将在第 4 章中把马歇尔的研究与 20 世纪 50—60 年代的英国动物行为学结合起来讨论。

[2] 参见威廉·B. 普罗文的著作：*Origins of Theoretical Population Genetics*（1971 首版；2001 再版），另参见其撰写论文：*The Role of Mathematical Population Geneticists in the Evolutionary Synthesis of the 1930s and 40s*，刊登于 *Studies in the History of Biology*，第 2 期（1978）。

群生物学和统计分析[1]。

费希尔在1930年出版的*The Genetical Theory of Natural Selection*（《自然选择的遗传学理论》）中提出了性选择和人类进化关系的一般性解释，雌性选择也包含其中[2]。在本书中，费希尔用性选择理论来论证雌性选择可以用来解释人类非适应性特征的进化，比如自我牺牲（英雄主义）和漂亮。这两个特征给任何基于自然选择的进化理论带来了一个问题，即两者都无法提高个体生存能力。费希尔对于后代生理健康和活力的关切让他对性选择十分感兴趣。费希尔并不想否定自然选择理论中的"活力"要素，而是打算将自然选择和性选择理论结合来展现优生对后代生理和才智的重要性。费希尔对雌性选择和正优生学的投入体现在他早期发表于*Eugenics Review*（《优生概述》）上的几篇论文，特别是*Some Hopes of a Eugenicist*（《优生学家的希望》，1914），*The Evolution of Sex Preference*（《性偏好的进化》，1915）和*Positive Eugenics*（《正优生学》，1917）[3]。他后期在对性选择的阐述中解释了基于差异繁殖的进化过程——其发生在单个种群内部，最终导致群体的渐进发展或退化。

费希尔在《自然选择的遗传学理论》（1930）中对于性选择

---

[1] 参见琼·费希尔·鲍克斯的著作：*R. A. Fisher: The Life of a Scientist*（纽约：John Wiley and Sons，1978）。费希尔的研究交叉了几个今天我们看来跨度非常大的领域，这使得我们很难将他归于某个特定的研究领域。例如，按照史学惯例，他被称颂为统计学和进化论的奠基人之一。

[2] 参见《自然选择的遗传学理论》（1930）。

[3] 参见罗纳德·艾尔默·费希尔发表在《优生概述》的几篇文章：《优生学家的希望》第5期（1914）；《性偏好的进化》，第7期（1915）；《正优生学》，第9期（1917）。

和雌性选择的想法，来自他对人类遗传和进化的兴趣[1]。费希尔对优生学的兴趣始于其早期接受的教育，他在大学期间被选为剑桥优生学会第一任本科生主席。和达尔文一样，费希尔相信雌性会在雄性个体之间进行比较，挑选一个最喜欢的。费希尔认为相比于动物，性选择对人类未来生物特质的改善更为重要，而这一信念的核心理论是：雌性选择是基于比较和选择的进化机制[2]。

费希尔在 1914 年发表的文章《优生学家的希望》中清晰地阐述了达尔文进化论对人类的未来至关重要。他说道："一旦我们真正理解达尔文的进化理论，我们会意识到它不仅描绘了我们的过去或者现在，更是一把打开未来大门的正确钥匙。"选择会影响人类的肉体、心智和情感能力。所有对美的完善、人类美感的微妙之处、人类服从和同情的道德本能、遗憾或愤怒以及对宗教的敬畏或神秘的情感，这些都是进化的结果[3]。

费希尔发现优生学至少存在两个方面的问题：后代的质量和数量[4]。在选择生育对象时，人类的婚姻选择决定了后代孩子的质量。出生于不同家庭条件的孩子数量决定了未来社会不同质量成年人的比例。1915 年，费希尔在《性偏好的进化》一文中把人类的过去和未来进化与配偶选择联系起来，从而回答了

[1] 参见 *Conflicts in Human Progress: Sexual Selection and the Fisherian 'Runaway'*.

[2] 参见玛丽·巴特利的论文：*A Century of Debate: The History of Sexual Selection Theory*（*1871–1971*）（博士论文，康奈尔大学，1994），p160。

[3] 参见《优生学家的希望》（1914），p309。

[4] 罗纳德·艾尔默·费希尔的进化论框架把后代的质量和数量作为进化过程中的一部分，这有别于达尔文那一代的生物学家的观点——他们认为进化的机制就是"性选择决定了适者繁殖，自然选择决定了适者生存"。参见阿尔弗雷德·拉塞尔·华莱士在其论文 *Human Selection* 中引用了希拉姆·斯坦利的话，该文章刊登于 *Fortnightly Review*，第 48 期（1890），p328。

第一个问题——后代的质量。费希尔对比了达尔文自然选择理论和性选择理论的作用。其认为，自然选择可以解释人与动物躯体组织和生理结构的进化，而人类的伦理、美学与道德的进化，则归咎于性选择。费希尔在文中说道："人类通过性选择建立了美貌和品格的通用标准。我们到处都能看到形式、色彩、声音、表情和动作的优美；无论在何处，性格的魅力和优点也能够决定我们的判断。"此外，人类在爱情萌芽的影响下，对卓越的特质见微知著（情人眼里出西施）[1]。仅仅两年后，费希尔在《正优生学》一文中回答了第二个问题——后代的数量。他坚决主张优秀的家庭应该生更多的孩子。他在文中声称："提高专业人群和高技能工匠的新生儿出生率能够解决目前的优生问题，为社会全面发展奠定广泛基础[2]"。费希尔对人类社会优生进化的愿景即为下一代人群的质量和数量。

和华莱士一样，费希尔也怀疑是否能够在动物中找到性选择的证据。他认为，虽然人类和动物的性选择过程非常相似，但人类社会的环境非常适合更高等性选择的发展……（因为）相较于动物，人类配偶的选择意义更加重大[3]。然而，不是所有人都善于评判配偶的好坏，聪明的个体更易理解潜在伴侣在品质上的精细差异。费希尔把审美能力和智力联系起来，让我们理解生物学家如何利用性选择来探索人类性学的动物基础及其在人类中的最高级表现形式。

---

❶ 参见《性偏好的进化》（1915）。

❷ 参见《正优生学》（1917）。

❸ 同❶。

费希尔在《自然选择的遗传学理论》(1930)一书中对性选择的描述主要涉及配偶质量、后代数量、个体选择对人类社会进化的重要性等因素。该书共有12章，前7章在总体上概括了进化理论，后5章则针对人类社会进行了具体探讨。费希尔在书的前言中提示："关于人类的推论与通用章节的内容密不可分[1]。"第1章包含了费希尔对社会经济改革主张的数学和理论基础。在第2章"生育率的社会选择"和第6章"性繁殖与性选择"中，他深入探讨了动物与人类之间的联系。

从历史角度来看，费希尔最初在生物学界显得有点儿叛逆，因为他否定了如凯洛格等动物学家的观点，主张性选择能够在动物中起作用。然而，费希尔也和同时期的学者一样，强调性选择和雌性选择对进化的影响主要发生在人类社会而非动物世界。在《自然选择的遗传学理论》中关于性选择的章节里，费希尔概述了雌性偏好某一特征(鸟类喜欢长尾)进而导致这一特征在群体中广泛分布的过程，即便这一特征对雄性没有丝毫的生存价值，甚至威胁他们的存活。费希尔将该过程称为"性选择失控"。如今，研究动物行为和进化理论的生物学家在回顾费希尔的工作时，发现其对该领域的发展至关重要，但他的性选择失控理论直到20世纪60年代才逐渐受到生物学家的关注。

在费希尔眼里，性选择的力量与自然选择效应相反。他指出，只有雌性选择有内在的适应优势，雌性偏好的影响才能在

[1] 参见罗纳德・艾尔默・费希尔的著作：*The Genetical Theory of Natural Selection: A Complete Variorum Edition*，J.H. 班尼特编(纽约：牛津大学出版社，1999)，第10卷。

群体中确立[1]。费希尔认为通过性选择进行定向进化有两个必要条件：首先，至少一方存在性选择偏好；其次，这种偏好能造成繁殖优势。一旦可传承的择偶偏好在群体中建立，它们自身就能作为生物进化改变的动力机制。有了以上条件和足够的时间，性选择甚至能催生不利于个体生存的特征，即性选择失控。

根据费希尔的理论，当雌性个体偏好某一雄性特征并且该雄性特征自身能够同步进化时，失控性选择就会发生。费希尔用鸟类羽毛发育的例子佐证其观点。随着部分雄性鸟类的羽毛变得更加漂亮和夸张（孔雀尾巴），普通雄性的羽毛对雌性的吸引力就会下降——花哨的雄性会比朴素的个体繁育更多的后代。其后代会不成比例地呈现出更长、更漂亮的尾巴。如果雌性始终选择与具有最长、最亮眼尾巴的雄性鸟类进行交配，那么该雄性特征会越来越夸张，而雌性群体的偏好也会加剧。即使华丽的雄性个体更难逃避掠食者（自然选择），该雄性特征也会继续演化，直到其带来的繁殖优势被该特征在自然选择中的劣势抵消。如此，通过雌性选择，群体并没有以提高生存优势的方式进化（有时甚至减少个体生存概率），但却提高了雌性动物欣赏和辨别美的能力[2]。

费希尔用鸟类性选择失控的例子来阐述人类非适应性特征的进化，如英雄主义。英雄主义是指为了自身所属团体利益甘愿在战争中牺牲自己的思想倾向。费希尔发现很难单独用自然

---

[1] 参见罗纳德·艾尔默·费希尔的著作：*The Genetical Theory of Natural Selection: A Complete Variorum Edition*（纽约：牛津大学出版社，1999），第 10 卷，p136。

[2] 参见 *The Genetical Theory of Natural Selection: A Complete Variorum Edition*（1999），第 10 卷，p137。

选择来解释这种利他主义倾向，因为自然选择会让这种个体很快从群体中消失。他将人类的英雄主义与某些昆虫产生苦味进行类比——这两个特征的进化优势都被赠予了这些个体所属的群体[1]。吞噬苦味蝴蝶的掠食者在以后会知道避开类似样子的其他蝴蝶，但苦味蝴蝶本身没有获得任何个体的适应优势（其后代数量没有增加）。同样，为了群体安全牺牲自己的战士也没有获得任何个人的优势[2]。费希尔主张，上述特点能在进化过程中保留下来，都是因为牺牲个体的“亲戚们”获得的繁殖优势——如今生物学家称之为“亲缘选择[3]”。

然而对于费希尔而言，苦味蝴蝶和英雄主义个人的进化在性选择方面存在不同。雌性选择和性选择的作用让人类英雄主义的解释复杂化，因为自古美女爱英雄。如果英雄没有牺牲平安回归，他的功绩肯定让他成为众多女性的焦点。费希尔希望这种情境下的女性选择能够消除战争的非优生效应。费希尔的儿子在 1943 年死于战争，他希望儿子的基因能够传承下去，但

---

❶ 参见 *The Genetical Theory of Natural Selection: A Complete Variorum Edition*（1999），第 10 卷，p137。

❷ “虽然个体牺牲了，但具有该个体遗传特征的群体生存的机会增加了。这个论据几乎同样适用在频繁交战的部落社会中英雄主义的传承……英雄家族的繁荣昌盛是以牺牲其中极少数英雄个体为代价的。”参见罗纳德·艾尔默·费希尔的未注明日期的手稿，费希尔档案，series 12 / 1：优生学，MSS 0013, AU–BSL.

❸ 参见威廉·D. 汉密尔顿撰写的几篇论文：*The Evolution of Altruistic Behavior*，刊登于 *American Naturalist*，第 7 期（1963）；*The Genetical Evolution of Social Behaviour. I*，刊登于《理论生物学》，第 7 期（1964）；*The Genetical Evolution of Social Behaviour. II*，刊登于《理论生物学》，第 7 期（1964）。另参见玛丽·简·韦斯特 – 埃伯哈德的论文：*The Evolution of Social Behavior by Kin Selection*，刊登于 *Quarterly Review of Biology*，第 1 期（1975）。

很遗憾他没能找到传言中的孙子[1]。费希尔的丧子之痛反映了世界大战对英国人口的影响：战争让无数勇敢的年轻人失去生命，而这些人本应结婚生子。女性选择对英雄的垂青可以保证后代的优生品质，但前提是那些英雄能够平安归来，结婚生子。

性选择也能增强自然选择的作用，它既是优生优育的可行方法，也可作为现代社会生育必然趋势的警示[2]。只要社会精英阶层比平庸群体生育力更强，同时女性也能合理选择丈夫，那么整个社会的智力和美的水平就会不断提升。然而，如果对英雄和生育力的选择发生颠倒，性选择就会减少人群中英雄的数量，社会中普通成员的数量就会随之增加。必须判断性选择的作用以加快正在进行的任何过程的速度，无论过程是建设性的还是退化性的。然而，随着女性对个性差异追求的兴趣逐渐衰退，在文明社会的后期，性选择作用的影响强度也必然逐渐减弱[3]。费希尔认为，由于受教育的精英生育孩子的数量低于社会大众，整体生育率和优生品质不再有必然联系。他害怕在未来，女性失去做出最优选择的能力，不明智的女性选择会加速社会的衰败。

优生学家威廉·J. 罗宾逊（William J. Robinson）也表达了同样的担忧——现代文明社会缺少优生的配偶选择。在他的著作 *Woman: Her Sex and Love Life*（《女人：她的欲望和爱情生活》，1939）中，罗宾逊将性冲动和性行为进行区分，和任何异性的

---

❶ 参见 *A Century of Debate: The History of Sexual Selection Theory*（*1871–1971*）（1994）.

❷ 参见 *The Genetical Theory of Natural Selection: A Complete Variorum Edition*（1999），p255。

❸ 同❷，p252。

交媾都能产生满足感，但真爱的感觉只能有一个[1]。“真正的爱情，是全新的感受，它更加现代，脱离了低级趣味，只能在高度教化人群中达到其最高发展形式[2]。”罗宾逊辩称只有文明人才有真爱和理性的女性选择，而其他人群就像动物一样，无法分辨他们的性喜好。同样，在1937年的一篇用于教导女性进行配偶选择的文章中，美国社会卫生学家保罗·波普诺（Paul Popenoe）告诫知识女性要尊崇吸引伴侣的传统历史，通过表现出“迷人而非好斗”的特质来吸引男性。波普诺说道，如果女性不遵循传统，那么就会和进取心不足的男性一样，破坏他们的婚姻幸福[3]。波普诺声称，当代女性还能够变得更迷人，成为更好的妻子。

罗宾逊和波普诺的著作大卖，而费希尔的《自然选择的遗传学理论》（1930）却少有人问津。该书出版后，让费希尔很沮丧的是，很少有评论家评论他的通用理论在人类进化问题上的应用。在与遗传学家J.B.S.霍尔丹的通信中，在形容他的作品时，费希尔说道：“最主要的是反对人们像接受‘真主旨意’那样，以宿命论的态度承认种族衰退、出生率差异以及任何其他我们认为不可取的社会现象，而不是科学地思考这些问题。”费希尔希望他的理论在社会政策方面的实际应用会引起更多关注。在写给遗传学家赫尔曼·约瑟夫·穆勒（Hermann Joseph Muller，

---

[1] 威廉·J.罗宾逊编著的《女人：她的欲望和爱情生活》在1917—1939年间一共发行了15版。作者在这里参考的是第15版（纽约：Eugenics Publishing Co.，1939）。

[2] 同[1]，p73。

[3] 参见保罗·波普诺的文章：*Mate Selection*，刊登于*American Sociological Review*，第5期（1937），p738。

1890—1967）的信中，费希尔相当失望，他写道："我对人类的看法非常坚定，但是当我对动物发表任何理论观点时，人们总会认为我正在亵渎他们的政治信仰和宗教信仰。"他继续指出："书中关于人类的第一部分，即 8—11 章，试图建立一系列连贯的理论，类似于性选择理论，或相似学说[1]。"

事实上，《自然选择的遗传学理论》直到 1958 年第二版出版后才获得学界的高度评价。一种解释是书的前几章中与群体动力学相关的数学内容晦涩难懂，因此只有极少数读者能坚持完成阅读[2]。另一种解释是书中表现出了明确的政治意图，让读者避之不及。不管怎样，当时的生物学家没有引用费希尔的失控性选择模型，不是因为他们对雌性选择或相关行为作为动物进化的机制缺乏兴趣，而是由于当时大众对整本书的反应不佳。

外界对《自然选择的遗传学理论》不冷不热的态度并没有浇灭费希尔对人类进化研究的热情。可以肯定的是，他对优生学教育学会研究重要性的下降感到沮丧，并最终选择了退出了该学会[3]。费希尔在 20 世纪 30—40 年代的血清学工作证明了他对

---

[1] 参见费希尔致赫尔丹的信，1931 年 5 月 1 日；以及费希尔致穆勒的信，1930 年 7 月 7 日，费希尔档案，第 1 辑：通信，MSS 0013, AU-BSL.

[2] 这个解释在 20 世纪晚期陷入理论数学生物学家和有机体生物学家之间的争论中，而争论的焦点就是谁应该为性选择兴趣的消退负责。我在第 6 章中讨论了在撰写性选择史时这些群体动力学的重要性。参见小埃格伯特·G. 利（Jr.Egbert G.Leigh）的论文：*Sex Ratio and Differential Mortality between the Sexes*，刊登于 *American Naturalist*，第 936 期（1970）。

[3] 琼·费希尔·博克斯在她父亲的传记中、唐纳德·麦肯齐在他关于英国统计理论历史的著作中以及玛丽·巴特利的文章中都提及了费希尔退出优生学教育学会的原因。参见 *R.A.Fisher*：*The life of a Scientist*，以及唐纳德·麦肯齐的著作：*Statistics in Britain, 1865–1930: The Social Construction of Scientific Knowledge*（爱丁堡：爱丁堡大学出版社，1981），p183–213。另参见 *Conflicts in Human Progress Sexual Selection and the Fisherian 'RunAway'*，p196。

人类遗传与进化问题的研究兴趣丝毫未减。通过对不同血型因子（A，B，O 和 Rh）的分析，费希尔希望能阐明种族血型和特殊疾病易感性之间的关系[1]。虽然费希尔对人种遗传进化始终保持兴趣，但他在之后发表的著述中再也没有提及雌性选择或性选择的话题。

费希尔后来没有发表关于雌性选择的文章可能和他的想法有关，即他自信已经解决了人类配偶选择的问题。1948 年，费希尔对 *Intra-sexual Selection in Drosophila*，即《果蝇的性内选择》一文的反应充分表明了他后来对动物雌性选择或性选择研究的态度[2]。费希尔认识文章的作者安格斯·约翰·贝特曼（Angus John Bateman）。贝特曼曾经在约翰英尼斯园艺研究所工作，导师是细胞学家西里尔·达林顿（Cyril Darlington）[3]。达林顿和费希尔是老相识，他们是《遗传》（1947）杂志的共同创刊人和编辑。贝特曼发表在《遗传》第二期上的文章提出，恰当的配偶选择对于雌性来说更为重要，因为雌性个体在抚育后代时投入更多，并且交配的频率远低于雄性。贝特曼推断，如果雌性个体做出了错误的配偶选择，就会全方位影响她对下一代的生育贡献。如果是雄性个体犯了同样错误，那么对其繁殖成效的影响就很小，因为这只是它生命过程中众多选择之一。在

---

[1] 参见 *A Century of Debate: The History of Sexual Selection Theory*（*1871–1971*）（1994）. 另参见 *R.A.Fisher:The life of a Scientist*.

[2] 参见安格斯·约翰·贝特曼的论文：《果蝇的性内选择》，刊登于 *Heredity*，第 2 期（1948）。

[3] 参见奥伦·所罗门·哈曼的著作：*The Man Who Invented the Chromosome: A Life of Cyril Darlington*（剑桥，马萨诸塞：哈佛大学出版社，2004）。

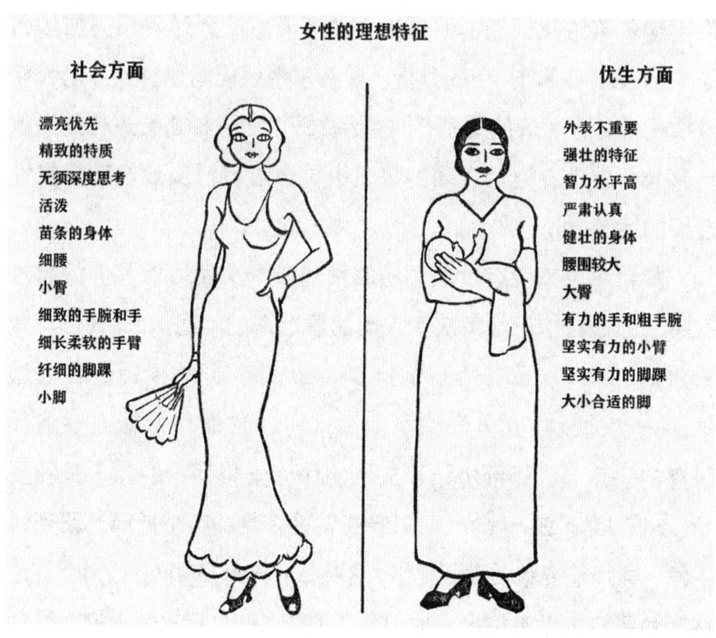

费希尔、罗宾逊和波普诺都担忧错误的配偶选择会给人类进化带来毁灭性的破坏。上图来自一篇遗传学的文章，强调了过于注重美的选择会催生出迎合当前社会但在进化上无用的女性。引自奥姆兰·沙因费尔德的著作：*You and Heredity*，（纽约：Frederick A.Stokes Company，1939），p571。

读手稿时，费希尔对此做了即兴评论，达林顿将其转述给了贝特曼。作为回应，贝特曼给费希尔写信申辩他并没有剽窃达尔文的思想，并坚称他的研究成果构建了新的框架可用来分析雌性选择和性选择的重要性——他称之为繁殖投入（reproductive investment）[1]。费希尔尝试立即消除误解，他回复道：

[1] 参见安格斯·约翰·贝特曼致罗纳德·艾尔默·费希尔的信，1948年5月10日，费希尔档案，第1辑：通信，MSS 0013，AU-BSL.

如果达林顿认为我在指责你抄袭，那么他肯定是误解了我的意思。（指责抄袭）那是在胡说八道。我觉得道理是显而易见的并且很多领域内的作者也这么认为，即雌性的繁殖能力比雄性更加受限，因此不可避免地，雌性应该学习选择，而雄性应该在性选择压力下进行更显著的改变……然而，我认为这些都不重要，但至少你的论文能让将来的学者们有据可循[1]。

矛盾的是，对费希尔而言，雌性选择和性选择的关键是人类的进化。把雌性选择和动物联系起来并研究其动力学是无足轻重的工作。透过人类的配偶选择和优生学，费希尔明显看到，不同性别在繁殖及抚育过程中的差异投入意味着女性应该意识到只有部分男性值得作为配偶，而男性能够在性品位方面更加宽松[2]。对安格斯·约翰·贝特曼而言，仅仅从动物入手，这种联系不易察觉。

费希尔认为，进化过程有方向性，作用于单一人群，要么进步，要么退化，让人类的动物性相应减少或增加。女性对配偶的选择会产生差异性繁殖，部分男性对于下一代的遗传组成贡献更显著。这种差异性繁殖是进化的催化剂，能够提升一个

---

[1] 参见罗纳德·艾尔默·费希尔致安格斯·约翰·贝特曼的信，1948 年 5 月 12 日，费希尔档案，第 1 辑：通信，MSS 0013，AU-BSL. 费舍尔的说法后来被证明是有先见之明的，因为果蝇学家利用贝特曼对一般原则的清晰阐述为雌性选择而不是雄性选择的生殖隔离试验辩护。参见《性选择和人类起源，1871—1971》（1972）中，罗伯特·特里弗斯撰写的《亲本投资和性选择》章节，p138 和 p144。

[2] 这些在 19 世纪末被应用于人类生殖的论据，请参见 *Sexual Science: The Victorian Construction of Womanhood*（1989）.

繁殖种群的优生价值或通过遗传劣化加速群体的消亡。如果我们忽略费希尔进化理论研究中关于人类的内容，就会认为他也是一个推崇雌性选择和性选择的离经叛道的生物学家。

20 世纪最初十年，进化领域的科学家相信通过研究动物的生殖行为，他们也许能够了解人类自身性欲望的生物学基础。他们认为雌性选择是进化的潜在机制的观点表明当时对于动物求偶研究出现了两种模型：一种模型强调了人类婚姻性和前戏中的刺激和羁绊效应；另一种模型则通过动物求偶和选择伴侣的过程进行类推。上述两种人和动物求偶模型对动物华丽展示的功能有不同的假设：观看者是被刺激后产生反应？或者是展示为观察者判断展示者的进化价值提供经验依据？

达尔文早期提出了一个雌性选择的心理模型，主张雌性个体主动地比较周围的雄性，随后选择最漂亮、最有吸引力的个体。这个基于选择的模型让那些想严格区分人类认知和动物情感的自然学家面临很多困难。几十年后，托马斯·亨特·摩根和阿尔弗雷德·亨利·斯特蒂文特认为果蝇没有能力做出理性选择。他们提出雌性选择背后，其实是不同的雄性活力和特质刺激雌性个体进入可以交配的精神状态。然而，就像不是所有自然学家都支持达尔文基于选择的理论模型一样，并非所有的遗传学家都认同托马斯·亨特·摩根和阿尔弗雷德·亨利·斯特蒂文特基于刺激的理论模型。

费希尔的整个职业生涯都将进化理论局限在人类的维度，他的研究从未涉及实验生物，因而遭到一些生物学家的批评。他们认为费希尔缺少动物学的研究经验。1931 年，据报道，自然学家欧内斯特·麦克布莱德（Ernest McBride）惊呼："费希尔博士的观点毫无价值，因为他没有接受生物学研究训练，一个数学家的思想对于生物种群来说无足轻重[1]！"然而，大部分生物学家认可费希尔关于生物种群的数学解释，即使他们忽略了他的预期目标——人类进化。费希尔数学理论中的人类内容，让他在描述基于选择的性行为模型时毫无阻碍。同时，他不认为能够在动物中找到性选择的可信证据。和赫胥黎一样，他坚信绝大多数动物没有足够的智力来选择它们的配偶。

赫胥黎主张雄性鸟类艳丽羽饰的功能可以用自然选择来解释，比如领地界定、物种识别和性识别。他承认在少数情况下，存在由雄性美引起的基于选择的行为——只有在繁殖群体是多配偶制（一雄多雌），并且雄性多于雌性时。在这种情况下，即便所有繁育期的雌性找到配偶，仍然有雄性无法繁殖。如此，雌性对配偶的选择才能显著影响下一代。赫胥黎推理，在雌雄数量相等的群体中，所有繁育期的成熟个体最终都会繁殖，雌性对配偶的选择最终不会对下一代的遗传组成有任何影响。赫胥黎坚持认为，大部分物种是单配偶制，雌雄数量也大致相当。因此在动物世界里，极少有雄性美可以合理地归结于雌性基于选择的行为。

20 世纪的前 30 年时间里，动物学家对雌性选择和性选择

---

[1] 这个与费希尔有关的故事来自两封信，一封是亨利·福特写的，而另一封信出自赫胥黎。在一封单独写给费希尔的信中，反对者麦克布莱德也说了同样的话："谁应该是进化论的裁判？ 当然，只有那些最熟悉进化论所依据的事实的人，即系统学家、古生物学家和胚胎学家。"参见麦克布莱德致费希尔的信，1932 年 12 月 20 日。 所有信件都存档于费希尔档案，第 1 辑：通信，MSS 0013，AU–BSL.

的看法基本上取决于他们对群体中选择作用的理解。赫胥黎和费希尔相信，随着时间的推移，对配偶标准一致的选择会造成差异繁殖。理论上，这能够驱动种群内部两性生理和行为差异的演化。由此，他们也赞同单一群体内部的进化改变能够产生可遗传的变化。两人从未试图理解行为对物种形成的影响。当费希尔用数学和统计术语解释自然选择时，他通过单一种群内的差异繁殖以及长期的定向改变将进化改变的一般场景具体化。将进化界定为影响单个种群的过程，这有助于促进动物和人类之间的类比。

雌性选择和性选择也是研究人类群体进化改变的常用模型，部分原因是：相较于原始社会或动物世界，文明社会不太适用个体在群体中的生存差异（自然选择）理论。相反，现代社会中自然选择已经被战争等因素逆转，最健康个体的死亡比例高于不太理想的个体。因为适当的雌性选择能够确保后代的质量，所以优生家庭需要比非优生家庭繁育更多的孩子以确保更高比例的下一代有更好的遗传资源。当雌性选择和性选择应用于人类时，优生儿童计划似乎是一种理性可控的改变社会的方式[1]。

社会卫生、正优生学的影响以及对人类发展进步的信心，早于并直接影响了 20 世纪早期进化理论和动物求偶行为的数学解释。到 20 世纪 30 年代，英美生物学家开始攻击消极优生措施的生物学基础（通过绝育降低社会低等和不良人群的生育率）。

---

[1] 参见 *Love and Eugenics in the Late Nineteenth Century: Rational Reproduction and the New Woman*（2003）. 参见戴安・B. 保罗（Diane B. Paul）的著作：*Controlling Human Heredity*: 1865 to the Present（阿姆赫斯特：Humanities Books，1998）。另参见 *Feminist Eugenics in America: From Free Love to Birth Control, 1880–1930*（2006）.

这些攻击来自各个政治领域，从“反种族歧视保守派”代表人物费希尔到“社会激进分子”，如哈维洛克·艾利斯（Havelock Ellis）和萧伯纳（值得注意的是，这三人的攻击行为都基于他们对性选择理论中的一些社会观点）[1]。在负优生学领域，这些“改革”的支持者或正优生学家支持社会上层群体提高生育率。然而，群体遗传学的新兴理论还远远没有摆脱应用于人类群体的生物学理论的影响。至少对于费希尔来说，正优生学理论能够作为模型解释果蝇的繁殖（后代的质量和数量）和进化（群体长期的遗传改变）。

20 世纪早期，生物学家普遍认为进化是一个影响单一种群的定向过程，这为人类和动物进化提供了简单的类比。到了 20 世纪 40 年代，随着生物学家接受了基于非方向性物种形成的进化改变新框架，这种类比开始逐渐消失。

[1] 参见 *In the Name of Eugenics: Genetics and the Uses of Human Heredity*（1985），p170。

03 开枝散叶

美国的行为学实验

鱼类学家、爬虫学家、鸟类学家、哺乳动物学家、灵长类动物学家和比较心理学家在不同的专业杂志上报道了如鱼类、蛙类、蜥蜴类、蛇类、鸟类、大鼠、豚鼠和猴子中奇怪的求偶方式，而位于这些专业领域之外的人却很少能发现这些。格拉德温·金斯利·诺布尔最早将这些碎片化的内容整合形成了一个连续且易懂的画面。他的理想是发现控制脊椎动物（从鱼类到人类）进化和行为的最根本的法则。

——威廉·K. 格雷戈里[1]

---

[1] 引言部分，请参见威廉·K. 格雷戈里（William K.Gregory）的文章 *Address to the AMNH at Noble's Memorial*，1940 年 12 月 9 日，诺布尔传记档案，特藏，美国自然历史研究博物馆图书室，纽约（此后为 AMNH- 特藏）。

两次世界大战之间，美国动物行为学研究突飞猛进，具体表现为学者数量逐渐增加及研究范围不断扩大[1]。动物行为学研究者同时采用了博物学家和实验学家传统的技术。比如，芝加哥大学的沃德·克莱德·阿利（Warder Clyde Allee）将动物行为纳入生态研究中。阿利强调生物个体与所在群体以及栖息环境互动，在塑造其行为方面的重要性[2]。心理学家威廉姆·C. 杨（William C. Young），行为内分泌学的奠基人之一，以不同的方式探究行为，研究性激素在交配行为产生过程中的作用。战时这些行为学研究的趋势，在之后建立了研究行为学的固有范式。此外，在 20 世纪 30 年代中期，比较心理学开始崭露头角。尽管有人探索行为对自然生命体的作用及行为的进化，但是比较心理学家的主要研究对象是动物的学习能力[3]。

尽管研究方式多种多样，但是这些生物学家对动物行为研究的观点一致——需要专业化，摒弃业余和拟人的传统。每一个研究团队都为动物行为学研究提供了有价值的贡献：实验学家发现实验室的受控环境为观察和干预发育个体的行为提供了理想的场所；博物学家通过对自然栖息地生物的观察和干预，确立了物种正常的行为特征。如果没有博物学家在自然环境中收集的行为学数据，实验学家就无法判断在实验室中观察到的

---

[1] 参见 *Patterns of Behavior: Konrad Lorenz, Niko Tinbergen, and the Founding of Ethology*（2005）. 参见唐纳德·A. 迪斯伯里的文章：*A Brief History of the Study of Animal Behavior in North America*，刊登于 *Perspectives in Ethology*，第 8 期（1989）。另参见吉斯·本森、简·梅恩沙因和罗纳德·雷恩格合编的 *The Expansion of American Biology*（新布朗斯维克，新泽西：罗格斯大学出版社，1991）中格雷格·密特曼和小理查德·W. 伯克哈特撰写的 *Struggling for Identity: The Study of Animal Behavior in America, 1930–1945.*

[2] 参见格雷格·密特曼的著作：*The State of Nature: Ecology, Community, and American Social Thought, 1900–1950*（芝加哥：芝加哥大学出版社，1992）。

[3] 参见 *A Brief History of the Study of Animal Behavior in North America.*

行为是否是人工实验室条件下的假象。因此，实验学家和博物学家在研究动物行为过程中能够相得益彰[1]。

在此期间，生物学家对进化理论的理解也有巨大改变。20世纪早期，在实践动物学家采用的进化模型中，许多动植物能同时独立地适应它们的环境。然后，进化的过程将单一物种推向特定方向（比如能更好地适应周围环境或具有更强的社会协作能力）。到了20世纪50年代，美国的动物行为学研究开始和其他国家和地区的有显著不同。动物学家认为进化从根本上讲是物种形成过程——一个物种的亚群突现并获得它们特有的进化未来。在线性的进化模型中，生物学家和非专业人士很容易将人类文化视为社会进化的顶峰，将动物行为视作人类行为的原始形态。而在分支模型中，人类与动物的比较就没有那么清晰了。

鉴于20世纪上半叶研究动物行为和进化理论的科学家群体的巨大变化，生物学家改变动物雌性配偶选择的概念也就不足为奇了。20世纪30年代的生物学家将雌性选择视为认知比较——某一物种的雌性个体在多个同种雄性追求者中进行挑选，并且他们对雌性选择作为进化机制褒贬不一。到了20世纪50年代，生物学家转而将雌性选择表述为：雌性群体确定其潜在追求者的物种身份并在任意雄性展示物种特异性求偶行为的刺激下交配的过程。从最初认为雌性选择是个体比较，到把雌性选择视作对雄性个体求偶展示的被动反应，AMNH负责动物行

[1] 参见恩斯特·迈尔的文章：*Transcript of the Evolutionary Synthesis Conference*，1974年5月23日，夜间会议，p4，《综合进化论论文集》，收藏手稿，美国哲学学会，费城（此后为APS）。

为研究的馆长人事变动，生动地展示出这个转变。

在1923—1940年间任AMNH爬虫学馆馆长的格拉德温·金斯利·诺布尔融合了20世纪30年代实验学和博物学传统特征在动物行为研究的边界。1928年，诺布尔在AMNH建立了实验生物学实验室（Laboratory of Experimental Biology，简称LEB）。他在LEB尝试解析所有脊椎动物社会行为的进化，并且揭示调控不同物种独特求偶行为的性激素变化[1]。为了实现这一目标，诺布尔在野外观察并收集研究样本，通过实地数据为他在LEB的实验对象构建自然围栏。1939年，诺布尔发表了文章 *The Experimental Animal from the Naturalist's Point of View*（《自然学家眼中的实验动物》）并赞扬了LEB研究的优点，因为它能回答像他这样的自然学家所关心的问题[2]。

诺布尔在去哈佛大学读书前一直在扬克斯生活。1917年毕业时，他和爬虫学研究领域新星托马斯·巴伯（Thomas Barbour）一起在比较动物学博物馆工作。那时他已经在瓜德罗普、纽芬兰和秘鲁多地进行过野外实地研究。他原本打算留在该博物馆攻读硕士学位，但是由于战争及家庭经济压力的影响，他最终决定在离家较近的AMNH担任馆长。不幸的是，诺布尔

❶ 参见威廉·K.格雷戈里的论文：*Gladwyn Kingsley Noble*（*1894–1940*），刊登于 *Year Book of the American Philosophical Society*，第5期（1941）。另参见 *Struggling for Identity: The Study of Animal Behavior in America, 1930–1945*（1991）.

❷ 参见格拉德温·金斯利·诺布尔的论文：《自然学家眼中的实验动物》，刊登于 *American Naturalist*，第78期（1939），p113。

"粗鲁的个性和极度的自我"让他不受待见[1]。几经辗转，诺布尔最终在哥伦比亚大学获得了博士学位，此后在 AMNH 工作直到去世[2]。

诺布尔去世后，继任馆长们想让他们的行为学实验研究符合 AMNH 的总体规划，LEB 的实验研究项目因此开始改变方向。在 1940—1946 年间，弗兰克·安布罗斯·比奇（Frank Ambrose Beach）接管了 LEB，沿用他在行为研究中的比较学方法并将其更名为动物行为学部。这一变革明确了诺布尔在任期间创建的 LEB 唯一的研究纲领。比奇离开后，莱斯特·阿伦森（Lester Aronson）接任。与诺布尔一样，阿伦森最初努力向 AMNH 的其他博物学家证明动物行为的实验研究是有价值的。但是，阿伦森对进化和生殖行为的研究在理论和方法学上和诺布尔有很大不同。诺布尔强调进化过程中行为发展的模式，而阿伦森主要研究物种形成过程中的交配行为。

在 AMNH 动物行为研究的目标和实验设计中，上述从模式到过程的转变反映了实验群体遗传学正逐渐增加的影响力，这塑造了 20 世纪中叶进化生物学的研究实践和特色。影响生物学家对于进化和性选择看法的最重要的理论发展是美国群体遗传学家对生殖隔离的新兴趣。在 20 世纪 30 年代后

---

[1] 参见查尔斯·W. 迈尔斯的论文：*A History of Herpetology at the American Museum of Natural History*，刊登于 *Bulletin of the American Museum of Natural History*，第 252 期（2000），p25–28，p40。关于诺布尔个性的多彩描述请参见弗兰克·安布罗斯·比奇的自传文章：*Confessions of an Imposter*，收录于 *Pioneers in Neuroendocrinology II*，J. 梅茨、B.T. 多诺万及 S.M. 麦克兰主编（纽约：Plenum Press，1978）。另参见 *Frank A. Beach*，收录于 *A History of Psychology in Autobiography*，加德纳·林齐编著（新泽西恩格尔伍德，Prentice-Hall，1974）第 6 卷。

[2] 参见 *A History of Herpetology at the American Museum of Natural History*，第 252 期（2000），p25–28。

期到 20 世纪 40 年代早期，遗传学家狄奥多西·杜布赞斯基（Theodosius Dobzhansky，1900—1975）、动物学家恩斯特·迈尔和古生物学家乔治·盖洛德·辛普森（George Gaylord Simpson）的工作让自然选择作为控制物种形成和生物宏观进化最重要的因果机制得以呈现[1]。美国生物学家对行为和进化的兴趣改变了他们的研究重心，即从个体行为的进化转向群体行为的频率。

上述两个模型包含了对动物与人类行为关系的不同假设。在诺布尔的渐进式进化理论中，动物的行为被视为前人类的社会互动模型。而在后来的群体遗传学家的工作以及阿伦森的分支进化模型中，现存动物和人类的行为在进化时间上是等同的，并且都是对自身特有环境的适应。在这种模型中，与人类对等的动物求偶（或与动物对等的人类求偶）问题更加突出，因为动物学家通常不把人类设想成物种形成过程的产物。

因此，在 20 世纪 30—50 年代的美国，随着生物学家对进化过程的理解发生了变化，他们的实验设计、研究方法和科学问题也发生了改变。他们的研究重心从揭示行为发展的进化模式转移到理解行为是如何影响进化改变的过程。

LEB 的建立

在纽约中央公园的西侧，诺布尔创造了一个独特的研究环

[1] 参见狄奥多西·杜布赞斯基的著作：《遗传和物种起源》（纽约：哥伦比亚大学出版社，1937）。参见恩斯特·迈尔的著作：《分类学和物种起源》（纽约：哥伦比亚大学出版社，1942）。另参见乔治·盖洛德·辛普森的著作：*Tempo and Mode in Evolution*（纽约：哥伦比亚大学出版社，1944）。

境。AMNH 的 LEB 始建于 1928 年，1933 年 5 月正式运营。在当年的董事会议报告中，诺布尔对 LEB 投入使用的描述为“年度最有意义的事件……让 AMNH 拥有了全世界最好的实验室[1]”。19 世纪以来，大部分博物馆会收集和展示活体动物用来娱乐和教育大众，但把活体动物作为研究对象的博物馆少之又少[2]。类似的研究更有可能在大学或者动物园进行。

参照汉斯·帕切布拉姆（Hans Przibram）在维也纳的生物研究所的构建，LEB 包含了水族馆、温室、繁育室、平衡设备、暗室、冷室、生理组化实验室和消毒室[3]。该实验室能容纳 6 名研究员工作，其建设资金主要来自纽约市以及用于建设非洲馆的私人资助——非洲馆位于AMNH的最上层[4]。项目总计花费 82 000 美元，这在 1933 年是一笔巨大的投资，但这仍然少于同期的野外实地考察支出。在 LEB 建设期间（1928—1933），AMNH 在中亚勘探和研究上的花费超过 263 000 美元[5]。考虑到

---

❶ 参见 *Notes for the Trustee's Meeting*，1933 年 4 月 28 日，诺布尔档案，部门文件，AMNH 爬虫学馆。

❷ 参见伊丽莎白·汉森的著作：*Animal Attractions: Nature on Display in American Zoos*（普林斯顿，普林斯顿大学出版社，2002）；参见尼古拉斯·渣甸、詹姆斯·西科德等的著作：*Cultures of Natural History*（剑桥，剑桥大学出版社，1996）。参见密特曼的论文：*When Nature 'Is' the Zoo: Vision and Power in the Art and Science of Natural History*，发表于 *Osiris*，第 2 卷（1996）。另参见尼格尔·罗特费尔斯的著作：*Savages and Beasts: The Birth of the Modern Zoo*（巴尔的摩：约翰霍普金斯大学出版社，2002）。

❸ 匹兹堡实验生物学研究所以生态缸闻名，经常被称为“巫师”研究所，最终在 1945 年苏联轰炸维也纳时被烧毁。参见 *Remarks by Dr. Arthur Zitrin at the Memorial Meeting for Dr. Frank A. Beach*，1988 年 8 月 31 日，伯克利，加利福尼亚州，诺布尔档案，亚瑟·席川文件，AMNH 爬虫学馆。

❹ 参见 *AMNH Annual Reports to the Trustees*，1928—1933 年，诺布尔档案，部门文件，AMNH 爬虫学馆。

❺ 实验室建造花费的详细清单请见“AMNH 爬虫学馆，诺布尔档案文件‘部门’”。机构支出的财务记录在 *Annual Report of the Trustees for the Year* 中也有公示。直到 1938 年，他们停止将机构支出计入部门年度支出。

通货膨胀，LEB 的建设经费大约相当于 2008 年的 100 万美元。

诺布尔的研究计划阐述了他打算如何把 LEB 作为一个整体纳入 AMNH。LEB 投入运营后，他整合自然历史学和实验动物学并罗列了十四条研究路线[1]。他希望通过与 LEB 合作，研究人员能够解决那些仅靠自然界数据无法回答的问题。例如，他相信研究牙齿形成的激素基础是古生物学家和动物学家非常感兴趣的。牙齿形态通常是脊椎动物分类的基础，因为牙釉质的耐久度比骨头更高。当动物身体的其他部分早已化为尘土时，牙齿仍然完好无损。诺布尔还主张，只有通过受控育种实验测试来确定自然界中收集的潜在新物种或亚种的遗传组成，物种识别才能准确。他还希望通过注射从稀有或隐秘物种脑垂体中提取的浓缩样本诱导它们在淡季繁殖，让博物学家能够首次研究它们的生命历史。诺布尔想让 LEB 成为能同时满足 AMNH 其他部门需求的研究中心。AMNH 的董事正是出于这个目的支持 LEB 的建设，希望在以前各自为政的部门间建立合作关系[2]。

随着国家经济的不断下行，诺布尔明白他必须根据预算限制精简研究。1933 年，AMNH 的董事决定停止所有野外实地考察机构的经费支出，把资源集中到 AMNH 内的实验研究上（私人资助的野外实地考察专项经费依然正常运行）。在大萧条时期，AMNH 能继续运营很大程度上是因为工程进度管理署（WPA）以及它的半公共性质。比如，1936 年 WPA 给博物馆批了足够的

---

❶ 参见诺布尔的文件：*The Laboratory of Experimental Biology of the American Museum of Natural History*，在 1933 年 5 月 19 日寄给博登先生和其他董事，诺布尔档案，道格拉斯・博登文件，AMNH 爬虫学馆。

❷ 参见 *Remarks by Dr. Arthur Zitrin at the Memorial Meeting for Dr. Frank A. Beach*，1988 年 8 月 31 日，伯克利，加利福尼亚州，诺布尔档案，亚瑟・席川文件，AMNH 爬虫学馆。

资金来雇用大约 250 名 WPA 员工，其中约有 60 人分配给诺布尔进行论文翻译、施工展示和实验研究等工作。虽然这些资金足够让 AMNH 及 LEB 正常运营，但仍无法支撑购买 LEB 的耗材。因此，诺布尔还成功地向小约西亚·梅西基金会和国家研究委员会、性问题研究学会（NRC-CRPS）申请到了基金，用以购买研究生物、化学品、笼子和食物。在外部基金和 WPA 员工的支持下，LEB 的研究能够继续下去，成果也得以发表[1]。

诺布尔对自己最关心的研究计划——基于心理的行为演化史——也做出了限制[2]。诺布尔对性选择的研究工作是其研究计划的一个重要组成部分。在研究鱼类、蜥蜴类和鸟类艳丽色彩的重要性时，他写道："我们同时在实验室和野外实地对这个问题进行了研究，获得的结果可以让我们重新审视这些装扮的重要性。目前我们仍需要在其他物种中进行更多的观察研究，才能让新的理论观点被广泛接受[3]。"他希望在国家经济情况好转后能够针对最初十四条研究路线的其他问题进一步扩展研究[4]。然而，LEB 并没有像诺布尔和董事们希望的那样可以激发跨部门的合作精神。

虽然诺布尔最初受雇于爬虫学馆，但他的兴趣是将其科学理论扩展至所有脊椎动物。除了经典爬虫类如蜥蜴、变色龙、

---

❶ 参见 1936 年 2 月 13 日至 1941 年 1 月 11 日间的来往信件，诺布尔档案，AMNH 行政文件 #VI E—WPA 人事部，AMNH 爬虫学馆。

❷ 参见 *Struggling for Identity: The Study of Animal Behavior in America, 1930-1945*，p175。

❸ 参见诺布尔的文件：*Laboratory of Experimental Biology of the American Museum of Natural History*，p7。

❹ 参见诺布尔的文件：*History of the Laboratory of Experimental Biology, American Museum of Natural History*，诺布尔档案，部门文件，AMNH 爬虫学馆。

乌龟、蛇和蝌蚪等，他还发表了关于鱼类和鸟类的研究论文。1937 年，他聘请弗兰克·安布罗斯·比奇为 LEB 助理馆长，将部门研究延伸至哺乳动物生理领域[1]。在职业生涯早期，诺布尔主张“进化使动物学成为一门统一的科学，动物学研究生在开始研究之前应该先对动物生活有整体的了解，然后再深入研究具体的问题[2]”。上述进化框架是诺布尔生殖行为研究的基本准则。

诺布尔将他对交配行为和系统学的研究兴趣视为同一事业的两个方面。他想知道交配行为是如何进化发展的。通过用分类法来代表时间，他希望能在最低等的动物和最高级的脊椎动物，即人类中追溯性行为的发展。他在每个主要脊椎动物群的物种中建立了“自然”行为的认定标准，并且他希望通过实验室技术阐明这些行为表达的生理机制。诺布尔在对每一个物种的研究中都采用类似的研究计划，他最终的目标是绘制脊椎动物自然生殖行为的激素和神经控制的进化图谱，以展示在脊椎动物性行为演化中日益增加的复杂性[3]。

诺布尔在 46 岁时突然死于恶性链球菌感染，并没能实现他的目标。在诺布尔纪念馆，威廉·K. 格雷戈里对其工作评价如下：“鱼类、蛙类、蜥蜴类、蛇类、鸟类、大鼠、豚鼠和猴子中求偶和交配的奇特方式，诺布尔将这些碎片化的内容整合形成一个连续且易懂的画面……发现了控制从鱼类到人类进化和行为

---

[1] 参见诺布尔写给弗兰克·安布罗斯·比奇的信，1937 年 11 月 1 日，部门文件：实验生物学，AMNH 爬虫学馆。

[2] 参见格拉德温·金斯利·诺布尔的论文：*Review of The Elements of General Zoology by William Dakin*，刊登于《科学》，第 65 期（1927），p501。

[3] 参见《自然学家眼中的实验动物》（1939）。

最根本的法则[1]。”格雷戈里对“从鱼类到人类”这一表述非常满意，回想起来，这似乎是他想借此机会来推进自己统一 AMNH 进化问题相关研究的愿景[2]。两人的研究分析系统非常相似，格雷戈里的研究集中在脊椎动物的生理和形态进化上，而诺布尔则专注于脊椎动物性行为和激素的进化。诺布尔只完成了他研究计划的一小部分，但他对整合进化和行为分析框架的期望反映了他试图综合生物学知识的尝试[3]。

诺布尔死后，他的遗孀露丝·克罗斯比·诺布尔（Ruth Crosby Noble）收集了他所有的研究记录并把它们编撰成书 *The Nature of the Beast: A Popular Account of Animal Psychology from the Point of View of a Naturalist*（《野兽本性》,1945），让他已完成的工作得以被大众知晓[4]。这本书由于她在 AMNH 教育馆的工作经历自然地流行起来，也和诺布尔作为博物馆馆长的职责承诺一致：维护收藏品，进行原创性研究，确保研究结果能够通过博物馆展览、电台秀和公开讲座及时公布于众[5]。

---

[1] 参见 *Address to the AMNH at Noble's Memorial*；*Gladwyn Kingsley Noble (1894–1940)*（1941）.

[2] 参见威廉·K. 格雷戈里的著作：*Our Face from Fish to Man: A Portrait Gallery of Our Ancient Ancestors and Kinsfolk together with a Concise History of Our Best Features*（纽约：G.P. Putnam’s Sons, 1929）。

[3] 诺布尔在申请行为学野外实地研究经费时有困难。在他去世时，他完成了 LEB 部分的工作，但野外实地研究工作没能完结，例如海鸥的观察。

[4] 参见露丝·克罗斯比·诺布尔的著作：《野兽本性》（纽约：Doubleday, Doran and Co., 1945）。另参见 *A History of Herpetology at the American Museum of Natural History*（2000）. 格雷格·密特曼写了大量文章宣扬诺布尔利用广电媒体进行传播的承诺，参见他撰写的论文：*Cinematic Nature: Hollywood Technology, Popular Culture, and the American Museum of Natural History*，刊登于 *Isis*，第 84 期（1993）；以及他的著作：*Reel Nature: America's Romance with Wildlife on Film*（剑桥，马萨诸塞：哈佛大学出版社，1999）。

[5] 参见 *A History of Herpetology at the American Museum of Natural History*（2000），p12。

诺布尔不能被简单归类为博物学家或实验生物学家，但我们也许可以称他为有机体生物学家[1]。他通过在实验室以及野外实地的实验和观察来理解生殖行为的生理和进化原因，并希望能够阐明脊椎动物行为发展的进化模式。

动物的自然生殖行为

对自然生殖行为的研究是诺布尔研究计划的重要内容，也是 LEB 研究的关键。LEB 可以提供条件让诺布尔研究正常的进化过程。诺布尔不仅使用野外捕获的实验对象，还给它们提供空间模拟野外环境。诺布尔论文的读者可以将 LEB 视为自然的延伸[2]。在自然的、受控的环境下研究野生动物让诺布尔可以将不同的研究方式在同一研究对象上进行整合。他认为这非常重要，因为每个物种都具有特异性的求偶和社交行为。能够在某个物种中证实雌性选择和性选择的存在，不代表其是所有物种的重要进化因素。诺布尔利用这些实验取得的数据来追踪生殖行为的进化模式。

对诺布尔而言，自然的研究环境和野生的研究对象非常重要。在能够利用实验室繁育动物之前，诺布尔实验的成功取决于野外实地考察并收集动物研究对象，这在当时很常见[3]。诺布

---

[1] 1991 年，在密特曼和伯克哈特的建议下，诺布尔使用了“organismal biologist”这一表述。虽然该表述直到 20 世纪 60 年代才开始流行，但它的用意——指定整体方法研究生物个体——对诺布尔而言已经实现。参见 *Struggling for Identity: The Study of Animal Behavior in America, 1930–1945*（1991）.

[2] 诺布尔的工作和杜布赞斯基相似，两者都向博物学家证明，对种群的遗传研究可以为他们的物种研究提供信息。参见《遗传和物种起源》(1937)。

[3] 必须通过野外考察收集动物，这对当时许多野外基地来说也是一个问题。参见罗伯特・科勒的论文：*Place and Practice in Field Biology*，刊登于《科学》，第 40 期(2002)。

尔每年都要投入一部分预算去长岛和新泽西收集实验用的鱼类、蛙类、龟类和鸟类[1]。他同时也担心实验室条件下的鼠类和蝇类不能反映自然状态下行为机制的多样性。诺布尔推测，在实验室环境中经过无数代繁衍，这些动物可能已经适应了这种人造环境。因此，他从未试图将实验动物标准化以进行更大规模的实验。此外，实验室本身的环境也能引发动物的非自然行为。在非自然因素（人造光或较高的饲养密度）的影响下，自然界中从未发生过的动物行为也许会在实验室发生。诺布尔在温室创建的实验环境中模拟了研究对象的自然栖息地[2]。

诺布尔的两项研究：美洲变色龙的交配行为实验（成果于诺布尔去世后发表）和贾格尔沼泽箱龟的交配行为研究（成果未发表），让 LEB 充满了自然化味道[3]。伯纳德·格林伯格（Bernard Greenberg）主导了第一个研究以探讨雄性变色龙垂肉（下巴处一块色彩鲜艳的皮瓣）在引发交配行为时的作用。在这里，我们能够理解 LEB 自然化条件对实验对象的重要性。在关于美洲变色龙的交配行为实验的论文开头，诺布尔和格林伯格提到他们在拥挤的饲养笼中曾频繁地观察到同性变色龙之间的互动，而这在野外实地环境中从未发生。他们将此现象归结于社会空间受限的影响，为此他们重新设计了温室，为变色龙提供了更大

[1] 参见在 *Department of Experimental Biology's Annual Report 1938* 中，诺布尔说给罗伊·查普曼·安德鲁斯博士的话，1939 年 1 月 14 日，诺布尔档案，实验生物学文件，AMNH 爬虫学馆。

[2] 参见伯纳德·格林伯格和格拉德温·金斯利·诺布尔共同撰写的文章：*Social Behavior of the American Chameleon*（*Anolis carolinensis voigt*），刊登于 *Physiological Zoology*，第 17 期（1944），p393–394。

[3] 安乐蜥有时被称为“美洲变色龙”，因为它们能够改变自己皮肤的颜色。但它们不属于真正的变色龙家族，本章节后面称其为“anoles”。

的活动空间。他们认为："这个过程既具备受控实验的优势，同时又尽可能避免了人工影响[1]。"诺布尔和格林伯格为两只雄性变色龙提供了相同的实验环境[2]。他们分别将雄性个体置于实验环境中，然后再在中间放入一只雌性个体。雌性变色龙可以沿着树枝走到雄性领地，"选择"他作为伴侣。在这些实验中，雌性变色龙对雄性个体展示的生理活力以及其红色垂肉都有响应。为了区分不同展示对雌性选择的影响，他们用绿色颜料对其中一只雄性变色龙的红色垂肉进行遮盖，或者将垂肉用胶水粘在下巴上使其不可见。他们重复了这些操作，得到了不一致的结果：有时雄性变色龙没有恰当地展示自己；有时他会隐藏在绿色植物中。该论文中展现的很多证据是以对个体描述的方式呈现的。比如，他们花时间描述了一次非典型的交配，文中写道："雌性变色龙爬到笼子前面，在试图穿越玻璃时被困在当场[3]。"尽管实验设计存在难度（雄性变色龙时不时隐藏在树叶后面），但是他们从没有移除实验环境中的树枝。诺布尔和格林伯格在实验笼和温室中对绿色植物的使用为实验对象创建了一个自然环境，这显示了在测量实验行为时自然背景的重要性。

就理解自然行为的情境而言，诺布尔的上述研究框架在其对斑点龟繁殖的研究中也有显现。贾格尔沼泽箱龟的交配行为研究始于 1936 年。在此之前，诺布尔已经在实验室进行了箱龟

---

❶ 参见伯纳德·格林伯格和格拉德温·金斯利·诺布尔共同撰写的文章：*Social Behavior of the American Chameleon*（*Anolis carolinensis voigt*），刊登于 *Physiological Zoology*，第 17 期（1944），p392。

❷ 同❶，p428。

❸ 参见 *Social Behavior of the American Chameleon*（*Anolis carolinensis voigt*）第 17 期（1944）。

的研究，但他还是想确认在实验室观察到的行为模式也存在于自然环境中。如果行为模式相同，诺布尔则认为其观察到的箱龟行为在两种环境中都会发生。但当实验室数据和野外实地研究数据冲突时，问题就出现了。诺布尔在 LEB 里多次观察到同性行为（诺布尔把雄性箱龟允许其他雄性个体坐骑并试图交配的意图称为同性行为）。然而，在贾格尔沼泽，他没有观察到任何的同性行为。诺布尔说道："野外实地的研究证明我们在实验室观察到的雄性坐骑现象毫无价值，因为在自然条件下，这些行为从来不会发生[1]。"当在自然环境下收集的数据和实验室的结果不同时，诺布尔更相信自然环境即野外实地的数据。所以只有在收集了自然环境中的数据后，诺布尔才会感觉完全合理进而对箱龟的正常繁殖习性做出结论。在接下来的实验室研究中，为了使环境更加自然化，他添加了更多的叶子遮盖地面使雌性箱龟能够躲藏在叶子下面，而雄性为了交配需要去寻找它们。

在关于箱龟的研究手稿中，诺布尔比较了其在野外实地和实验室中观察繁殖模式的异同。他将他认为的诱导箱龟在实验室成功繁殖的重要行为记录下来，例如交配的昼夜模式和饮食习惯。他的笔记中还提到自然环境和实验室里的箱龟都会在类似的时间段从水中爬出来晒太阳。诺布尔没有将箱龟晒太阳的时间作为实验的参数变量，因为他只是想证明箱龟的行为模式处于自然状态[2]。

诺布尔为了实验动物将实验室空间设计成仿自然环境的，

---

[1] 参见诺布尔撰写的 *Copulatory Process*，龟类研究手册，文件：格拉德温·金斯利·诺布尔 II—研究：H1–7 星点龟，诺布尔档案，AMNH 爬虫学馆。另参见诺布尔撰写的 *Homosexuality*，龟类研究手册。此项研究在诺布尔死后中断，成果未曾发表。

[2] 参见诺布尔撰写的 *Homosexuality*，龟类研究手册。

同时他也大力支持在自然栖息地进行实验。在对扑翅鴷（一种漂亮的啄木鸟，后脑显红色，翅膀和尾部羽毛显亮黄色）的研究中，诺布尔尝试了解鸟类的艳丽装饰在性行为和社会行为中的作用。在《人类的由来及性选择》一书中，达尔文认为扑翅鴷的交配行为是雌性选择的完美例子——一些雄性共同追求单个雌性直到雌性个体对其中一个雄性表现出明显的偏好。而赫胥黎却认为，扑翅鴷与众不同的装饰可能是互相选择，因为雄性和雌性都拥有漂亮的特征性黄色羽毛。为了弄清这个问题，诺布尔设计了一系列巧妙的实验，通过在雌性脸颊下部加上“八字胡”将其伪装成雄性。如果雌性都是选择“络腮胡”而非“八字胡”，则结论显而易见，因为真正的雄性扑翅鴷嘴上没有暗带，无法连接两片黑色羽毛组成“八字胡”（说明雌性黄色羽毛没有吸引力）[1]。

1935 年春天，在诺布尔家后院（位于新泽西恩格尔伍德）的一棵柳树上，两只扑翅鴷在那里栖息。诺布尔用假扑翅鴷来测试它们对入侵者的反应，发现雌性扑翅鴷始终攻击其他雌性入侵者，而雄性扑翅鴷倾向于攻击雄性入侵者。虽然上述现象已经显示扑翅鴷能够认出入侵者的性别，但诺布尔认为它们的反应是非自然的，因为假鸟无法回应攻击。他灵机一动，将筑巢的雌性伪装成雄性，并把它重新带回柳树观察之后的反应。丈夫能否认出他的伴侣？答案是否定的。当伪装过的雌性扑翅鴷靠近他们的巢穴时，她碰巧把头背向了雄性扑翅鴷。雄性扑翅鴷从后方接近并开始求偶行为，但当雌性扑翅鴷再次转头时，丈夫的行为发生了戏剧性的转变。诺布尔描述道：“一开始，它

---

[1] 参见格拉德温・金斯利・诺布尔的论文：*Courtship and Sexual Selection of the Flicker*（*Colaptes auratus luteus*），刊登于 *Auk*，第 53 期（1936）。

后退并保持平衡，然后就凶狠地向前冲。随后丈夫对伪装过的长着“胡子”的妻子展开了一场长达两个半小时的无情驱逐[1]。”因为不能确定雄性扑翅鴷的行为是被伪装欺骗还是对所有“陌生”同类的反应，所以诺布尔又进行了 28 次试验。在此期间，带着“胡子”的妻子被拴在柳树上，而另一边是一只假的雌性扑翅鴷。雄性扑翅鴷始终在假的雌鸟面前展示，然后对之前的伴侣进行攻击直到诺布尔把它赶走。

诺布尔明白了通过细致的操作可以在确定实验动物之间相互作用时区分社会行为（自然选择）和性行为（性选择）的不同。他认为，扑翅鴷的舞蹈不会刺激交配选择，而是参与领土划分和防御。同样，雌性选择或相互选择都不影响亮黄色羽毛装饰的进化。相反，诺布尔将扑翅鴷暗色的胡子定义为雄性的“徽章”。即便如此，诺布尔依旧认为这种二态性在更大程度上是对领土争端的刺激而非性展示。

诺布尔仔细地讲述了他对扑翅鴷的每一步研究。他强调，每一个物种的特有行为和种内的个体差异，所以可以确保他能在各种各样的动物之间比较社会行为和性行为。例如，诺布尔相信鸟类能比鱼类展现出更加多样的求偶行为。在一些包括扑翅鴷在内的鸟类中，雌性个体通过特殊的叫声邀请雄性进行交配。如果没有这种叫声，雄性是不会试图和雌性交配的[2]。诺布尔从未在鱼类中观察到类似的邀请行为。基于他对鸟类研究的结果，诺布尔认为鸟类的求偶在自然界中偏向“刺激驱动”，而

---

[1] 参见格拉德温・金斯利・诺布尔的论文：*Courtship and Sexual Selection of the Flicker*（*Colaptes auratus luteus*），刊登于 *Auk*，第 53 期（1936），p274。

[2] 参见 *Courtship and Sexual Selection of the Flicker*（*Colaptes auratus luteus*）第 53 期（1936），p280。

哺乳动物的求偶偏向“情感驱动”[1]。尽管在性行为上存在差异，诺布尔依旧坚信所有的脊椎动物均表现出某种形式的社会支配行为。通过对每一个大型分类群行为的研究观察和描述，诺布尔可以在更高层面上讨论动物社会行为和性行为的进化而无须从不同的生物组织水平去推断其观察结果[2]。

诺布尔表示，当有数量众多的异性成员出现时，必然会导致某些交配选择模式的发生，但不同物种求偶行为的具体表现形式仍存在差异[3]。

诺布尔的实验室研究对象基本都来自他的野外基地。他认为，只要实验室环境和野外类似，在自然环境下收集的动物就能在实验室保持野性。在 1935 年的 NRC-CRPS 基金申请书中，在形容 LEB 时，诺布尔说道：“LEB 具有理想的受控环境，专门用于研究众多野生动物的行为[4]”。诺布尔尽可能保证水族箱和笼子的自然状态，以确保他在野外捕获的实验对象不会受到新的人工环境的干扰[5]。在第二年要求 NRC-CRPS 持续资助的申请书中，诺布尔还提道：“春季在野外实地花费了大量的时间，为了证明野生动物在笼养条件下也能具有社会体系[6]。”

---

❶ 参见格拉德温·金斯利·诺布尔和威廉·沃格特共同撰写的论文：*An Experimental Study of Sex Recognition in Birds*，发表于 *Auk*，第 52 期（1935），p271。

❷ 参见 *Struggling for Identity: The Study of Animal Behavior in America, 1930 - 1945*（1991）.

❸ 参见 *Social Behavior of the American Chameleon*（*Anolis carolinensis voigt*）（1944）.

❹ 参见诺布尔写给罗伯特·耶基斯教授（NRC-CRPS 主席的信），1935 年 4 月 8 日，诺布尔档案，NRC I 文件，AMNH 爬虫学馆。

❺ 同❸。

❻ 参见诺布尔写给罗伯特·耶基斯教授的信，1936 年 7 月 17 日，诺布尔档案，NRC I 文件，AMNH 爬虫学馆。

诺布尔将 LEB 的研究空间作为野外实地的延伸。LEB 的环境和研究设施让他能够区分并理解众多动物生殖行为的特征。通过这些研究结果，诺布尔开始重建脊椎动物社会行为的进化历史[1]。诺布尔细心地调整实验室空间的自然条件用以研究并阐明激素调节动物日常行为的机制。通过在野外和实验室的实验，他构筑了一幅脊椎动物交配行为的图画，其中包含了雌性选择——仅在他研究的部分物种中存在。诺布尔的发现描述了一个较为直接的层次结构：真正的“选择”行为，是具有相对复杂神经功能和求偶行为的物种的特征。

LEB 的转向：从实验生物学到动物行为学

诺布尔于 1940 年 12 月逝世。缺少了他的人格魅力和科研视野，LEB 的前景一片黯淡。在大萧条时期，AMNH 也无法独善其身。当时，至少有一名董事敦促 AMNH 放弃 LEB 并将设施捐赠给附近的大学。董事测算，这项举措仅在 1941 年就可为 AMNH 节约 10 000 美元运营经费[2]。尽管如此，LEB 最终还是被保留了下来。因为馆长们需要根据 AMNH 的目标进行研究，而 LEB 的存在能为他们的研究正名。

诺布尔去世后，AMNH 的负责人罗伊・查普曼・安德鲁斯（Roy Chapman Andrews）曾威胁关闭 LEB。年轻的生物心理

---

[1] 参见《自然学家眼中的实验动物》（1939）。

[2] 参见 W. 道格拉斯・伯登写给崔比・大卫森（AMNH 董事）的信，1941 年 1 月 13 日，文件：弗兰克・安布罗斯・比奇，1196.1，动物行为学部，中央档案馆，AMNH- 特藏。

学家弗兰克·安布罗斯·比奇作为临时主管接管了LEB[1]。LEB的未来在当时复杂的环境下变得前途未卜。比奇接手以后，在一个夏天去落基山脉做野外实地考察，回来后发现所有的WPA员工都被解雇了。这直接导致LEB的人力不足，无人照管动物，使很多实验室动物最终死亡[2]。当安德鲁斯问比奇当前的研究何时结束时，比奇认为这是中止研究项目的暗示，但他拒绝"躺平"。比奇写信给NRC–CRPS的资深委员卡尔·拉什利（Karl Lashley）以及他最亲密的导师罗伯特·M. 耶基斯（Robert M. Yerkes），尽其所能地恳请他们和安德鲁斯交涉[3]。耶基斯是NRC–CRPS的主任、耶鲁大学心理学教授及佛罗里达灵长类动物实验室主任。诺布尔的好友W. 道格拉斯·伯登也通过给董事写信介入此事[4]。在这些人的一起努力下，LEB最终被保留了下来，而比奇也正式成了馆长。

比奇追寻诺布尔的脚步，将LEB的资源集中在比较动物

---

[1] 参见弗兰克·安布罗斯·比奇和C.S. 福特的著作：*Patterns of Sexual Behavior*（纽约：Harper，1951）。参见弗兰克·安布罗斯·比奇的著作：*Hormones and Behavior: A Survey of Interrelationships between Endocrine Secretions and Patterns of Overt Response*（纽约：Harper，1948）。另参见弗兰克·安布罗斯·比奇的著作：*Sex and Behavior*（纽约：John Wiley and Sons, 1965）。

[2] 参见查尔斯·博格特（Charles Bogert）写给弗兰克·安布罗斯·比奇的信，查尔斯·博格特档案，1941年8月7日，文件：弗兰克·安布罗斯·比奇，AMNH爬虫学馆。

[3] 参见弗兰克·安布罗斯·比奇写给罗伊·查普曼·安德鲁斯的信，1941年2月1日，1196.1，动物行为学部，中央档案馆，AMNH–特藏。

[4] 参见W. 道格拉斯·伯登写给崔比·大卫森（AMNH董事）的信，1941年1月13日，文件：弗兰克·安布罗斯·比奇，1196.1，动物行为学部，中央档案馆，AMNH–特藏。伯登是诺布尔的老朋友，始终支持其工作。伯登和诺布尔合作拍摄了几部短片，非常欣赏他在AMNH的研究工作。作为一个杰出的董事，伯登在博物馆有很大的影响，直到1962年退休。格拉德温·金斯利·诺布尔档案和查尔斯·博格特档案，W. 道格拉斯·博登文件，AMNH爬虫学馆。参见 *Cinematic Nature: Hollywood Technology, Popular Culture, and the American Museum of Natural History*（1993）. 另参见 *Reel Nature: America's Romance with Wildlife on Film*（1999）.

行为的实验研究。虽然有其他原因，但是和诺布尔一样，比奇提议将多种实验对象纳入动物行为研究。接受过拉什利实验心理学的研究训练后，比奇希望实验心理学家能接受并运用他在 AMNH 学到的比较研究的方法。他批评美国心理学家过于依赖大鼠（将其作为研究的唯一模型）。1949 年，比奇在美国心理学学会实验心理学分会的讲话中问道："我们的目标是普通行为学还仅仅是大鼠行为学[1]？"虽然比奇支持大鼠迷宫在理解人类试错学习中的作用，但他依然认为这些手段对理解学习过程中的推理或洞察力毫无帮助，因为哺乳动物和其他动物的智力行为存在上限[2]。比奇主张用不同的动物模型研究不同的科学问题，例如他相信狗是研究人类生殖行为最好的动物模型[3]。诺布尔在研究社会行为的进化发展时囊括了多种生物模型（互相比较），而比奇则利用多种动物模型分别从不同方面研究理解人类行为。

在同事的心目中，比奇是一个对科学理论思想非常开放的人，并且他也是在第二次世界大战后将行为学观念引入美国的关键人物之一。受动物行为学家康拉德·洛伦兹和他的导师心理学家卡尔·拉什利的影响，比奇认为基于个体动机、感觉和情绪的研究属于拟人化研究。在高等的哺乳动物如人类或其他灵长类动物中，性行为由大脑皮层控制，其性意识的形成和发

---

[1] 参见弗兰克·安布罗斯·比奇的论文：*The Snark Was a Boojum*，刊登于 *American Psychologist*，第 5 期（1950）。

[2] 参见弗兰克·安布罗斯·比奇的两篇论文：*Brains and the Beast*，刊登于 *Natural History*，第 53 期（1947），p284；*Brains and the Beast II*，刊登于 *Natural History*，第 53 期（1947）。

[3] 参见唐纳德·A. 迪斯伯里的论文：*Frank Ambrose Beach: 1911－1988*，刊登于 *American Journal of Psychology*，第 102 期（1989）。另参见约书亚·利文斯的论文：*Sex, Neurosis and Animal Behavior: The Emergence of American Psychobiology and the Research of W. Horsley Gantt and Frank A. Beach*（博士论文，约翰霍普金斯大学，2005）。

“我们的目标是普通行为学还仅仅是大鼠行为学?” 弗兰克·安布罗斯·比奇担心挪威大鼠对美国实验生理学界的影响。他倡议利用多种动物模型来模拟人类行为的不同方面。授权摘自弗兰克·安布罗斯·比奇的论文 *The Snark Was a Boojum*，刊登于 *American Psycholoyist*，第 5 期（1950）: p115–124，图 3，APA.

展更依赖于社交学习；而低等动物的性行为模式则相对简单❶。

作为 AMNH 馆长，比奇有足够的时间进行研究，但他仍然受困于行政职责。1946 年，他跳槽去了耶鲁大学医学院心理学部，因为在那里他只需讲授高层次的研讨会。莱斯特·阿伦森（Lester Aronson）接替了比奇的 AMNH 馆长一职，成为动物行

❶ 参见 *Sex, Neurosis and Animal Behavior: The Emergence of American Psychobiology and the Research of W. Horsley Gantt and Frank A. Beach*（2005），p225–250。

为学部的负责人[1]。

LEB 的前途再次堪忧，现在证明动物行为的实验研究与 AMNH 总体发展目标相契合的任务就落到了阿伦森的肩上。一方面，阿伦森的研究计划与诺布尔当初的承诺一致。阿伦森曾说道："我们的主要目标不是将研究结果直接应用于人类行为，而是增强对行为演化本身的理解[2]。"另一方面，阿伦森的研究和诺布尔强调的行为发展模式有很大区别，前者试图探究行为是如何影响进化过程的。诺布尔和阿伦森都试图用单一框架统一解释行为和进化，但两者的区别反映了当代进化理论重点的迅速变化。

阿伦森研究行为在自然物种生殖隔离中的作用，相关实验与 AMNH 其他部门馆长的研究议程相当契合。例如，鸟类学部馆长 E. 托马斯·吉拉德（E. Thomas Gilliard）研究和展示鸣叫在维持新几内亚天堂鸟和候鸟等鸟类物种生殖隔离中的作用[3]。诺布尔的继承者兼爬虫学馆馆长查尔斯·博格特发表论文指出

---

[1] 参见莱斯特·阿伦森的论文：*Penile Spines of the Domestic Cat—Their Endocrine Behavior Relations*，刊登于 *Anatomical Record*，第 157 期（1967）。参见莱斯特·阿伦森和格拉德温·金斯利·诺布尔共同撰写的论文：*The Sexual Behavior of the Anura. 6. The Mating Pattern of Bufo americanus, Bufo fowleri, and Bufo terrestris*，刊登于 *American Museum Novitiates*，第 1250 期（1944）。参见莱斯特·阿伦森、埃塞尔·托巴赫、丹尼尔·桑福德·莱曼和杰·S. 罗森布拉特等的著作：*Development and Evolution of Behavior: Essays in Memory of T. C. Schneirla*（旧金山：W. H. Freeman and Co., 1970）；参见 *Frank Ambrose Beach: 1911 - 1988*（1989）.

[2] 参见备忘录，莱斯特·阿伦森写给韦恩·M. 方斯的信，1949 年 6 月 29 日，1196.1，动物行为学部，中央档案馆，AMNH- 特藏。

[3] 参见 E. 托马斯·吉拉德的著作：*Birds of Paradise and Bower Birds*（伦敦：Weidenfeld and Nicolson, 1969）。

求偶叫声是蟾蜍生殖隔离的重要机制[1]。实际上，将繁殖选择视为生殖隔离机制的研究，在 20 世纪中叶成为美国动物行为研究的一个中心问题[2]。

AMNH 原有的在进化背景下进行动物行为的研究，在 20 世纪 40 年代出现了实质性转变，体现在人员和方法两方面。这是阿伦森努力让 LEB 研究适应 AMNH 发展方向的结果。

鳉类生殖行为和隔离机制

阿伦森将生殖行为作为物种形成机制的研究兴趣是由一群在 AMNH 工作或与 AMNH 有合作的生物学家激发的。1942—1968 年，生物学家在 AMNH 组建了纽约水族馆的实验用水族箱——第一个动物行为学暖房（WPA 员工离职，实验动物死亡以后留出的空间），位于博物馆惠特尼纪念翼 6 楼[3]。纽约水族馆馆长麦伦·戈登（Myron Gordon）带来了鱼类肿瘤和颜色的遗传学研究[4]。查尔斯·布里德（Charles Breder）在 1944 年成

---

❶ 参见查尔斯·博格特的论文：*Isolating Mechanisms in Toads of the Bufo debilis Group in Arizona and Western Mexico*，刊登于 *American Museum Novitiates*，第 2100 期（1962）。

❷ 许多这方面的研究被遗忘了。例如，杰里·A. 科恩和 H. 艾伦·奥尔的著作：*Speciation*（桑德兰，马萨诸塞，Sinauer Associates, 2004）。

❸ 参见查尔斯·布里德写给罗伯特·库什曼·墨菲的信，1946 年 4 月 25 日；以及墨菲的回应，1946 年 5 月 23 日，查尔斯，库什曼·墨菲档案，B M957，文件：查尔斯·布里德，APS.

❹ 参见麦伦·戈登的论文：*The Genetics of a Viviparous Top- minnow Platypoecilus: The Inheritance of Two Kinds of Melanophores*，刊登于 *Genetics*，第 12 期（1926）。另参见麦伦·戈登和唐·埃里克·罗森的论文：*Genetics of Species Differences in the Morphology of the Male Genitalia of Xiphophoran Fishes*，刊登于 *Bulletin of the American Museum of Natural History*，第 7 卷（1951）。

为鱼类馆馆长，他长期关注鱼类繁殖模式的进化[1]。纽约大学研究生尤金妮亚·克拉克（Eugenie Clark）于1948年来到AMNH进行博士论文研究，她的兴趣集中在生殖行为是如何在遗传上影响鱼类物种形成的，特别是鳉类[2]。

鳉类具有一套独特的生殖行为系统，能激发生物学家的研究兴趣，也便于研究观察。这类鱼是体内受精。雄性拥有改良的臀鳍，被称为生殖足，它通过生殖足将精子注入合格的雌性体内。受精卵在雌性体内发育，但是它们不从母体获取任何营养。在体内孵化完成后，母亲最终“产下”幼鱼。自然环境下的鳉类很少杂交，但在水族箱环境中，上述生殖隔离就会失效。因此，近百年来鳉类一直是科学研究和家庭观赏的热门鱼类[3]。

纽约联合大学的卡里尔·哈斯金斯（Caryl Haskins）和埃德娜·哈斯金斯（Edna Haskins）在雌性偏好影响鳉类生殖隔离方

---

[1] 参见小查尔斯·M. 布里德的论文：*An Experimental Study of the Reproductive Habits and Life History of the Cichlid Fish, Aequidens latifrons*（*Steindachner*），刊登于*Zoologica*，第18期（1934）；小查尔斯·M. 布里德和C.W. 科茨的论文：*Sex Recognition in the Guppy, Lebistes reticulatus Peters*，刊登于*Zoologica*，第19期（1935）。另参见查尔斯·M. 布里德和唐·埃里克·罗森的著作：*Modes of Reproduction in Fishes*（花园市，纽约：Natural History Press，1966）。

[2] 离开AMNH以后，克拉克作为一位美丽的女性鱼类学家和鲨鱼权威，迅速成为公众关注的焦点，被称为“鲨鱼小姐”。她的自传*Lady and a Spear*（1953）受到每月读书会推荐，翻译成7种语言，甚至编码成盲文。参见加里·克洛尔的著作：*America's Ocean Wilderness: A Cultural History of Twentieth- Century Exploration*（洛伦兹：堪萨斯大学出版社，2008），p124–151。

[3] 参见菲利普·亨利·戈斯的著作：*The Aquarium, an Unveiling of the Wonders of the Deep Sea*（伦敦：J. Van Voorst, 1854）。

面为阿伦森提供了新的灵感[1]。由于不同种类的雄性鳉鱼在体型和颜色上有极大差异（和雌性在外表和行为上也不同），两位哈斯金斯女士希望证明雌性的交配选择在维持物种生殖隔离过程中是非常重要的。在最初的实验中，她们很高兴地发现性选择似乎的确起了作用——尽管形式有所改变。以下是两组不同的实验设定：第一组在众多不同物种的雄性鱼类中放入 3 条雌性鳉鱼（分别属于 3 个物种），第二组将 1 条雄性鳉鱼和 2 条不同物种的雌性鳉鱼混合。她们观察雌性和雄性个体“生殖足”的接触总数（反映雄性试图交配的意愿），并记录配对物种的身份。如果同类雌雄个体的生殖足接触更加频繁，就说明物种间的生殖隔离仍然存在。虽然研究人员的记录显示雄性最初随机和雌性交配，但经过至少一周的稳定期后，雄性分辨物种的能力显著提升。她们总结道：“识别物种仅仅由雄性完成，雌性在这个过程中完全是被动的[2]。”如果性选择发生了，那更可能是通过雄性选择而非雌性选择。她们认为这项观察与雄性个体更大、更亮的事实不吻合。

两位哈斯金斯女士的实验也说明了生物学家在改造人工实验室环境以模拟自然条件方面所持续付出的努力。她们用一个 15 加仑（1 加仑≈ 3.78 升）的水族箱尽量模拟潟湖环境的一部分。因为维持实验对象完整的生态环境非常重要，所以这个布

---

[1] 两位哈斯金斯女士研究三种相近的物种：虹鳉、双点花鳉、胎花鳉（依据 1949 年分类惯例）。在论文中，她们致谢杜布赞斯基博士时说道：“为相关问题提出建议和方法，给予了关键帮助和鼓励。”同时，她们也感谢了麦伦·戈登博士、莱斯特·阿伦森博士和尤金妮亚·克拉克女士对文章手稿的帮助和建议。参见卡里尔·哈斯金斯和埃德娜·哈斯金斯的论文：*The Role of Sexual Selection as an Isolating Mechanism in Three Species of Poeciliid Fishes*，刊登于《进化》，第 3 期（1949），p168。

[2] 同[1]，p166。

置耗费了相当多的精力[1]。同时，她们尽可能用捕获的野生鳉鱼进行研究。所以，她们需要创造一个自然环境来观察实验对象的行为。

紧接着上述实验，阿伦森开始与戈登和克拉克合作。他们选择研究两种不同墨西哥鳉鱼（新月鱼和剑尾鱼）之间心理隔离的重要性。他们希望对鳉鱼的研究能揭示普遍的物种隔离机制。他们早期的研究显示，虽然雄性经常发起交媾，但只有一小部分能在有效时间内维持生殖器官的接触（几秒），这是传输精子的必要时长[2]。所以，虽然最初的观察显示水族箱内交配的发生是随机的，但真正的交媾更具有选择性。克拉克在实验中引入了人工授精的操作，提示即便行为隔离的因素失灵，物种间的实际隔离不一定会丢失。她认为，如果雄性个体将其精子传输进入不同物种的雌性个体体内，只要雌性个体生殖道内还存在同种雄性的精子，那么精子间的竞争最终就会导致卵细胞正确地受精。因此，在自然环境下观察到的完整的生殖隔离是数个不同隔离因素的累积，包括心理的（行为不相容）、生态的（栖息地隔离）、形态的（结构差异导致不同物种雌雄个体生殖器很难或无法接触）和生理的（精子竞争）隔离因素[3]。

在众多隔离因素中，为了确定交配行为在阻止鳉鱼种间杂交的重要性，克拉克、阿伦森和戈登进行了一系列“雄性选择”

---

❶ 参见 *The Role of Sexual Selection as an Isolating Mechanism in Three Species of Poeciliid Fishes*, p164。

❷ 莱斯特·阿伦森写给 NRC-CRPS 主席乔治·科纳的信，1949 年 3 月 12 日，受让人：阿伦森，NRC-CRPS 档案，1946-1952，NRC-CRPS，医学部，1920-1965，国家学术档案，华盛顿 DC（此后表示为 NRC- DIV- MED- CRPS）。

❸ 莱斯特·阿伦森写给 NRC-CRPS 主席乔治·科纳的信，1950 年 3 月 13 日，阿伦森，1946-1952，NRC-DIV-MED-CRPS.

实验。在单个水族箱中，他们放入了一条雄性和两条雌性（其中一条和雄性同种，另一条异种）。他们记录了雄性交配的雌性对象物种身份。他们采用雄性选择而非雌性选择模型可能是因为后者在实验技术上不可行。雄性会干扰竞争对手对雌性的所有求偶企图，因此当多个雄性个体存在于同一个箱子里时，研究人员就无法准确记录成功的求偶尝试[1]。

克拉克、阿伦森和戈登看似延续了诺布尔在鱼类性选择方面的研究，但实际上两种研究显著不同。在 3 人联合发表的论文中，有 48 张表格和 1700 段对交配行为的观察（10 分 / 段）的总结，这远大于诺布尔对于少数实验案例的叙述性记录。克拉克靠手写记录了所有的观察过程，用不同的标记表示每一种行为，但是为了写记录或看时间，她不得不将视线从鳉鱼身上移开。为了解决这个问题，她在打字机上装了复写器，只需按下特定按键就能记录某种行为，这显著提高了观察者的效率。此外，克拉克、阿伦森和戈登没有像诺布尔那样尝试在实验室空间模拟自然环境。他们从观察箱内移除了所有的植物（鱼类长期生活的箱中仍保留植物），因为这些植物有时会阻碍鱼类的视野，干扰求偶行为的发生，也会影响研究者对箱内事件的观察记录。

最终，3 位研究者没有发现任何交配选择的证据。雄性鳉鱼会试图和他遇到的任何雌性个体交配，并且无视物种。他们总结：交配选择不可能是鳉鱼生殖隔离的重要机制，因此，行为也不是鳉鱼物种形成进化过程中的重要因子。

---

[1] 参见尼古拉斯·廷伯根撰写文章：*Some Recent Studies of the Evolution of Sexual Behavior*，收录于 *Sex and Behavior*，弗兰克·安布罗斯·比奇主编（纽约：Robert E. Kreiger Publishing Co., 1974）。

在一份早期递交给 NRC-CRPS 的基金申请中，阿伦森依照果蝇实验群体遗传学的说法，将他们的行为实验称为生殖隔离机制的验证。他引用遗传学家狄奥多西·杜布赞斯基和赫尔曼·T. 斯皮斯（Herman T.Spieth）以及动物学家恩斯特·迈尔的研究，他们 3 人主要研究蝇类物种形成时心理隔离机制的重要性。这些蝇类理论上能够进行种间交配（仅在实验室环境中出现），但这在自然情况下却不能发生。这些研究者都在纽约附近生活。在 AMNH 工作的迈尔经常和在哥伦比亚大学实验室工作的杜布赞斯基合作。斯皮斯是他们的朋友，并且在他们的帮助下，斯皮斯在任教的纽约城市学院开始了果蝇交配行为的研究。借鉴这个独特的纽约群体的研究方法，阿伦森制定了鱼类繁殖的研究计划，在墨西哥鳉鱼中检验“这个进化的基本问题”——上述鱼类在家庭水族箱中会出现种间交配，而它们在自然条件下绝不杂交[1]。在已发表的对结果的讨论中，克拉克、阿伦森和戈登全面地回顾了鱼类和果蝇性隔离中雄性和雌性作用的相关文献，这为他们在实验群体遗传学中的性选择研究打下了基础[2]。

克拉克、阿伦森和戈登没有关注进化对个体行为的塑造，而是尝试确定个体行为能否改变物种的进化未来。这代表了 AMNH 对行为和进化关系研究的独特转变。要弄清研究焦点改

---

[1] 参见莱斯特·阿伦森写给 NRC-CRPS 主席乔治·科纳的信，1948 年 3 月 12 日，阿伦森，1946–1952，NRC- DIV- MED- CRPS.

[2] 参见尤金妮亚·克拉克、莱斯特·阿伦森和麦伦·戈登撰写的论文：*Mating Behavior Patterns in Two Sympatric Species of Xiphophorin Fishes: Their Inheritance and Significance in Sexual Isolation*，刊登于 *Bulletin of the American Museum of Natural History*，第 103 期，第二篇文章（1954）。

变的原因，我们必须把注意力转向当时从事果蝇研究的实验群体遗传学家的工作。

果蝇，生殖隔离和雌性选择

在科学史上，20 世纪 40 年代，对美国自然动物群体进化研究改变影响最大的两个人分别是狄奥多西・杜布赞斯基和恩斯特・迈尔[1]。1927 年，杜布赞斯基离开苏联，加入托马斯・亨特・摩根的果蝇实验室。10 年以后，杜布赞斯基出版了 *Genetics and the Origin of Species*（《遗传和物种起源》）[2]。在书中，杜布赞斯基以通俗易懂的方式讲述 20 世纪 20—30 年代数学群体遗传学家的结论：种群中微小的遗传变化，随着时间积累会导致巨大的生理差异和种群分化。1940 年，杜布赞斯基回到哥伦比亚大学，离纽约的 AMNH 不到 3 英里（1 英里≈ 1.6 千米）。出生于巴伐利亚的迈尔于 1931 年移民美国，在 AMNH 担任罗斯柴尔德鸟类学展馆的馆长。迈尔在 1942 年出版了 *Systematics and the Origin of Species from the viewpoint of a Zoologist*（《分类学和物种起源》）。他在书中提到，单一物种的发展过程（种内进化）在功能上等同于物种形成过程，即单一种群分化成两个种群（种外进化）[3]。

---

[1] 杜布赞斯基和迈尔各自在苏联和德国接受了学术训练，这对他们后来带到美国的实验方法和理论框架至关重要。参见马克・亚当斯的论文：*The Founding of Population Genetics: Contributions of the Chetverikov School, 1924–1934*，刊登于 *Journal of the History of Biology*，第 1 期（1968）；*Towards a Synthesis: Population Genetics in Russian Evolutionary Thought*，刊登于 *Journal of the History of Biology*，第 3 期（1970）。参见于尔根・哈弗的著作：*Ornithology, Evolution, and Philosophy: The Life and Science of Ernst Mayr, 1904–2005*（纽约：Springer Verlag, 2007），p35–94；参见《综合进化论》（1980）；参见 *Unifying Biology: The Evolutionary Synthesis and Evolutionary Biology*（1996）.

[2] 参见《遗传和物种起源》（1937）。

[3] 参见《分类学和物种起源》（1942）。

上述两本书在当时为美国科学界提供了新的研究焦点以理解自然种群进化的调节过程以及定义动物物种的新方法[1]。

杜布赞斯基和迈尔对物种概念有很相似的看法，即种群成员只和该种群内的其他成员交配。在《遗传和物种起源》中，杜布赞斯基将物种定义为："进化过程的阶段，那些曾经实际或潜在的杂交群体关系，在这个阶段的两个或多个群体中隔离，在生理上无法进行杂交[2]。"迈尔对上述定义进行了微调，他称："物种是实际或潜在能杂交的自然种群的集合，和其他类似群体之间存在生殖隔离[3]。"他们两人对物种作为杂交种群的定义引发了许多新的探索，这里重点讨论两个：第一，物种间的生殖隔离如何产生？第二，能否用种群间性隔离的程度作为定义物种的方法？对于上述问题的探索是 20 世纪 50 年代实验群体遗传学研究的重要方向。

杜布赞斯基发现了两大类机制能够从遗传水平隔离种群——地理因素和生理因素[4]。他将生理隔离机制定义得非常

---

[1] 尽管综合论创立者后来争辩说，他们的理论适用于所有动物和植物，但研究员埃德加・安德森的工作显示，植物杂交的泛滥让基于性不相容性鉴别植物物种变得极其困难。G. 莱德亚德・斯特宾斯最终把植物学家带入综合论团体。参见埃德加・安德森的著作：*Introgressive Hybridization*（纽约：John Wiley and Sons, 1949）。参见金・克莱曼的论文：*His Own Synthesis: Corn, Edgar Anderson, and Evolutionary Theory in the 1940s*，刊登于 *Journal of the History of Biology*，第 32 期（1999）。参见瓦西莉基・贝蒂・斯莫科维茨的两篇论文：*G. Ledyard Stebbins and the Evolutionary Synthesis*，刊登于 *Annual Review of Genetics*，第 35 期（2001）；*Keeping Up with Dobzhansky: G. L. Stebbins, Plant Evolution and the Evolutionary Synthesis*. 另参见 G. 莱德亚德・斯特宾斯的著作：*Variation and Evolution in Plants*（纽约：哥伦比亚大学出版社，1950）。

[2] 参见《遗传和物种起源》，p312，引自狄奥多西・杜布赞斯基的著作早期的论文：*A Critique of the Species Concept in Biology*，刊登于 *Philosophy of Science*，第 2 期（1935），p354。

[3] 参见《分类学和物种起源》（1942），p120。

[4] 参见《遗传和物种起源》，p231–232。

雄性黑腹果蝇。上述果蝇物种以雄性个体的黑色腹部命名。相似的性二形色素沉着模式在该种属中较为常见。引自本杰明·普鲁德团队和尼古拉斯·贡培尔的研究。

广泛，囊括了从生态特殊化到种间形态和行为学差异，再到配子生理不亲和等。这些生理隔离机制的重要性一直是生物学家在随后几十年中争论的话题，也是克拉克、阿伦森和戈登在AMNH 动物行为学实验室努力研究试图回答的问题[1]。

1944 年，杜布赞斯基和迈尔提出了计量不同种属果蝇间生殖隔离程度的实验方法[2]。在实验室里，他们同时将雄性果蝇和同种以及异种雌性果蝇混合。他们将生殖隔离程度定义为：选择同种属雌性个体进行交配的雄性比例——雄性“犯错”越少，种内交配的比例越高，即两个群体的生殖隔离程度也越高。上

---

[1] 参见杰森·M. 贝克的论文：*Adaptive Speciation: The Role of Natural Selection in Mechanisms of Geographic and Non- geographic Speciation*，刊登于 *Studies in the History and Philosophy of Biology and the Biomedical Sciences*，第 36 期（2005）。

[2] 参见狄奥多西·杜布赞斯基的论文：*Experiments on Sexual Isolation in Drosophila. III. Geographic Strains of Drosophila sturtevanti*，刊登于 *Proceedings of the National Academy of Sciences of the United States of America*，第 30 期（1944）。10 年前阿尔弗雷德·亨利·斯特蒂文特创建了相关方法，杜布赞斯基和迈尔的实验方法是升级的可量化版本。参见 *Experiments on Sex Recognition and the Problem of Sexual Selection in Drosophila*.

述雄性选择模型成为确定两个种群间是否存在性隔离的首个标准方法[1]。克拉克、阿伦森和戈登的实验也采用了相同的实验设计。

但是，杜布赞斯基和迈尔的研究方法很快遭到了质疑。部分研究物种形成的生物学家宣称，在维持相近物种间的生殖隔离时，雌性偏好比雄性偏好更为重要。反对杜布赞斯基和迈尔雄性选择实验模型的星星之火来自 J.M. 伦德尔（J.M.Rendel）于1945年发表的一篇论文[2]。在部分繁育实验中，伦德尔发现雄性个体没有对雌性种属显示出明显的偏好性，而雌性个体似乎展现出对同种雄性个体的偏爱。伦德尔相信，相比于雄性，雌性对种属的区分能力明显更强，这是种属特异性刺激行为的结果。一个物种的雄性个体无法对不同种属的雌性个体产生足够刺激从而诱导交配反应。因此伦德尔推测，雌性对不恰当种属雄性的抗拒可能是物种形成的机制[3]。

还有一篇论文也助力了雌性而非雄性是生殖隔离的主要决定因素。1948 年，遗传学家乔治·斯特雷辛格（George Streisinger）将不同种类的雄性果蝇同麻醉或清醒的雌性果蝇放在一起[4]。斯特雷辛格注意到，当雌性果蝇清醒时，所有雌性个体间的交媾都发生在相同种类的果蝇间。当雌性果蝇被醚化麻

---

❶ 参见大卫·梅里尔的论文：*Measurement of Sexual Isolation and Selective Mating*，刊登于《进化》，第 4 期（1950）。

❷ 参见 J.M. 伦德尔的论文：*Genetics and Cytology of Drosophila subobscura. II. Normal and Selective Matings in Drosophila subobscura*，刊登于 *Journal of Genetics*，第 46 期（1945）。

❸ 同❷，p299。

❹ 参见乔治·斯特雷辛格的论文：*Experiments on Sexual Isolation in Drosophila. IX. Behavior of Males with Etherized Females*，刊登于《进化》，第 2 期（1948）。

醉处理后，雄性个体会无差别地同所有种类雌性个体交配。“使用麻醉雌性果蝇的实验中没有观察到选择行为。”斯特雷辛格说道。他还注意到，雌性果蝇被麻醉后，拟暗果蝇的雄性个体不会关注静止不动的雌性果蝇，反而会在雄性个体之间开始互相追求。根据上述实验结果，斯特雷辛格提出两种可能性：第一，雄性个体发出物种特异性行为信号，雌性针对该信号做出反应，确保正确地“配对”；第二，雌性个体提供物种特异性刺激信号，雄性做出反馈，完成或避免交配。斯特雷辛格认为，无论哪种情况，雌性对这些果蝇种类间生殖隔离的维持都非常关键。

伦德尔和斯特雷辛格的实验说服了英国的遗传学家安格斯·约翰·贝特曼继续深入研究上述问题[1]。在约翰英纳斯园艺研究所，贝特曼主要从事植物群体遗传和突变研究，偶尔也研究动物遗传学[2]。1948—1949年，他发表了两篇关于果蝇交配选择的文章，招致罗纳德·艾尔默·费希尔的不满。贝特曼不仅让单个雄性选择多个活跃雌性，还让单个雌性同时面对多个雄性。在实验中，他选用携带明显特征的果蝇，这些特征始终会在子代中出现——“标记性状”。利用这些特征，他可以追踪分析子代的亲本来源。以前生物学家识别果蝇的母亲相对简单（母方生育），但鉴定其父亲极其困难。因此他们经常将交配成功作为生殖健康的一个指标，例如，伦德尔和斯特雷辛格都把雌性体内出现精子认为是雄性成功交配的标志。然而，贝特曼在实验中测量哪个雄性产生了比例最高的后代。因为在果蝇中已经

---

[1] 参见《果蝇的性内选择》（1948）。

[2] 参见唐纳德·A.迪斯伯里的论文：*The Darwin- Bateman Paradigm in Historical Context*，刊登于*Integrative and Comparative Biolog*，第45期，（2005）。

确定了足够数量的标记性状，所以这是可以实现的。在贝特曼的实验中，他证明伦德尔和斯特雷辛格是正确的，即相较于雄性，雌性更能展示出物种特异性交配偏好。他号召其他的果蝇研究者摒弃杜布赞斯基和迈尔的雄性选择测试，用雌性选择实验模型来衡量两个种群间生殖隔离的程度[1]。

贝特曼还主张，不同性别区分伴侣种属的能力存在差异，进化让雌性更加“挑剔”。他注意到：一方面，雄性繁殖后代的数量随其成功交配的雌性数量呈线性增长；另一方面，雌性每次交配后产生的后代数量始终稳定[2]。作为群体遗传学家，贝特曼假定雌性果蝇在繁育季只交配一次（果蝇生命周期较短）。雌性多次交配不能形成进化优势，因为她们对后代的生殖贡献不会改变。根据这个假设，贝特曼进一步阐述道：“如果雄性犯了一个错误，不会显著降低其生育成功率；但同样的错误如果发生在雌性身上，代价可能是影响其所有的后代[3]。”贝特曼进而总结道：“正如达尔文和费希尔之前所说，雌性在交配选择中比雄性更加挑剔[4]。”

慢慢地，其他果蝇研究者开始接受这个观点，即雌性对种群生殖隔离的程度起主要决定作用[5]。1950 年，明尼苏达大学的进化生物学家大卫・梅里尔（David Merrell）开始了长达 10 年

---

❶ 参见《果蝇的性内选择》（1948），p364。

❷ 同❶，p362。

❸ 同❶，p353。

❹ 贝特曼和伦德尔将雌性显而易见的挑剔性归因于她们天性的“害羞”，只有相同物种的雄性才会想要征服。笔者在第 6 章会再次讨论。参见萨拉・布拉弗・赫迪的论文：*Empathy, Polyandry, and the Myth of the Coy Female*，收录于露丝・布莱尔的著作：*Feminist Approaches to Science*（纽约：Pergamon Press,1986）。

❺ 安格斯・约翰・贝特曼和乔治・斯特雷辛格的论文在当时对该领域的影响较小。

的宣传活动，鼓励用雌性选择 / 雌性复选的实验代替雄性选择模型[1]。和贝特曼一样，梅里尔认为如果科学家始终只用雄性选择实验模型，就不太可能证明性隔离。通过伦德尔、斯特雷辛格、贝特曼和梅里尔等人的努力，群体遗传学家在设计实验时开始考虑雌性更可能展现繁殖隔离的交配行为。杜布赞斯基和迈尔的雄性选择模型逐渐淡出大众视野，取而代之的是基于雌性选择 / 雌性复选的实验设计。

与诺布尔在龟类、蜥蜴类和鱼类中的行为实验相比，这些对于果蝇的实验可以说是从完全不同的角度探讨了行为和进化的问题。一方面，遗传学家不再过度关注个体的求偶行为，而是对多次交配尝试的统计学结果更感兴趣；另一方面，这些实验也反映了诺布尔对实验室空间优缺点并存的担忧。同时期的部分群体遗传学家利用捕获的野生果蝇进行实验，研究自然种群的遗传情况。比如杜布赞斯基评论说："在自然条件下发现的基因突变和在人工 X 线等因素诱导下出现的遗传突变有很大不同。只有在自然种群中发现突变的存在才被认为是对相关理论的检验。X 线虽然能引起 10 倍数量的突变，但意义不大[2]。"这

---

[1] 因为急切地尝试说服所有果蝇研究者关于生殖隔离研究中雌性选择实验模型的重要性，梅里尔被称为"贝特曼的斗牛犬"。参见大卫・梅里尔的论文：*Mating Preferences in Drosophila*，刊登于《进化》，第 14 期（1960）；*Measurement of Sexual Isolation* 和 *Selective Mating as a Cause of Gene Frequency Changes in Laboratory Populations of Drosophila melanogaster*，刊登于《进化》，第 7 期（1953）；*Selective Mating in Drosophila melanogaster*，刊登于 *Genetics*，第 34 期（1949）；*Sexual Isolation between Drosophila persimilis and Drosophila pseudoobscura*，刊登于 *American Naturalist*，第 88 期（1954）。

[2] 参见"*Evolutionary Synthesis* III，1974 年 5 月 23 日，夜间会议"，综合进化论会议，B / M451t, 文件：1.7 Genetics Discussion，APS。这句话中，杜布赞斯基指的是苏联的切特维里科夫学院。因为接下去的对话显示，"自然条件下"产生的突变是切特维里科夫作为"博物学家"的关键，也反映了杜布赞斯基的博物学家身份。

样的“自然”概念，与诺布尔维持实验室自然环境的想法有很大不同——后者通过在实验空间内添加树枝和叶子来保证其研究对象产生常规的性行为。20 世纪 30—40 年代，生物学家利用在实验室和野外实地对生殖行为的研究来帮助他们理解野生动物的自然行为[1]。

在接下来的 10 年，即便大部分相关研究是在动物行为学部之外进行的，上述研究行为和进化的新方法在 AMNH 以进化为背景的行为学研究中也发挥了更为突出的作用[2]。

尤金妮亚·克拉克在 1955 年去了佛罗里达担任海洋实验室的主任，麦伦·戈登于 1959 年去世，而莱斯特·阿伦森后来的研究方向转到了动物性行为的神经调控上[3]。尽管如此，生殖隔离机制的问题研究还是让动物行为学部馆长有机会为 AMNH 关于进化过程新的研究重点做出贡献。

20 世纪 30—50 年代的美国，在进化背景下对交配行为的研究经历了方法学和理论学的巨变。20 世纪 30 年代，诺布尔设计实验帮助重构行为的进化历史，描绘动物社会行为和性行为不断增加的复杂性。他希望通过对个体求偶行为的描述性分

---

[1] 杜布赞斯基进一步辩称实验室受到了博物学家的不当批评。“在漫长的地球历史中，生物演化无法在实验室中重现，这是很常见的。然而，上述实验方法的明显局限性承担了太多的苛责……这种批评的声音现在越来越少，作为自然种群中的演化模型这种实验设计仍然是可取的。”参见狄奥多西·杜布赞斯基和鲍里斯·斯帕斯基的论文：*Evolutionary Changes in Laboratory Cultures of Drosophila pseudoobscura*，刊登于《进化》，第 1 期（1947）。

[2] 参见 *Isolating Mechanisms in Toads of the Bufo debilis Group in Arizona and Western Mexico*（1962）；参见 E. 托马斯·吉拉德的论文：*Feathered Dancers of Little Tobago [birds of paradise]*，刊登于《国家地理》1958。

[3] 虽然阿伦森的馆长朋友们似乎认可了他早期的研究，但是他后来的研究变得越来越机械化和偏向神经学，他的研究项目也渐渐和 AMNH 其他科学家产生疏离。阿伦森在 20 世纪 70 年代中期退休，之后动物行为学部彻底解散。

析能够揭示人类行为的动物学基础。到了 20 世纪 50 年代，阿伦森设计的实验强调海量的实验数据，检测了数百对鱼类交配的结果。他的合作者希望证明雄性个体有能力区分雌性对象的种属。

这些改变是动物行为和进化相关实验设计，理论框架和机制假说的同时变化。对于实验设计，诺布尔采用了少数个体交配行为的叙事性解释，而阿伦森、克拉克和戈登则收集了交配结果的量化统计数据。在理论框架方面，诺布尔和阿伦森之间的研究对比揭示了一个趋势，即远离对行为演化的揭示而转向理解行为演化改变的过程。对于 20 世纪 30 年代的诺布尔而言，行为是进化塑造的生物学特征，而阿伦森团队则将行为视作进化的机制。这两个研究项目分别代表了不同的理论方法，整合了动物行为和进化理论的研究。诺布尔将进化纳入动物行为的框架，而阿伦森则将动物行为纳入进化理论的框架。

同时期，博物学家眼中的实验对象也在改变。诺布尔和阿伦森充分认识到实验室环境对实验对象展现常规生殖行为的潜在影响。诺布尔试图通过改造实验室环境、重现关键的自然条件来减少上述影响。阿伦森和合作者则利用自然环境和实验室条件下鳉鱼生殖行为的差异来研究阻碍杂交在维持生殖隔离的重要性。20 世纪 50 年代，阿伦森的工作应当被认为是社会行为的实验室研究和在进化背景下对自然动物行为研究的结合[1]。

---

[1] AMNH 动物行为学部的约翰・保罗・斯科特和西奥多・克里斯蒂安・施奈拉，以及研究自然条件下动物行为的全体委员会（1946 年成立），都同意“自然”行为最好在野外实地环境下进行研究。参见约翰・保罗・斯科特的论文：*Methodology and Techniques for the Study of Animal Societies*，刊登于 *Annals of the New York Academy of Sciences*，第 51 期（1950）。

从 20 世纪 30—50 年代，AMNH 的动物学家一直在尝试理解并掌握实验室环境中可能诱发人工行为（人为因素导致，自然条件下不存在）的方式。

AMNH 动物行为实验室的历史是我们理解彼时美国动物行为与进化研究发展的典型例子。即使在 20 世纪 20—30 年代进化论数学化之后，对行为演化感兴趣的生物学家依然将进化视为线性过程，由此可以描绘动物行为的日益复杂性。诺布尔将进化视作数百万年来行为的发展历史，将现存物种作为进化树上的占位符以阐明人类行为的动物先因。然而，随着美国进化研究发生转变，从描绘特定特征或行为的进化到研究进化过程的机制，实验学家不再像诺布尔想象的那样研究行为的渐进式演化。到了 20 世纪 40 年代，克拉克、阿伦森和戈登进行的将行为作为隔离机制的鱼类研究被类似的果蝇实验模仿，用来阐明物种形成的机制。用群体学方法研究果蝇的遗传，因其逐渐流行而引人关注，确立了进化研究的标杆，其影响甚至传递到了行为学领域。受杜布赞斯基和迈尔研究工作的直接影响，阿伦森和他的合作者转而开始研究进化过程，并将行为视作自然界进化改变的可能机制。

杜布赞斯基和迈尔推动的研究项目对交配行为的研究具有深远的影响。进化综合理论的研究项目被用于定义和限定生物学家如何研究行为，这种影响一直持续到 20 世纪 50 年代。

第二次世界大战结束后不久，越来越多的美国动物学家团队停止使用动物模型来研究人类的社会行为和性行为。利用动物模型来阐述渐进的、分层的行为演化模式（从鱼到人）不再适合研究物种形成过程的综合项目。综合项目的研究者假设物种形成的过程在所有物种分类中都是相似的，人类祖先的诞生和果蝇的物种形成都遵循相似的一般规律。此时，进化阶梯已被分支进化树取代。其中，每一个分支的顶点均代表了进化程度相当的物种。因此，在其自身进化分支顶端的非人动物的行为不能被简单理解成为复杂人类社会行为的前身，也不是进化树分支系统内的共同祖先。

AMNH 的生物学家不再强调基于理性选择的动物行为，而是把他们的研究从观察雌性交配时在相同物种雄性间的偏好转移到寻找雌性具有区分雄性个体种属能力的证据上。鉴于雌性个体对同种雄性间的比较暗示了认知能力，生物学家把种间配偶选择和本能行为联系起来。某种程度上，这种分割来源于以下看法：种间配偶选择应被视为自然的、和性无关的选择。这些变化反映了生物学家更大的担忧：如何更好地研究进化过程，进化是一个不停产生分支的过程，动物、人类和植物在这个过程中都同样“进化”，因此动物行为也不能再无条件地作为人类行为的进化前身。

然而，欧洲的动物学仍然使用动物作为直接模型来研究人类行为的心理基础。接下来的数十年间，对于动物行为的研究作为独立学科在欧美两地逐渐流行，形成了动物行为学和群体遗传学。

04 温文尔雅的行为

英国动物学家的仪式

了解男性的行为，尤其是他的内在驱动和冲突，对研究简单动物的行为要素通常很有帮助。

——尼古拉斯·廷伯根（Nikolaas Tinbergen）[1]

[1] 参见尼古拉斯·廷伯根的论文：*The Curious Behavior of the Stickleback*，刊登于《科学美国人》，1952 年 12 月第 5 期（总第 187 期），p22。

第二次世界大战后，英国研究动物行为的科学家人数迅速增长。英国动物学家通过将分类学、生态学、进化过程、遗传学和生理学研究相结合，试图对生物行为的作用提供全面而有力的观点。在一个以和平为名重启国际科学合作的时代，洲际旅行也更加快速简便，大西洋两岸的生物学家能够面对面地讨论动物行为的相关研究。虽然雌性选择和性选择仍不是多数英国生物学家研究的主流，但这个跨学科的团体为旨在研究求偶行为的生物学家提供聚在一起的场所和理由——年会、学科退休成员纪念会以及发表研究生项目的学术期刊(研究生获得学位并学习实验技术)。在这些场合，两群风格迥异的科学家在研究动物行为方面几乎没有任何共同点。大多数美国比较心理学家强调用动物研究一般的心理学问题，而欧洲动物学家则提倡优先研究自然发生的特定物种的特征行为模式[1]。

英国的动物学家在选择研究对象和实验设计方面各不相同，但都想阐明动物自然行为的生物学基础，即便这意味着有时要引入人工条件[2]。事实上，第二次世界大战结束后数十年间，动物学家(行为学)使用的研究方法多种多样，再加上他们与其他动物学家(非行为学)的持续交流使得在科学界很难找到一群货

---

[1] 参见柯林·比尔的论文：*Ethology: The Zoologist's Approach to Behaviour, Part 2*，刊登于*Tuatara*，第12期(1964)；参见丹尼尔·桑福德·莱曼的论文：*Ethology and Psychology*，刊登于*Recent Advances in Biological Psychiatry*，第4期(1962)。

[2] 尼古拉斯·廷伯根偏爱在野外观察研究动物行为，康拉德·洛伦兹喜欢“饲养动物”以观察它们所有的行为。参见小理查德·W.伯克哈特的文章：*Ethology, Natural History, the Life Sciences, and the Problem of Place*，刊登于*Journal of the History of Biology*，第32期(1999)，p501。另参见康拉德·洛伦兹的论文：*The Comparative Method in Studying Innate Behaviour Patterns*，刊登于*Symposia of the Society of Experimental Biology*，第4期(1950)：*Physiological Mechanisms in Animal Behaviour*，p235-236。

真价实的动物行为学家。也许这个时期最令人惊讶的是，虽然存在根本的分歧，但是对动物行为感兴趣的研究者始终保持扩展对话，讨论如何更好地研究动物行为以及如何利用这些研究来理解人类行为[1]。

荷兰动物行为学家尼古拉斯·廷伯根在牛津大学获得职位后不久，奥地利的康拉德·洛伦兹成为马克斯·普朗克行为生理研究所（1958 年搬迁至奥地利西维森）所长，动物行为学很快便迎来 20 世纪 50 年代[2]。廷伯根到牛津任职标志着英国动物行为学团体机构的兴起，但当时的英国科学界主要受数十年前埃德蒙·塞卢斯、亨利·艾略特·霍华德（Henry Eliot Howard）、弗雷德里克·B. 科克曼（Frederick B. Kirkman）和朱利安·索莱尔·赫胥黎行为学研究的影响[3]。廷伯根的同事和朋友称他为尼克，他是日益壮大的动物行为学研究团体的焦点。廷伯根主动承担社团的建设和教导工作，由于他的国际合作和跨学科联系，他在牛津大学建立的动物行为学新中心才不

---

❶ 与欧洲动物行为学研究者交流的美国比较心理学研究者，通常自认为是第二代的“心理生物学家”，追随卡尔·拉什利的传统，但又没有他的绝对还原主义。他们认为自己的工作是在研究动物学和心理学的交叉问题，许多后来的心理生物学家都获得了 NRC-CRPS 的资助。参见 *Sex, Neurosis and Animal Behavior: The Emergence of American Psychobiology and the Research of W. Horsley Gantt and Frank A. Beach*（2005）。另参见纳丁·魏德曼的论文：*Psychobiology, Progressivism, and the Anti- progressive Tradition*，刊登于 *Journal of the History of Biology*，第 29 期，（1996）。

❷ 参见 *Patterns of Behavior: Konrad Lorenz, Niko Tinbergen, and the Founding of Ethology*（2005），p326-369。

❸ 同❷，第 2 章：*British Field Studies of Behavior: Selous, Howard, Kirkman, and Huxley.*

会那么孤立或按部就班[1]。年轻时在荷兰研究动物行为时，廷伯根深受他的朋友、动物学家康拉德·洛伦兹的影响[2]。廷伯根也很熟悉同时期美国方面研究动物自然行为的尝试，即纽约 AMNH 诺布尔的 LEB。第二次世界大战后，廷伯根一直与 AMNH 保持联系，这证明了在大西洋两岸传播动物行为学思想的重要性。

深受洛伦兹在解决本能问题时构建的理论框架的影响，廷伯根把实验专业知识和动物行为实地研究学者的敏感性带到了牛津大学[3]。洛伦兹将本能视为先天的行为，因为“特定物种的行为产生就像它们长出确定形态结构的爪子或牙齿一样[4]”。他相信这种行为是由遗传决定的并且自然存在。洛伦兹发展了液压机械模型来解释动物生命中先天行为的出现。根据他的模型，每只动物都会产生一定的能量来促使它行动。这种能量的积累或行动的动机通常由外部刺激作用于动物的感知器官而进行释放。相关行动本身会消耗动物内在的积压能量。如果一个动物未能遇到合适的释放机制，那么行动的能量、动机或驱动力就

---

[1] 参见 *Ethology, Natural History, the Life Sciences, and the Problem of Place*（1999）. 另参见汉斯·克鲁克的著作：*Niko's Nature: The Life of Niko Tinbergen and His Science of Animal Behaviour*（纽约：牛津大学出版社，2003）。

[2] 参见 *Patterns of Behavior: Konrad Lorenz, Niko Tinbergen, and the Founding of Ethology*（2005），该书详细介绍了洛伦兹和廷伯根的友谊以及对行为学研究方法的影响。

[3] 参见 *Ethology, Natural History, the Life Sciences, and the Problem of Place*（1999）. 参见 *Patterns of Behavior: Konrad Lorenz, Niko Tinbergen, and the Founding of Ethology*（2005）. 参见 *Niko's Nature: The Life of Niko Tinbergen and His Science of Animal Behaviour*（2003）. 参见 *Reel Nature: America's Romance with Wildlife on Film*（1999）. 另参见 *Struggling for Identity: The Study of Animal Behavior in America, 1930－1945*（1991）.

[4] 参见 *The Comparative Method in Studying Innate Behaviour Patterns*（1950）.

会堆积到一定程度进而引发另一种无关行为，我们称之为替换行为（displacement activities）。例如，鸡会用啄地行为替换交配；人可能会用挠耳朵代替打架[1]。先天行为的产生不仅依赖于动物本身的内在状态，同时还受到其所处的社会环境条件的影响。

到了1960年，第二次世界大战前洛伦兹和廷伯根著作的理论基础，即从“先天”与“习得”的差异到行为产生时“驱动”的重要性开始逐渐崩塌[2]。英国动物学家一直尝试将他们对多种生物的研究整合后融入一个理论框架。在 *Scientific American*（《科学美国人》）杂志上发表的一篇文章中，廷伯根宣称：“我认为研究者不应该将工作局限在单一物种上，因为任何人都会对自己的研究对象产生偏好并认为其是整个动物王国的完美代表[3]。”这样的声明既批评了美国比较心理学家对大鼠行为的痴迷，也捍卫了动物学家对研究多种物种行为的兴趣。

花亭鸟和果蝇在动物交配行为的产生及其对动物生命的影响方面成为截然不同的例子。自从达尔文在《人类的由来及性

---

[1] 参见柯林·比尔的论文：*Ethology: The Zoologist's Approach to Behaviour, Part* 1，刊登于 *Tuatara*，第2期（1963）。另参见 *The Curious Behavior of the Stickleback*（1952），p25。

[2] 参见 *Ethology: The Zoologist's Approach to Behaviour, Part 1*（1963）；参见 *Ethology: The Zoologist's Approach to Behaviour, Part 2*（1964）. 参见 *Patterns of Behavior: Konrad Lorenz, Niko Tinbergen, and the Founding of Ethology*（2005），p451–460，p373–383。另参见罗伯特·A. 欣德的论文：*Consequences and Goals: Some Issues Raised by Dr. A. Kortland's Paper on 'Aspects and Prospects of the Concept of Instinct'*，刊登于 *British Journal of Animal Behaviour*，第3期（1956）；*Ethological Models and the Concept of 'Drive'*，刊登于 *British Journal for the Philosophy of Science*，第6期（1956）；*Unitary Drives*，刊登于 *Animal Behaviour*，第7期(1959)。

[3] 参见 *The Curious Behavior of the Stickleback*（1952），p26。

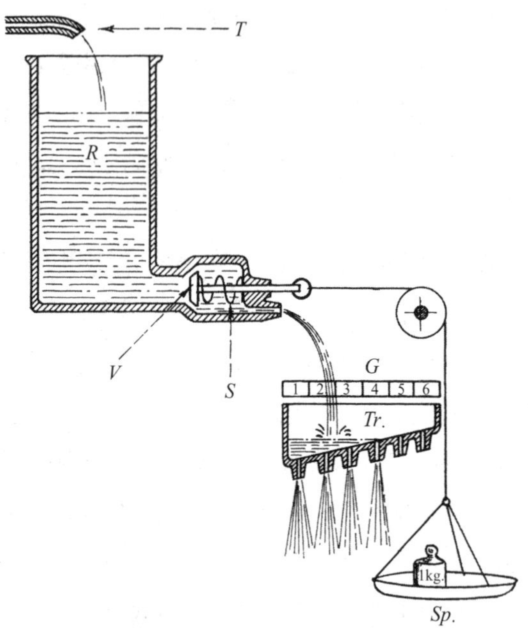

康拉德·洛伦兹发展了用于解释动物生命中先天行为的液压机械模型。只有当行为刺激（*Sp*，右下）累积到足够程度时，动物（*R*）的内在驱动才会被释放（*V*，*S*）产生行为（*Tr*）。刺激的强度和/或距离动物上次释放能量产生行为的时间长度，决定了本次行为产生的强度（*G*，1–6）。摘自 *The Comparative Method in Studying Innate Behaviour Patterns*（1950），p256。

选择》中举例描述了花亭鸟的交配场地以来，它们就一直是性选择研究的象征[1]。然而，生物学家从未认为花亭鸟的求偶行为具有典型性或代表性。花亭鸟的特别之处在于它们夸张的鸟巢搭建和装饰行为。20 世纪 50 年代，艾伦·约翰·马歇尔（Alan John Marshall）对花亭鸟的行为学研究集中在鸟的内在状态或

---

❶ 参见《人类的由来及性选择》（1871），卷 1，p63；卷 2，p69–71，p102，p112–113。

生理是如何与外在的生态刺激相互作用进而产生行为的。马歇尔认为，花亭鸟的交配选择是不同雄性刺激的结果，和雌性选择无关。尽管标准化的果蝇常被用作遗传学研究，但它们也是动物行为学研究的一种重要模式动物。从 20 世纪 30 年代开始，果蝇成为研究实验进化的经典模式动物。研究者认为它们的神经系统结构简单，实验室条件不影响其自然行为，是研究自然进化过程的理想模型。20 世纪 50—60 年代，廷伯根在牛津大学的两个研究生，玛格丽特・博斯托克（Margaret Bastock）和奥布里・曼宁（Aubrey Manning），开始利用果蝇研究先天求偶行为的遗传和进化基础[1]。

第二次世界大战后行为科学的这种联系乍一看似乎是研究雌性交配选择的契机。富有争议的群体遗传学家 J.B.S. 霍尔丹和他的妻子、遗传学家海伦・思博维（Helen Spurway）曾评论说："动物行为学家对性有一种狭隘的执着。物种的繁衍需要 4 个行为步骤，按照优先度排序依次是呼吸、喝水、吃饭和繁殖。动物行为学家研究它们的顺序是反过来的[2]"。动物行为学家发现仪式化的先天行为在求偶过程中很容易被观察，而在动物的其他行为中却不常见[3]。然而，雌性选择在动物行为学理论中的

---

❶ "实验室饲养和维持的样本（果蝇）展现出的求偶行为，在数量和质量上与自然环境下的果蝇没有显著区别。"参见赫尔曼・T. 斯皮斯的论文：*Courtship Behavior in Drosophila*，刊登于 *Annual Review of Entomology*，第 19 期（1974），p385。

❷ 参见海伦・思博维和 J.B.S. 霍尔丹撰写的论文：*The Comparative Ethology of Vertebrate Breathing. I. Breathing in Newts, with a General Survey*，刊登于 *Behaviour*，第 6 期（1953）。

❸ 虽然在求偶行为之外，仪式化的先天行为的例子较难寻找，但该领域还是吸引了许多行为学家的注意，例如，卡尔・冯・弗里希关于蜜蜂觅食的工作以及康拉德・洛伦兹对于鸟类固定行为模式的研究。参见 *The Bee Battles: Karl von Frisch, Adrian Wenner and the Honey Bee Dance Language Controversy*（2005）.

角色微不足道。

当时的动物学家在探讨进化机制时，出于各种原因，大都会忽略雌性选择。动物行为学家对行为产生的理论模型边使用、边批评，根本不考虑“选择”作为动物行为产生的原因。此外，行为学家主要研究进化过程在改变动物行为方面的作用，而不去关注行为本身对进化过程的影响（AMNH 的当代生物学家也是如此）。动物学家进一步争辩称，不同物种求偶的差异可能在没有选择分歧的情况下出现，因为与求偶相关的主要特征（好斗、胆小、颜色、性二形性）对其他行为来说也具有重要功能[1]。换句话说，英国的动物学家强调不同物种的生殖行为以及为什么会有差异，而不是生殖行为如何推动基于性的外表差异的进化。即便廷伯根提出了动物行为研究的“四个问题”并试图统一行为学家所采用的日益不同的方法，他仍旧没能为“行为是物种进化改变原因”这一理念创造太多空间。笔者想强调的是，英国动物学家本质上没有拒绝雌性选择，只是没有把它放在他们讨论行为的解释框架内而已。因此，英国动物学家在没有考虑有意识地选择的情况下重构了求偶行为的功能原因。当部分动物行为学家开始将注意力转移到人类时，他们尝试用同样的方法研究分析人类的求偶行为，并再次聚焦于作为社交互动结

[1] 参见罗伯特·A. 欣德的论文：*Behavior and Speciation in Birds and Lower Vertebrates*，刊登于 *Biological Reviews*，第 34 期（1959）。

构元素的雄性斗争，而将雌性选择排除在外[1]。

廷伯根的四个问题

廷伯根对英国行为学研究的未来有自己的展望，因此他试图与美国的行为学研究者保持距离[2]。对廷伯根而言，当时的动物行为学方法要优于大鼠迷宫的比较心理学方法，因为其不仅考虑了更多的动物种类和行为，还努力从整体上理解动物，而不只是在环境隔离的情况下关注动物的一个方面（学习）。廷伯根绝望地说道："美国那些行为学研究者都变成了行为主义者，在英国他们会成为真正的动物行为学家[3]。"

不是所有的美国心理学家都被如此评价。自 20 世纪 30 年代廷伯根和诺布尔取得联系开始，AMNH 和牛津大学的行为学研究项目持续保持着沟通。在 1938 年夏天，廷伯根在由荷兰－美国基金会资助的两个月的美国行程中首先访问了美国博物馆[4]。在访问过程中，他了解到诺布尔试图通过实验研究动物行为，将在野外实地对动物行为进行观察和实验室人为操作结合

---

[1] 参见康拉德·洛伦兹的著作:《论攻击》，马乔里·拉茨克译（伦敦：Methuen, 1966）。参见德斯蒙德·莫里斯的著作:《裸猿》（伦敦：Jonathan Cape，1967）；*The Human Zoo*（纽约：McGraw-Hill Book Co.，1969）。另参见艾雷尼厄斯·艾布尔－艾贝斯费尔特的著作:《爱与恨：行为模式的自然历史》，杰弗里·斯特拉坎译（纽约：Aldine de Gruyter, 1970）。

[2] 关于美国拒绝接受比较心理学的"经典"方法请参见 *The Snark Was a Boojum*（1950）。

[3] 参见 *Animal Behaviour Research Group in the Department of Zoology, University of Oxford, 1949–1974*，附在廷伯根给"柯林·比尔"的信中（也可能是威廉·霍曼·索普），1976 年 9 月 8 日。廷伯根档案，MS Eng., C.3125, A.4, Nikolaas Tinbergen, NCUACS 27.3.91, Bodleian 图书馆，牛津大学，牛津（此后为 OU-Bodleian）。

[4] 参见廷伯根写给诺布尔的信，1938 年 5 月 22 日和 1938 年 11 月 17 日，诺布尔档案，文件：廷伯根，AMNH 爬虫学馆。

起来，这给他留下了很深的印象[1]。同样，诺布尔对廷伯根研究行为的方法感到兴奋并在 1939 年邀请他来纽约海克自然保护区工作。廷伯根拒绝了，诺布尔在第二年再次邀请[2]。廷伯根再次拒绝并回信说他不能在荷兰需要他的时候离开。“这是战争，”廷伯根写道，“说的粗俗点，我的祖国每天可都能被当作战场，只要这种危险还存在，只要我们的政府能使我谋生，我就有义务留在这里[3]。”AMNH 的工作团队对廷伯根、洛伦兹和其他欧洲行为学研究者的著作在美国的传播发挥了关键作用。1937 年，诺布尔让他的翻译对洛伦兹 1935 年发表的荷兰语文章 *Der Kumpan in der Umwelt des Vogels*（《鸟类世界的陪伴》）进行全英文翻译。随后，文章的英文摘要发表于 *auk* 杂志[4]，但全文只能通过诺布尔获得。诺布尔说服梅西慈善基金会支付费用，打印

---

[1] 例如诺布尔写给梅西基金会的弗兰克·史密斯的信，1937 年 2 月 15 日和 1937 年 5 月 13 日，诺布尔档案，文件：梅西基金会和研究所，AMNH 爬虫学馆。诺布尔写道，我想阐明我们的研究对象和其他实验室的不同之处……目前有许多动物心理学的学生在大学实验室开展科研训练。还有一些非常有能力的心理学家包括巴德、克罗齐耶和里奥克等，他们对动物心理研究做出了重要的贡献。然而，没有一个团队关心全世界野外实地研究的结果并试图从中挖掘大量精确的观测数据。正如我说的，我们已经在这个领域浏览了 10 000 篇论文，所做的笔记已经堆满了 18 英尺（1 英尺 ≈ 0.3 米）高的柜子。这是 8 名翻译人员工作 4 年的结果。这些数据不能被搁置一旁，因为这些研究人员拥有和洛伦兹一样的分析能力，他们获得的结果均来自自然环境。

[2] 参见诺布尔写给廷伯根的信，1939 年 2 月 20 日和 1939 年 12 月 12 日，诺布尔档案，文件：廷伯根，AMNH 爬虫学馆。

[3] 廷伯根继续说道：“我相信，如果你也来自一个陷入危险的自由小国，外部力量尽一切可能想将你奴役，你也会和我一样。”参见廷伯根写给诺布尔的信，1940 年 2 月 14 日，诺布尔档案，文件：廷伯根，AMNH 爬虫学馆。

[4] 参见康拉德·洛伦兹的论文：*Der Kumpan in der Umwelt des Vogels: der Artgenosse als auslosendes Moment sozialer Verhaltungsweisen*，刊登于 *Journal für Ornithologie*，第 35 期（1935）；*The Companion in the Bird's World*，刊登于 *Auk*，第 54 期（1937）。

并分发一些文章的完整译文版本[1]，他还向感兴趣的团体额外寄送了至少 22 份副本[2]。廷伯根在 1938 年访问 AMNH 时见到了一个正在做海鸥孵蛋行为研究的年轻人丹尼尔・桑福德・莱曼（Daniel Sanford Lehrman）[3]。时过境迁，1954 年两人再次见面。

1953 年，莱曼针对洛伦兹先天行为的概念进行了批评[4]。5 年前，莱曼到纽约大学心理系攻读博士，并在 AMNH 的导师西奥多・克里斯蒂安・施奈拉（Theodore Christian Schneirla）指导下开始进行论文写作[5]。施奈拉催促莱曼写了一篇评论文章，强调行为发展过程中“经验”的重要性，并批评了在施奈拉看来

---

[1] 参见弗里蒙特・史密斯写给格拉德温・金斯利・诺布尔的信，1937 年 5 月 13 日，诺布尔档案，文件：梅西基金会和研究所，AMNH 爬虫学馆。弗里蒙特・史密斯将翻译稿寄给如下人员：Henry A. Murray Jr.（哈佛临床心理），Kurt Lewin（爱荷华州立大学），George E. Coghill（盖恩斯维尔，佛罗里达），Mrs. Gardener Murphy（萨拉劳伦斯学院），Stanley Cobb（哈佛医学院，神经病理系），Philip Bard（约翰霍普金斯大学，生理系），H. S. Liddell（康奈尔大学医学院），W. Horsley Gantt（约翰霍普金斯大学，菲普斯精神病科），Franz Alexander（心理分析研究所，芝加哥），William Malamud（爱荷华州立大学），Saul Rosenzweig（沃彻斯特州立医院），Erik Homburger（耶鲁大学，人类关系研究所）。

[2] 其余收到翻译稿的可能还包括 Glover Allen（哈佛大学），William Burden, Eugene Odum（海克保护地），David Davis（生物实验室，剑桥，马萨诸塞），and Walter Clyde Allee（芝加哥大学）。AMNH 实验生物学部委员——弗兰克・安布罗斯・比奇、泰德・施奈拉和莱斯特・阿伦森——直接收到了诺布尔的译稿。参见 *Struggling for Identity: The Study of Animal Behavior in America, 1930–1945*（1991），p54。

[3] 参见杰・S. 罗森布拉特的论文：*Daniel Sanford Lehrman, June 1, 1919–August 27, 1972*，刊登于 *Biographical Memoirs of the National Academy of the Sciences*（1972），p232。

[4] 参见丹尼尔・桑福德・莱曼的论文：*A Critique of Konrad Lorenz's Theory of Instinctive Behavior*，刊登于 *Quarterly Review of Biology*，第 28 期（1953）。

[5] 参见 *Daniel Sanford Lehrman, June 1, 1919–August 27, 1972*（1972），以及作者对埃塞尔・托巴赫的采访，2004 年 2 月 25 日。

十分幼稚的概念，即行为的完全遗传基础[1]。在文章中，莱曼宣称洛伦兹关于先天遗传行为的概念过于简单化，无法解释个体行为的形成和发展。他坚称，不存在 100% 的先天行为，因为行为的产生依赖动物所处的环境，同样也没有 100% 的习得行为，因为行为产生也要依赖动物固有的学习能力。洛伦兹关于先天行为（遗传结果）和习得行为（经验结果）的二分法具有误导性，所有行为的产生都是遗传和环境的双重作用[2]。莱曼还提到，当洛伦兹和廷伯根将动物和人的行为类比时，这些困难会被进一步放大。提到廷伯根在一篇文章中说鸟类寻找筑巢地点和人类建造房子类似时，莱曼指出在这两个案例中，有完全不同的因素在起作用。名义上两者看起来相似（两者都属于寻找行为），即便最终的结果也类似，但是这样的标签让人忽略了根本性不同，即两种情况下感知和认知能力的差异[3]。对于莱曼和施奈拉而言，本能的概念缺乏学术价值，尤其是应用在人类身上时。

莱曼在一个偶然的时间发表了他对本能行为学概念的批判。1954 年，他去英国访问。同时期，欧洲的动物行为学家到美国

---

[1] 参见 *Patterns of Behavior: Konrad Lorenz, Niko Tinbergen, and the Founding of Ethology*（2005）.

[2] 参见施奈拉的论文：*Behavioral Development and Comparative Psychology*，刊登于 *Quarterly Review of Biology*，第 41 期（1966）。另参见 *Patterns of Behavior: Konrad Lorenz, Niko Tinbergen, and the Founding of Ethology*（2005），p362–368，p384–390。

[3] 参见 *A Critique of Konrad Lorenz's Theory of Instinctive Behavior*（1953），p353。另参见施奈拉的论文：*Levels in the Psychological Capacities of Animals*，收录于 *Philosophy for the Future: The Quest of Modern Materialism*，罗伊・伍德・塞拉斯、V.J. 麦吉尔和马文・法伯主编（纽约：Macmillan Co., 1949）。

纽约参加梅西会议[1]。两种情况下，动物学家都花了大量时间讨论莱曼对遗传的行为学假设的评论文章。当莱曼来到牛津大学，廷伯根团队的学生们最初很拘谨，但在他们发现莱曼也热衷于鸟类观察并赞同在自然栖息地进行研究之后便热情起来。廷伯根学生奥布里·曼宁说道："很快就清楚了，他实际上对动物行为学研究方法十分赞同，也反对许多大鼠实验心理学研究。他希望我们在行为发展的研究方法上更加严格，这才是问题所在。没人能否认他在这个方面的意见是绝对正确的[2]。"当年，许多欧洲动物行为学家包括罗伯特·A. 欣德（Robert A.Hinde）、杰拉德·贝仁德（Gerard Baerends）、J.J. 范·伊尔瑟（J.J. Van Iersel）、廷伯根和洛伦兹都参加了梅西会议。会议持续了一周，洛伦兹在会上感受到了其他参会者对他的攻击，但廷伯根却很认真地对待那些批评并把它们纳入他后来进行的行为演化理论化工作中[3]。

后来，廷伯根将莱曼的意见引入他的课堂讲义以及发表的

---

[1] 历史学家唐纳德·A. 迪斯伯里提到，1945—1975 年间，至少有 84 名美国学者去欧洲学习动物行为学，同时至少有 15 名欧洲的动物行为学家去了北美。他认为，人员的交互流动，是第二次世界大战后美国动物行为学成功的核心。参见唐纳德·A. 迪斯伯里的文章：*Americans in Europe: The Role of Travel in the Spread of European Ethology after World War II*，刊登于 *Animal Behaviour*，第 49 期（1995）。

[2] 参见奥布里·曼宁的文章：*The Ontogeny of an Ethologist*，收录于 *Studying Animal Behavior: Autobiographies of the Founders*，唐纳德·A. 迪斯伯里主编（芝加哥：芝加哥大学出版社，1989）。

[3] 关于本次会议的重要性以及更多细节，参见 *Patterns of Behavior: Konrad Lorenz, Niko Tinbergen, and the Founding of Ethology*（2005），p398–403。参见保罗·E. 格里菲斯的论文：*Instinct in the'50s: The British Reception of Konrad Lorenz's Theory of Instinctive Behaviour*，刊登于 *Biology and Philosophy*，第 4 期（2004）。参见 *Niko's Nature: The Life of Niko Tinbergen and His Science of Animal Behaviour*（2003）. 另参见已公布的会议记录（由参会者补充），*Conference on Group Processes: Transactions*（纽约：Josiah Macy Jr. Foundation Publishing, 1954）。

文章中[1]。在他的一份简要的课堂讲义中，廷伯根说道："心理学家和动物行为学家在 1954 年的那场对话是有建设性意义的，它明确了动物行为学家口中'先天'的含义。"他认为只有个体在完全相同的环境中成长，才能展现出先天差异，而这在自然界中不可能发生。廷伯根继续说道："动物的行为应该和形态一样，被认为是个体的特征。"他对这个难题的解决方案是：研究者应使用"非习得"行为，即动物无条件下展现的行为，没有模仿也没有练习等[2]。廷伯根认为，这样的非习得行为被很多美国心理学家忽视了，因此探索这些行为生物学基础的工作就落在了动物行为学家的肩上[3]。当廷伯根用四个方法学问题正式化行为学研究方法时，他试图认真地吸收莱曼的意见。廷伯根指出，所有的行为都有原因、发展、功能和进化；要真正理解一个行为，人们必须从上述四个层面进行分析。20 世纪 50 年代后期，廷伯根首次将这四个问题纳入其课程，并在 1963 年发表于 *Zeitschrift für Tierpsychologie*（《动物心理学》）上的论文 *On Aims and Methods of Ethology*（《行为学研究目的和方法》）中详尽地

---

❶ 参见廷伯根的讲稿：*3rd Extra Lecture on Behaviour, Hilary 1955; Ontogeny of Behaviour*，廷伯根档案，MS Eng. C.3131, C.9, 尼古拉斯·廷伯根，NCUACS 27.3.91, OU- Bodleian.

❷ 同❶。另参见廷伯根的演讲稿：*Lectures Animal Behaviour, 1957–8; 9 Ontogeny*，廷伯根档案，MS Eng. C.3132, C.26, 尼古拉斯·廷伯根，NCUACS 27.3.91, OU-Bodleian.

❸ 参见艾雷尼厄斯·艾布尔 – 艾贝斯费尔特和索尔·克莱默的论文：*Ethology: The Comparative Study of Ani mal Behavior*，刊登于 *Quarterly Review of Biology*，第 33 期（1958）。另参见罗伯特·A. 欣德的著作：*Animal behaviour*（纽约：McGraw- Hill Book Co., 1966）。艾布尔 – 艾贝斯费尔特的论文也是对莱曼批评的回应。虽然廷伯根没有亲自发表回应，但是论文的致谢部分清楚地表明洛伦兹和廷伯根提供了不少的意见。

阐述了这些问题[1]。

——原因：行为表现直接的生理和心理机制是什么？

——发展：行为的发展基础是什么？换句话说，动物在它的一生中，对刺激的反应方式是如何改变的？

——功能：这种行为对动物的生存和繁殖有什么帮助？

——进化：这种行为的进化历史是怎样的？

廷伯根认为关于行为发展的问题在很大程度上能解决莱曼和施奈拉对于行为学研究理论的批评。

廷伯根对于学科方法的划分避免了对行为产生理论模型的争论，在一个日益多元化的学科中囊括了许多已经以动物行为学名义提出的研究项目。动物行为学团体内的不同研究院校组织不同的力量回答这四个问题。廷伯根在牛津大学的研究团队主要关注行为的功能意义，而剑桥大学在行为发展的研究上更具优势，部分原因是剑桥大学的研究者对动物的语言和交流更感兴趣[2]。

在谈论行为的功能时，有一个理论，即仪式化对牛津大学的团队来说特别有用。对廷伯根来说，仪式化表示了一个动作

---

[1] 参见尼古拉斯·廷伯根的论文：《行为学研究目的和方法》，发表于《动物心理学》，第 20 期（1963）。

[2] 参见 *Ethology: The Zoologist's Approach to Behaviour, Part 2*（1964）。参见 *Ethology, Natural History, the Life Sciences, and the Problem of Place*（1999）. 参见格雷戈里·拉迪克的论文：*Primate Language and the Playback Experiment, in 1890 and 1980*，刊登于 *Journal of the History of Biology*（2005）. 另参见 *Simian Tongue: The Long Debate about Animal Language*（2007）.

或姿势成为具有新功能的信号的进化过程[1]。赫胥黎在讨论求偶行为和属地行为的进化时，也发现仪式化的概念特别有意义。跟随赫胥黎，廷伯根提出一个物种“绝大多数”的行为特征都经历了仪式化的过程——普遍的求偶行为转化成了物种特异性的展示[2]。仪式化也是洛伦兹对许多物种看法的关键，即种内斗争被简化视作“竞标赛”，比赛中没有个体受到致命伤，雄性的好斗被重新引向性刺激[3]。仪式化的行为对同种其他个体来说是一个信号，会引发恰当的行为反应。同样的仪式化行为，比如雄性鸟类多彩的展示，可能引起性别特异性反应，从雄性的攻击展示到雌性的性兴趣提升。洛伦兹提出，在领地动物中，求偶行为可能让雄性竞争对手扩散到更大的领域，以此减少在求偶竞争中雄性间致命冲突的次数。在动物学家眼中，仪式化的概念和求偶与攻击紧密联系。

在牛津大学，动物学研究生通过分析不同物种的交配行为来确定仪式化在求偶过程中更普遍的作用。他们认为，在自然栖息地研究动物非常关键，能够帮助学者理解特殊的生态环境

---

[1] 参见尼古拉斯·廷伯根的文章：*Aggression and Fear in the Normal Sexual Behaviour of Some Animals*，巴黎，1961 年 2 月，廷伯根档案，MS Eng. C.3130, C.88, 尼古拉斯·廷伯根，NCUACS 27.3.91, OU– Bodleian；比尔的 Ethology, Part 1，p173。

[2] 参见尼古拉斯·廷伯根的文章：*Aggression and Fear in the Normal Sexual Behaviour of Some Animals* 中赫胥黎的评论。

[3] 动物行为学文献中关于仪式化更早期的讨论，参见 A. 大卫·布莱斯特的文章：*The Concept of'Ritualisation'*，收录于 *Current Problems in Animal Behaviour*，威廉·霍曼·索普和奥利弗·路易斯·赞格威尔主编（剑桥：剑桥大学出版社，1961）。另参见尼古拉斯·廷伯根的文章：*'Derived' Activities: Their Causation, Biological Signifi cance, Origin, and Emancipation during Evolution*，刊登于 *Quarterly Review of Biology*，第 27 期（1952）。

让生物产生适应的行为特征[1]。然而，不是所有人都赞同这一点。廷伯根研究果蝇的团队坚持认为，对于“低级”动物如果蝇，“人造”环境不会对它们产生自然行为的能力造成任何影响。生物体的复杂性似乎决定了实验室环境和方法中“自然”的重要性。提供必要条件让动物在圈养时产生自然反应，当物种在进化树上爬高时，要求也会随之增加[2]。洛伦兹还贬低了实地研究的重要性，争辩说在半圈养环境中，他能观察到动物的所有自然行为并且更容易鉴定那些行为的功能。洛伦兹认为，半圈养为研究对象提供了自由，为研究者提供了方便，两者结合非常完美[3]。

20 世纪 50 年代早期，对动物行为感兴趣的英国动物学家认为他们的研究和美国的实验心理学存在巨大差异。在莱曼批评动物行为学研究方法之后，廷伯根，这位第二次世界大战后英国动物行为学研究的代表人物也开始摒弃洛伦兹支持的先天行为研究中严格的遗传方法[4]。20 世纪 50 年代后期到 20 世纪 60 年代，英国动物行为学家和美国心理学家的科研交流十分频

[1] “为了正确认识某个行为，我们必须理解它在动物生命中的功能以及在动物所有行为合集中的地位。这要求我们尽可能在自然环境中研究动物，或者在不掩饰行为生物相关性的环境下进行。参见 *Ethology: The Zoologist's Approach to Behaviour, Part 1*（1963），p171。

[2] 参见约翰·K. 考夫曼和阿琳·考夫曼的论文：*Some Comments on the Relationship between Field and Laboratory Studies of Behaviour, with Special Reference to Coatis*，刊登于 *Animal Behaviour*，第 2 期（1963），p464。

[3] 参见 *Ethology, Natural History, the Life Sciences, and the Problem of Place*（1999），p501。另参见 *The Comparative Method in Studying Innate Behaviour Patterns*（1950），p234–235。

[4] 参见小理查德·W. 伯克哈特对于该方面动物行为学研究的更广泛讨论，如他的著作：*Patterns of Behavior: Konrad Lorenz, Niko Tinbergen, and the Founding of Ethology*（2005），p384–403。

繁。然而在大众媒体上，动物行为学中早期关于人和动物行为的许多理论假设（已经受到研究者质疑）仍然在继续传播。

花亭鸟：动物行为学和非动物行为学理论

在廷伯根来到英格兰之前，英国的动物学家如朱利安·索莱尔·赫胥黎、威廉·霍曼·索普（William Homan Thorpe）和大卫·拉克（David Lack）等人一直在积极地推动动物行为研究成为生物科学中的一门学科。作为剑桥大学动物行为研究分部的创始人，索普曾评价说："从动物学家的眼光看，动物行为学的产生是对过去一个世纪动物行为众多不置可否事件形成的反应。动物行为学强调客观性代表了自然历史一个主要部分的科学重生[1]。"到了1950年，虽然赫胥黎不再活跃于一线研究，但他始终同研究进化和行为的学者们保持联系。其中，来自澳大利亚的艾伦·约翰·马歇尔1946年9月来到英国，时年35岁，正在牛津大学动物学系攻读博士学位。

马歇尔最终在牛津大学获得了哲学和科学双博士学位，他的大部分研究集中在花亭鸟的生殖行为和生理方面。对早期研究动物行为的学生来说，雄性的花亭鸟是聪明的审美家——在艺术家特质的驱动下，它们用富有色彩的花、贝壳和布料碎片等材料精心装饰交配场地[2]。对于追寻专业解释的动物学家来说，这种基于审美的解释很难令人接受——这同样适用于雌性选择。

[1] 参见威廉·霍曼·索普的论文：*Comparative Psychology*，刊登于 *Annual Review of Psychology*，第12期（1961）。

[2] 雌性花亭鸟观察雄鸟完工后的巢穴，根据雄鸟的行为展示和建筑技巧选择一个合适的配偶。

马歇尔的研究工作为花亭鸟的行为提供了一个进化角度的解释，通过将花亭鸟的行为视为对当地环境条件的适应避免了天真的拟人化。

马歇尔绝对不是一个平庸的学生。15 岁那年，他在摆弄猎枪时打掉了自己的左臂。后来他常常打趣道："没有必要拥有两条手臂，还不如留下空间给一个额外的生殖器官[1]。"从 1929 年开始，由于澳大利亚经济萧条，年满 18 周岁的马歇尔没能找到工作。他花了 4 年时间跳"响尾蛇"（货运列车）——用右手抓住移动中的车把手，带动身体一起搭上火车。1933 年，他再次来到悉尼，尝试通过澳大利亚博物馆的关系寻求工作机会。马歇尔说服了牛津大学教授约翰·伦德尔·贝克（John Randall Baker）让他去新赫布里底（瓦努阿图）协助研究当地高价值杂交猪。体现雌雄不同特征的外生殖器以引人遐想的名字而闻名，如发芽的椰子、合缝、果蝠、大鼠和蠕虫[2]。在新赫布里底工作时，马歇尔为悉尼博物馆收集标本，替新几内亚的牛津探索俱

---

[1] 参见简·马歇尔的著作：*Jock Marshall: One Armed Warrior*，*ASAP* 网页上的澳大利亚科学档案项目，1998，网址 www.asap.unimelb.edu.au / bsparcs / exhib / marshall/marshall.htm.

[2] 参见简·马歇尔的著作：*Jock Marshall: One Armed Warrior*，*ASAP* 网页上的澳大利亚科学档案项目，1998 年，网址 www.asap.unimelb.edu.au / bsparcs / exhib / marshall/marshall.htm. 另参见第 3 章 *From the Fringe to the Centre*. 简·马歇尔离开新赫布里底继续前往新几内亚，为悉尼博物馆采集样本。对于这段新赫布里底 – 新几内亚的研究旅途有很多记载，由马歇尔及他的合作者（汤姆·哈里森和约翰·伦德尔·贝克）记录。参见约翰·伦德尔·贝克的著作：*Man and Animals in the New Hebrides*（伦敦：Routledge, 1929）；*Scientific Results of the Oxford University Expedition to the New Hebrides 1933-34*（牛津：牛津大学探险俱乐部，1951）。参见汤姆·哈里森的著作：*Savage Civilization*（伦敦：Victor Gollancz, 1937）。另参见艾伦·约翰·马歇尔的著作：*The Men and Birds of Paradise: Journeys through Equatorial New Guinea*（伦敦：William Heinemann, 1938）。

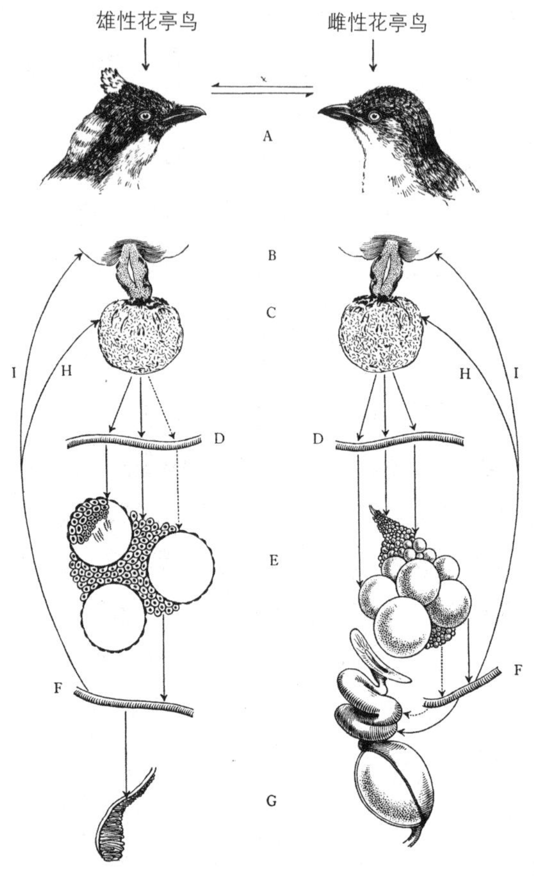

马歇尔认为花亭鸟的性行为（争斗，性展示，发现并争取配偶，筑巢以及交媾繁殖）是对环境刺激的反应。（A）释放化学递质，作用于下丘脑（B）。下丘脑和脑垂体（C）相连，指导了雌雄鸟类双方的性器官发育（D，E，F，G）。换句话说，性器官的季节性成熟和花亭鸟复杂的求偶行为都可以解释为对环境因素的机械反应。性激素（雌激素和雄激素）也能反馈调节性发育（由脑垂体控制，I），激发大脑产生天生的行为模式（H）。摘自艾伦·约翰·马歇尔的著作：*Bower Birds：Their Displays and Breeding Gycles*，*a Preliminary Statement*（《花亭鸟：它们的展示和繁育周期，初步探究》，牛津：Clarendon Press，1954），p8–9，牛津大学出版社授权。

乐部写作，并为筹集研究经费在英国花了数年时间讲学。这些经历让他最终决定进入学术界。在经历结婚、获得悉尼大学学士学位以及在第二次世界大战期间担任澳大利亚部队情报官之后，马歇尔来到了牛津大学。此时已经离婚的他急切地想开始他的研究❶。

花亭鸟的求偶行为是动物王国中仅存的为数不多的唯美主义堡垒之一。雄性花亭鸟用小树枝建造的交配场地称为凉亭，它们用彩色的物品进行装饰——每个物种有其偏好的颜色。如缎蓝花亭鸟偏爱宝蓝色的物品，会收集使用从花瓣到鸟类羽毛在内所能找到的一切材料。1944 年，诺曼·查弗撰写的文章对雄性行为的潜在功能进行描述，文章写道："……远远超出了实际的功能性用途。"在观察完雄性花亭鸟建造和装饰它们的交配场地后，查弗接着在文章中写道："毫无疑问，它们通过这样的行为获得了极大的满足和愉悦❷。"这种娱乐和审美满足让花亭鸟与众不同且具异域风采（它们的栖息地局限在西南太平洋地区）❸。然而，对于动物行为学家来说，娱乐不是一个可接受的进化原因。

马歇尔在 1954 年出版的《花亭鸟：它们的展示和繁育周期，初步探究》一书中构建了他的大体概念框架，这源自他的专业朋

---

❶ 参见简·马歇尔的著作：*Jock Marshall: One Armed Warrior*，*ASAP* 网页上的澳大利亚科学档案项目，1998，网址 www.asap.unimelb.edu.au / bsparcs / exhib / marshall/ marshall.htm.

❷ 参见诺曼·查弗的论文：*The Spotted and Satin Bower- Birds: A Comparison*，刊登于 *Emu*，1944，p179–180。

❸ 参见恩斯特·迈尔和 E. 托马斯·吉拉德的论文：*Birds of Central New Guinea*，刊登于 *Bulletin of the American Museum of Natural History*，第 103 期（1954）。

友圈[1]。他和牛津大学其他的动物学家有一个共识，即交配展示是一个信号装置，是成功交配必要的前兆。马歇尔的官方身份通过与他同名的外部审查员 F.H.A. 马歇尔（1949 年去世，同年马歇尔获得哲学博士学位）以及他的导师细胞学家约翰·伦德尔·贝克同生殖科学联系在一起[2]。在 1947 年 BBC 的广播报道中，马歇尔提到了 F.H.A. 马歇尔的主张，他说道："展示是雌雄间的互相刺激，所有在我们看来怪异的舞蹈、姿态和装腔作势都能同等地展现鸟类的生理地位，因此可以保证它们交配的后代是可育的，这是家庭共同（选择）的结果[3]。" 1949 年廷伯根来到牛津大学时，他和马歇尔开始探讨花亭鸟的行为[4]。从廷伯根那里，马歇尔几乎可以肯定花亭鸟精致的求偶场地源于一个替换行为，该行为导致它们过度夸张的筑巢行为[5]。

---

[1] 参见《花亭鸟：它们的展示和繁育周期，初步探究》（1954）。

[2] 关于 F. H. A. 马歇尔在英国生殖科学领域的地位，可参见阿黛尔·克拉克的论文：*Reflections on the Reproductive Sciences in Agriculture in the UK and US, ca.* 1900 - 2000+，刊登于 *Studies in the History and Philosophy of Biology and the Biomedical Sciences*，第 38 期（2007）。关于约翰·伦德尔·贝克对生殖生理的兴趣以及他备受争议的种族方面的论文，参见迈克尔·G. 肯尼的文章：*Racial Science in Social Context: John R. Baker on Eugenics, Race, and the Public Role of the Scientist*，刊登于 *Isis*，第 95 期（2004）。最初，艾伦·约翰·马歇尔对约翰·伦德尔·贝克充满感激，并于 1952 年请求贝克支持他申请雷丁大学动物学系主任。但是在给大学的评估报告中，贝克不仅提到了马歇尔的离婚，对他的道德品质提出疑问，还质疑他作为动物学家受过的专业训练。这件事破坏了他们的职业友谊。参见简·马歇尔的著作：*Jock Marshall: One Armed Warrior*，*ASAP* 网页上的澳大利亚科学档案项目，1998，第 14 章：*Bower Birds, Books and People.*

[3] 参见艾伦·约翰·马歇尔的文章：*The Bower-Bird*，刊登于 *Pacific Service of the BBC*，BBC 电台，1947 年 5 月 9 日，5:15 - 5:30 a.m. GMT。副本存档于马歇尔档案中，Series 16, box 51, file 5, MS 7132，澳大利亚国家图书馆，堪培拉（此后为 NLA）。

[4] 参见《花亭鸟：它们的展示和繁育周期，初步探究》（1954）。

[5] 参见艾伦·约翰·马歇尔的论文：*Bower Birds*，刊登于《科学美国人》，第 6 期（1956），总第 194 期，p52，以及他的著作《花亭鸟：它们的展示和繁育周期，初步探究》（1954）。

朱利安·索莱尔·赫胥黎是马歇尔的良师益友，他们经常在一起讨论马歇尔的研究工作。虽然他们早年间曾见过（20世纪30年代马歇尔曾在英国讲学），但两人的友谊真正建立于1947年，当时赫胥黎的儿子（弗朗西斯）随同马歇尔一起主导了牛津大学在挪威海岸外简梅耶岛的探险研究工作[1]。20世纪50年代，马歇尔在撰写《花亭鸟：它们的展示和繁育周期，初步探究》一书时与赫胥黎住得很近，两人就花亭鸟的行为进行了深入的讨论[2]。马歇尔对于性选择的看法在很大程度上受到了这些谈话的影响。他赞同赫胥黎的观点，即雄性展示的功能是增强雌性的性兴奋，而不能被认为是具有审美的性选择，因为最低程度的性兴奋是成功交配的必要前兆[3]。如果缺少了必要的仪式行为，正确的配子结合就不会发生，个体也无法进行繁殖。赫胥黎声称是自然选择而非性选择决定了最具吸引力的雄性特征，即便在少数情况下性选择发挥了作用，那也是通过雄性间的竞争，而不是雌性的偏好选择。

就马歇尔而言，他对花亭鸟的特殊行为和内在的生殖生理之间可能存在的联系着迷。马歇尔在书中提到，性选择可能以

---

[1] 朱丽叶·赫胥黎（朱利安·索莱尔·赫胥黎的妻子）在艾伦·约翰·马歇尔去世后，写给简·马歇尔的信中说："你问我有关艾伦的回忆，其中有一件事是我终生难忘的。当时弗朗西斯在巴西的时候，有天晚上他顺道拜访我们，我非常担心，因为有段时间没有他的消息了。艾伦和弗朗西斯曾在扬马延岛相处得非常愉快。他说道，'不要担心那个家伙，夫人。他肯定没事的。'这就是艾伦，他总是积极乐观，待人热心。"参见朱丽叶·赫胥黎写给简·马歇尔的信，1969年10月8日，马歇尔档案，Series 6, file 44, MS 7132, NLA.

[2] 同[1]。

[3] 参见《达尔文的性选择理论及其包含的数据》（1938）。另参见 *Evolution: Essays on Aspects of Evolutionary Theory*（1938）中，朱利安·索莱尔·赫胥黎撰写的 *The Present Standing of the Theory of Sexual Selection* 部分内容。

某种形式发生了，花亭鸟通过展示增加其生存和繁殖机会——在生态多变的环境中让鸟类的性周期同步[1]。雄性花亭鸟的求偶和展示确立了配偶间的联系并让雌性个体在整个求偶周期都待在巢内。马歇尔把雄性夸张的筑巢行为归因于替换行为，即雄性花费数周的时间等待雌性在性方面准备就绪（能量积累导致替换行为）。马歇尔将夸张的求偶行为视作具有进化的功能意义，这一观点此前未受动物学研究者关注。

马歇尔否认娱乐和有意识审美是鸟巢装饰行为的主要原因，这赢得了同行对《花亭鸟：它们的展示和繁育周期，初步探究》一书的推崇。这本书受到好评是因为马歇尔提供了一种新方法来概念化这些不寻常鸟类的交配行为，即作为生态和行为仪式的结果，而非性欲望。几乎所有读者都会将马歇尔研究动物行为的科学方法和早期花亭鸟行为研究的拟人描述进行对比。伦敦的《每日电讯与晨邮报》赞扬了他拒绝花亭鸟具有审美娱乐的业余观点这一行为，称“马歇尔博士向利用这些神奇材料进行的诗歌写作倒了一盆冷水[2]”。随后动物行为学家的评论也认同了马歇尔“展示非娱乐”的理论。有人看了马歇尔著作后认为，关于花亭鸟“智力”和意识应用的观点必须与许多已被普遍接受的无意义观念一同被拒绝。它们展现了一个夸张的例子，显示本能模式可以启动和控制的行为的复杂性[3]。另一篇评论将马歇尔

---

[1] 参见《花亭鸟：它们的展示和繁育周期，初步探究》（1954），p69–71。

[2] 参见 *Daily Telegraph and Morning Post*（伦敦）的综述，1954 年 12 月 4 日，p6；马歇尔档案，Series 4, file 22, MS 7132, NLA.

[3] 参见 *Biology*，M.G.B 审核，1955 年 6 月；存于马歇尔档案的副本，Series 15, file 3, MS 7132, NLA.

严谨的科研分析和之前“无意义的拟人化”进行了对比[1]。在他的生物学家朋友看来，马歇尔成功地用本能和性需求代替智力和诗歌来解释花亭鸟的行为。马歇尔对自然选择和雄性间竞争（而非雌性选择）的依赖让他避免讨论潜在的拟人化行为。

马歇尔对花亭鸟行为的解释也强调了求偶行为的进化原因。通过将确保正常生育的求偶行为重新认定为相互刺激，马歇尔回避了雌性选择如何影响改变雄性行为或外表的讨论。尽管所有后续关于花亭鸟行为的研究都遵循了马歇尔“展示非娱乐”的说法，但是雌性选择作为一个可行的解释终会回归。包括AMNH 的 E. 托马斯・吉拉德在内的部分学者认为鸟巢的结构是雄鸟的身体延伸，用来吸引雌鸟。吉拉德注意到鸟巢结构越复杂的物种，不同性别的身体差异就越不明显，他进而说道：“我相信这些鸟类性选择的力量被转移了，从形态特征——雄性羽毛——到外在的物品，这种‘转移效应’……也许是进化出更复杂花亭鸟的关键因素[2]。”吉拉德认可雌性选择是一种进化机制，完全不在乎非人动物“选择”的潜在拟人含义。

即便马歇尔不是动物行为学家，但他还是从牛津大学的动物行为学界汲取思想，形成了他自己对行为演化的看法。在雌性选择理论中，个体的求偶行为可以反馈并且影响进化过程。马歇尔在他的花亭鸟进化理论中陈述的都是自然选择控制的行为，没有给雌性选择留下任何位置。

---

[1] 参见 L. 哈里斯・马修的论文。刊登于《自然》，175 卷，4457 期，1955 年 4 月 2 日；马歇尔档案的副本，Series 15, file 3, MS 7132, NLA.

[2] 参见 *Birds of Paradise and Bower Birds*（1969），p55.

果蝇：昆虫模型中的仪式化求偶

第二次世界大战后的数十年间，另一种对生殖行为研究贡献巨大的模式生物是果蝇（Drosophila），这项研究是在牛津大学廷伯根的名义指导下进行的。由于廷伯根更喜欢野外实地研究，所以他在实验室里从事果蝇研究的学生会或多或少地独立工作。这些学生会广泛咨询动物学家和遗传学家的意见来指导课题研究[1]。他们在实验室开展研究工作，从标准化养殖种群中获得研究对象，用显微镜进行观察，有时还进行侵入性手术，这些都是为了理解果蝇的“自然”行为。和其他同时期的动物学家一样，廷伯根的学生认为这种环境下的果蝇行为是自然的，因为昆虫的大脑非常简单。他们认为果蝇无法察觉自身处于人工环境中，因此它们在显微镜下或在树叶间的行为表现不会有明显差异。对有些遗传学家而言，果蝇是标准化的实验室工具以及一种有生命的黑匣子[2]，但对玛格丽特·博斯托克和奥布里·曼宁而言，果蝇只是另一种自然生物。相比于研究其他动物的同事，也许研究果蝇行为的动物学家不太关心远离拟人化这个问题。果蝇学家能够自由地研究雌性交配偏好问题以及那些偏好的身体和生理基础，而其他动物学家，如研究更具魅力的花亭鸟的马歇尔，则无法做到这一点。

对果蝇交配行为进行动物行为学分析的最初灵感来自一个

---

[1] 参见 *The Ontogeny of an Ethologist*，p291。另参见 *Niko's Nature: The Life of Niko Tinbergen and His Science of Animal Behaviour*（2003）.

[2] 参见 *Lords of the Fly: Drosophila Genetics and the Experimental Life*（1994）.

意想不到的源头——动物学家恩斯特·迈尔。迈尔是 20 世纪伟大的进化生物学家的代表。1949 年，他还只是在 AMNH 刚刚进入果蝇研究工作的知名动物学家[1]。那一年，迈尔在写给洛伦兹的信中说道："您可能会觉得有趣，我最近也在研究动物心理。但是，我用的是果蝇而非鸟类。事实上，两者的差异没有您想象得那么大[2]。"迈尔还给廷伯根寄去了一系列信件，赞美果蝇作为理想模型研究物种识别动力学的优点。实际上，迈尔在信中提及了果蝇的唯一缺点，他说道："它们太小了，但我们能在双目显微镜下对它们进行研究，因此这个缺点显得微不足道[3]。"

迈尔进行了数个最早期的实验确定雌性果蝇交配识别身体基础[4]。他猜测，果蝇的雌性选择可能基于嗅觉线索。果蝇的触角含有嗅觉器官。迈尔通过手术移除雌性果蝇的触角，观察其

---

[1] 1948 年，迈尔创立了刊物 *Evolution* 并大受欢迎，巩固了自己作为 20 世纪中期进化理论核心人物的声誉。参见 *Common Problems and Cooperative Solutions: Organizational Activity in Evolutionary Studies*（1993）及 *Ernst Mayr as Community Architect: Launching the Society for the Study of Evolution and the Journal Evolution*（1994）. 参见恩斯特·迈尔的著作:《动物物种与进化》(剑桥，马萨诸塞：哈佛大学出版社 / 贝尔纳普出版社，1963);《生物学思想发展的历史》(剑桥，马萨诸塞：哈佛大学出版社 / 贝尔纳普出版社，1982)。参见《综合进化论》(1980)。另参见 *Disciplining Evolutionary Biology: Ernst Mayr and the Founding of the Society for the Study of Evolution*（*1939 - 1950*）及 *Organizing Evolution: Founding the Society for the Study of Evolution*（*1930 - 1950*），刊登于 *Journal of the History of Biology*，第 27 期(1994)。

[2] 参见迈尔写给洛伦兹的信，1949 年 11 月 10 日，恩斯特·迈尔档案，HUGFP 14.7, box 7, folder 326, General Correspondence，1931–1952 年，哈佛大学档案馆，剑桥，马萨诸塞(此后为 HU)。

[3] 参见迈尔写给廷伯根的信，1945 年 12 月 20 日，恩斯特·迈尔档案，HUGFP 14.7，box 4，folder 160，*General Correspondence*，1931 - 1952，HU.

[4] 参见恩斯特·迈尔的论文：*Experiments on Sexual Isolation in Drosophila. VI. Isolation between Drosophila pseudoobscura and Drosophila persimilis and Their Hybrids*，刊登于 *Proceedings of the National Academy of Sciences of the United States of America*，第 32 期(1946)，第 3 卷；*The Role of Antennae in the Mating Behavior of Female Drosophila*，刊登于《进化》，第 4 期(1950)，第 2 卷。

在嗅觉缺失的情况下是否还具有区分雄性个体的能力。答案显示，她们确实没有。在实验中，迈尔将缺少触角的雌性果蝇与两类不同物种的雄性果蝇放在同一试管内让她们以相等比例与那两种雄性交配[1]。迈尔最初假定，如果缺少触角的雌性果蝇不能通过气味分辨两类不同物种的雄性果蝇，那么这种操作应该会增加雌性对雄性的接受度。然而，他发现事实正相反：雌性果蝇在缺少触角后交配意愿也随之下降。当迈尔确认自己无法在冷泉港继续他的果蝇暑期研究后，他向廷伯根建议安排人手继续研究果蝇的交配行为。“我非常希望，”他恳请道，“有一个合格的人，比如你的学生，对这项工作感兴趣并继续研究[2]。”

不到一年，廷伯根就有了一个致力于研究果蝇交配行为的学生——玛格丽特·博斯托克[3]。随后，奥布里·曼宁也加入博斯托克的研究中。最后，廷伯根写信给迈尔，说道：“你对果蝇孜孜不倦的探究已经发挥了作用[4]！”到了1960年，博斯托克和曼宁结婚后搬到了爱丁堡。在爱丁堡大学，他们建立了一个新的动物行为学研究中心，聚焦于行为的遗传学基础，这也意味着廷伯根在牛津大学指导的果蝇研究基本结束了。廷伯根本人从未对果蝇的机制研究有特别的兴趣，他更感兴趣的是野外

---

[1] 参见 *The Role of Antennae in the Mating Behavior of Female Drosophila*（1950），p153。

[2] 参见迈尔写给廷伯根的信，1949年9月12日，恩斯特·迈尔档案，HUGFP 14.7, box 6, folder 313, *General Correspondence*, 1931–1952, HU.

[3] 参见马修·科博的论文：*A Gene Mutation Which Changed Animal Behaviour: Margaret Bastock and the Yellow Fly*，刊登于 *Animal Behaviour*，第74期（2007）。

[4] 参见廷伯根写给迈尔的信，1957年3月19日，恩斯特·迈尔档案，HUGFP 14.17, 文件：廷伯根，尼古拉斯1955–1959年，康拉德·洛伦兹和尼古拉斯·廷伯根，1953–1982，HU.

实地考察[1]。当博斯托克和曼宁去爱丁堡时，他们也带走了如何饲养果蝇及观察果蝇交配行为的独门诀窍。对廷伯根而言，他们的离开让牛津大学训练果蝇研究的新人变得极其困难。因此，所有对动物行为学及果蝇行为感兴趣的研究生都会选择去爱丁堡大学和曼宁合作。

当博斯托克和曼宁在牛津大学工作时，事实证明，关于果蝇交配行为的研究成果极其富有成效。曼宁提出了果蝇作为动物行为学研究理想模型的两个原因。首先，动物行为学家很容易发现“昆虫从本能行为的丰富天赋中学习的效果有限”，这让果蝇成为研究行为演化的完美对象；其次，果蝇展现出极其精妙的求偶展示并且是“行为演化所有主要特征”的典范[2]。1958—1975 年间，动物行为学杂志 *Animal Behavior*（《动物行为》）刊发了 33 篇关于果蝇行为的研究论文，如此频率也证明了动物行为学家接受了果蝇作为值得他们关注的生物[3]。尽管果蝇通常和标准化实验室研究联系在一起，但对于动物行为学家来说，果蝇也不再是陌生的话题。

廷伯根研究团队利用果蝇研究回应莱曼在 1953 年对行为本能基础的批评。博斯托克在 1956 年的论文 *A Gene Mutation Which Changes a Behavior Pattern*（《改变行为模式的一个基因突

---

❶ 参见克劳丁・佩蒂特对（本书）作者的采访，2003 年 12 月。另参见 *Patterns of Behavior: Konrad Lorenz, Niko Tinbergen, and the Founding of Ethology*（2005），p334–337。

❷ 参见奥布里・曼宁的文章：*Drosophila and the Evolution of Behavior*，p128。

❸ 当时动物行为学三大期刊：《动物行为》（牛津）、《动物心理学》（柏林）和《行为》（荷兰莱登）。相比于《动物行为》上刊发的 33 篇果蝇行为研究论文，三种期刊刊发海鸥行为研究的论文共计 12 篇，螃蟹 13 篇，猫 11 篇，刺鱼 11 篇。

变》）中提出，虽然动物行为学家相信行为特征的进化方式和身体特征一样，但是除非有人能证实行为变异存在遗传基础，否则上述观点仅仅是个猜想[1]。博斯托克的研究显示，遗传突变导致部分果蝇群体出现"黄色"表型与交配行为异常相关，具体来说是在求偶舞蹈过程中翅膀振动的频率和持续时间不同。博斯托克认为，上述基于遗传的行为差异也许是两个群体间生殖隔离形成过程的第一步[2]。博斯托克的论文给动物行为学家提供了实验基础，提示其他生物的行为特征也能遗传，因此也受自然选择的影响。一些动物学家引用了博斯托克的论文作为遗传差异可能影响许多行为模式的证据。这篇论文被发展迅速的行为遗传学界（第 5 章介绍）热情接纳[3]。

在去牛津大学之前，曼宁在伦敦学院大学获得了学士学位。在那里，他和群体遗传学家 J.B.S. 霍尔丹一起工作，并和霍尔丹的学生约翰·梅纳德·史密斯（John Maynard Smith，1920—2004）成为好友。当曼宁离开伦敦去廷伯根实验室进行论文研究时，梅纳德·史密斯和霍尔丹一起继续研究果蝇的求偶行为。虽然各自对果蝇求偶的解读差异很大，但是梅纳德·史密斯、曼宁和博斯托克通过在整个职业生涯中分享想法维持了

---

[1] 参见玛格丽特·博斯托克的论文：《改变行为模式的一个基因突变》，刊登于《进化》，第 10 期（1956），p421。

[2] 同[1]。另参见赫尔曼·T. 斯皮斯的论文：*Mating Behavior within the Genus Drosophila (Diptera)*，刊登于 *Bulletin of the American Museum of Natural History*，第 99 期（1952）。作者在第 3 章提到，博斯托克的论述印证了雌性交配行为作为物种身份问题的重要性。其他参见 *Behavior and Speciation in Birds and Lower Vertebrates*（1959）.

[3] 参见 *A Gene Mutation Which Changed Animal Behaviour: Margaret Bastock and the Yellow Fly*（2007）. 另参见亚瑟·尤因和奥布里·曼宁的论文：*The Evolution and Genetics of Insect Behaviour*，刊登于 *Annual Review of Entomology*，第 12 期（1967）。

他们的友谊[1]。

梅纳德·史密斯早期的研究将部分雄性果蝇无法成功生殖归因于运动能力下降导致无法进行交配舞蹈，即不成功的雄性果蝇无法为雌性个体提供足够的刺激诱导她进行交配——他们尽了最大努力，但还是失败了。这不是雄性动机的问题，而是能力缺失。他后来打趣说，幸好人类的求偶方式不一定相同，否则他应该还是单身[2]！此外，部分雄性果蝇无法获得配偶是因为雌性个体偏爱超出必要程度的夸张信号。在对拟暗果蝇求偶舞蹈的分析中，梅纳德·史密斯对于有选择意愿的雌性果蝇列出了3种生殖优势（他并不认为这些优势是相互排斥的）：（1）挑剔性可以确保雌性果蝇与本物种的雄性个体交配；（2）挑剔性可能会增加可以与优秀雄性个体交配的潜在雌性伴侣的数量；（3）挑剔性可以帮助雌性寻找一个高质量配偶一起繁衍更多的子代（与低质量配偶相比）。这些挑剔雌性的优势（功能）提示了雌性果蝇不仅能够通过区分同种雄性和异种雄性的能力获利，

[1] 约翰·梅纳德·史密斯发表了两篇关于果蝇遗传学和细胞学的论文，主要源自伦敦遗传学家的通力合作。参见 *The Genetics and Cytology of Drosophila subobscura*，1–11节，1945—1955年刊登于 *Journal of Genetics*，主要包括 J.M. 克拉克和约翰·梅纳德·史密斯撰写的论文：*XI. Hybrid Vigor and Longevity*，第53卷（1955）；约翰·梅纳德·史密斯和 S. 梅纳德·史密斯撰写的论文：*VIII. Heterozygosity, Viability and Rate of Development*，第52卷（1954）；J. M. 伦德尔撰写的论文：*II. Normal and Selective Matings in Drosophila subobscura*，第46卷（1945）。

[2] 交配舞蹈首先由雌性展示一系列快速的左右移动，雄性必须跟着模仿，如果他跟不上，那么雌性个体就不会与之交配。参见约翰·梅纳德·史密斯的论文：*Fertility, Mating Behavior, and Sexual Selection in Drosophila subobscura*，刊登于 *Journal of Genetics*，第54期（1956），p276。史密斯在一次作者采访时评价了能力缺失的雄性。2003年12月，他对人类求偶的玩笑被保罗·埃里克森在其著作：*The Politics of Game Theory: Mathematics and Cold War Culture, 1944 - 1984*（威斯康星大学博士论文集，2006），第5章 *The Cold War in Nature* 中引用。

还能通过察觉同种雄性之间细微差异的能力获利[1]。

曼宁顺着迈尔的前期研究继续深入。他把雄性果蝇的求偶行为描述为天然的固有刺激，忽视梅纳德·史密斯关于果蝇交配选择功能的相关看法。曼宁认为当前的问题是：在吸引雌性配偶时，部分雄性果蝇如何（身体基础是什么）以及为什么（理论）会优于其他同伴？关于雌性对雄性刺激的感知，他有另外的看法，即雌性不是挑剔，只是求偶信号中断了。通过探索果蝇交配行为的直接生理机制，曼宁试图揭示刺激是如何从一个果蝇（雄性）传递到另一个果蝇（雌性）进而引发行为反应的（交配）。动物学家相信大多数果蝇通过听觉进行交流（果蝇感知空气振动的能力）。因为两种感觉（触觉和听觉）都存在于触角中，所以曼宁（遵循迈尔的先例）移除了果蝇的部分触角以便具体研究触角的哪个部位负责个体间动作和气味的交流。虽然实验具有侵入性，但只要结合对由此产生的求偶行为的直接观察和分析，曼宁还是认为这些实验阐明了正常的交配行为。

群体遗传学家使用与动物行为学家博斯托克和曼宁不同的观察方法。1958 年，法国群体遗传学家克劳丁·佩蒂特（Claudine Petit）也在追踪迈尔的实验研究，试图在果蝇触角上找到负责雌性选择的功能区域。她在雌性黑腹果蝇身上进行了 4 个不同操作，分别移除了触角的不同区域。和迈尔一样，佩蒂特将手术后的雌性果蝇与雄性个体一同放入试管并等待 4 天（迈尔放了 2 天），随后观察哪个雌性果蝇最终受精。曼宁惊讶于迈

[1] 参见 *Fertility, Mating Behavior, and Sexual Selection in Drosophila subobscura*（1956），p275–276。

尔和佩蒂特都只计算了“成功”交配的百分比而没有观察求偶交配本身。曼宁认为这种技术方法对研究行为而言并不恰当，因为和雌雄个体一起待在试管的时间越长，雄性就会越绝望，最终会出现非自然的强制交配，从而影响实验结果[1]。曼宁的批评其实站不住脚，因为佩蒂特始终确信果蝇不会出现强制交配。她表示雌性黑腹果蝇有能力果断拒绝雄性个体，并且她们在拒绝时会将生殖道外翻[2]。而雄性在遇到上述行为时会立即停止求偶。虽然佩蒂特认为曼宁对其实验方法的评价是错误的，但她还是去了牛津大学学习博斯托克和曼宁研发并报道的直接行为观察的记录技术。

与此同时，曼宁重复了佩蒂特发表的所有实验内容。他观察交配中的果蝇，每对 15 分钟。如果在此期间雄性果蝇求偶并与雌性发生交配，便记录为“成功”[3]。曼宁发现触角的两个部分，即触索和端刺协同作用，响应空气中的振动而发生扭曲，刺激江氏器官（果蝇的耳朵）。迈尔认为果蝇会对其他个体的信息素气味产生反应，而曼宁的结论是：求偶过程中雄性果蝇翅膀的振动作为对雌性的身体刺激，增强了雌性的性兴奋。曼宁关于果蝇求偶的机理模型和迈尔的不同之处仅在于诱发雌性交配行

---

❶ 参见奥布里·曼宁的论文：*Antennae and Sexual Receptivity in Drosophila melanogaster Females*，刊登于《科学》*New Series*，第 158 期（1967），p136。

❷ 佩蒂特参访。类似的雌性拒绝雄性的现象在约翰·梅纳德·史密斯（不认为果蝇存在强制交配）接受采访时（2003 年 12 月）被提及。同样，在赫尔曼·T. 斯皮斯的论文：*Sexual Behavior and Isolation in Drosophila I. The Mating Behavior of Species of the willistoni Group*（刊登于《进化》第 1 期，1947）中也有阐述。

❸ 参见 *Antennae and Sexual Receptivity in Drosophila melanogaster Females*（1967），p136。

信号和广告。梅纳德·史密斯假设在某些情况下，鸟类羽毛的夸张程度已经远超种属识别的需要——即“信号”羽毛。例如孔雀的羽毛只能被解释为吸引雌性注意的“广告”。摘自约翰·梅纳德·史密斯撰写的文章 *Sexual Selection*，收录于 *A Century of Darwin*, S. A. 巴内特（S. A. Barnett）编著（伦敦：Heinemann, 1958），p231–244，插图 47，经 Elsevier 出版社授权。

为的刺激类型（听觉而非嗅觉）。天性谨慎的雌性个体需要刺激诱发交配，如果缺少这种刺激，雌性的交配数量就会急剧减少。博斯托克和曼宁通过建立上述果蝇的交配行为模型回避了梅纳德·史密斯关于挑剔雌性的概念，这也反映了他们的动物行为学背景。

基于部分博斯托克和曼宁的研究，廷伯根在他的课堂上指出，果蝇的求偶具有 6 种不同的仪式化功能[1]：它让雌性果蝇的外生殖器在交配时能够正确定向；它确保雌性果蝇在同一时间准备交配——同步化它们的性欲；仪式化的求偶行为能够促使雌雄双方进行交配而非攻击或者逃跑；种属特异性交配行为确保只有同种个体能被刺激交配；求偶行为通常采取预演父母的形式——建造巢穴；最后，交配行为能增强配偶间的纽带联系，这对于交媾发生之后继续进行的交配展示尤为重要[2]。在以上这些功能中，行为通过自然选择发挥作用。博斯托克、曼宁和廷伯根认为雄性求偶行为的功能不是为了说服雌性与其交配（就性选择而言），而是确保物种的适当繁殖（从自然选择的角度）。

1950—1965 年，动物行为学界的主要问题仍然是研究进化如何改变动物的可观察行为。果蝇可能由于其在遗传学研究领域的应用，也很快适用于动物行为学研究。博斯托克利用果蝇证明了求偶行为存在遗传学基础，这在其他动物模型中很难实现。曼宁则证明了刺激在诱使雌性交配中的重要性。一方面，动物学家很欣赏果蝇求偶过程中独特的非视觉线索，这很重要，他们相信这完全是基于本能；另一方面，对于行为的遗传基础尚不清楚的物种，果蝇可以作为它们的替代模型。

❶ 参见廷伯根的讲稿：*Animal Behaviour 1972 Lecture* 13: *Reproductive Behaviour*，廷伯根档案，MS Eng. C.3133, C.41，尼古拉斯·廷伯根，NCUACS 27.3.91, OU-Bodleian.

❷ 同❶。

仪式化的人类求偶

洛伦兹著作英文版的面世，如 1952 年的 *King Solomon's Ring: New Light on Animal Ways*（《所罗门王的指环》）和 1966 年的 *On Aggression*（《论攻击》），激发了整个行为学界的灵感——动物学家将他们不同的行为学框架应用于人类行为[1]。但这些图书都具有一定争议性。总有一些科学家和大众读者批评动物行为学家，指责他们在动物和人类之间轻率地摇摆[2]。廷伯根坚持动物行为学家应该光明正大地把他们的行为分析方法应用到人类身上，而不是（像心理学家）简单地把动物行为的研究结果套用到人类身上[3]。然而，即便这种动物学方法曾被德斯蒙德·莫里斯（Desmond Morris）1967 年出版的 *The Naked Ape: A Zoologist's Study of the Human Animal*（《裸猿》）明确采用，其仍具有争议性。一直以来，社会学家一直在打磨他们的职业身份、

---

[1] 参见康拉德·洛伦兹的著作:《所罗门王的指环》，玛乔丽·克尔·威尔逊译（纽约: Thomas Y. Crowell Co., 1952）。另参见《论攻击》（1966）。

[2] 当爱德华·奥斯本·威尔逊的《社会生物学: 新的综合》（剑桥: 哈佛大学 Belknap, 1925）出版后（主要是第 6 章），人类行为学受到了更严格的批评。如果读者普遍赞同人类天生好战的观点，他们就不太愿意承认人类行为能够类似地简化成为生物学术语。参见彼得·M. 德里弗的论文: *Toward an Ethology of Human Conflict*（主要是对于《论攻击》、罗伯特·阿德里的著作《非洲创世纪》和 *The Territorial Imperative*、克莱尔·拉塞尔与 W.M.S. 拉塞尔的著作: *Human Behavior: A New Approach* 的回顾），刊登于 *Journal of Conflict Resolution*，第 11 期（1967）。参见艾雷尼厄斯·艾布尔 – 艾贝斯费尔特的论文: *Human Ethology: Concepts and Implications for the Sciences of Man*（包含了评审意见和作者回复），刊登于 *Behavioral and Brain Sciences*，第 2 期（1979）。参见奥莉卡·舍格斯特尔的著作: *Defenders of the Truth: The Battle for Science in the Sociobiology Debate and Beyond*（牛津: 牛津大学出版社，2002）。

[3] 参见尼古拉斯·廷伯根的论文: *On War and Peace in Animals and Men*，刊登于 *Science*，第 160 期（1968），p160。

分析技术以及人类社会行为的研究理论，他们对这些闯入者（指的是动物行为学家）并不友好[1]。

第二次世界大战以后，动物学家积极追问是什么使我们成为人类的问题。非洲和南亚的去殖民化让越来越多的研究人和灵长类动物行为的动物学家能够更方便地进入自然实地环境[2]。对于研究人类社会行为进化的动物学家而言，没有比人类侵略更紧迫的问题了。当性关系和求偶行为的问题出现时，它们经常会和领土问题、冲突以及人类与生俱来的对自身种族发动战争和暴力的倾向相联系[3]。动物学家试图在不提及种族等级的情况下，将他们关于动物的知识转化成人类行为的信息来源。他们搜寻所有人类（有时包括人猿）社会共有的固定行为，包括领域行为、最优种群维持、进攻行为、支配和等级、联合行为、护幼行为、交配和配偶行为、仪式化展示、娱乐、群际关系以及交流体系等[4]。专注于人类行为的动物学家，可以将上述行为分析为适应（基于物种环境状况并随时间变化的遗传单位）并且假设这些行为在个体或所处群体生存中具有重要作用。

---

[1] 参见《裸猿》（1967）。社会学家对用动物学方法研究人类行为的不满情绪日益增加，最终被爱德华·奥斯本·威尔森的《社会生物学：新的综合》（1975）彻底激怒。

[2] 参见*Primate Visions: Gender, Race, and Nature in the World of Modern Science*（1989），第二部：*Decolonization and Multinational Primatology*.

[3] 我们知道部分蚁类物种会对其他蚁类物种发动灭绝战争，偷取其他物种的蚁卵培养奴隶，但在哺乳动物中，人类似乎是唯一自相残杀的物种。参见夏洛特·斯雷的著作：*Six Legs Better: A Cultural History of Myrmecology*（动物、历史、文化系列之一）（巴尔的摩：约翰霍普金斯大学出版社，2007）。

[4] 在护幼行为中，健康的个体会帮助生病或受伤的个体。参见莱昂纳尔·泰戈尔和罗宾·福克斯的论文：*The Zoological Perspective in Social Sciences*，刊登于*Man, New Series*，第1期（1966），p80。

在这个意义上，动物学家发现研究人类和分析其他动物一样简单——独特地适应其自然环境，展现出与其他物种相同的行为类型，即觅食行为、求偶行为和领域行为。然而，人类研究也存在一个方法学问题，即在自然条件下识别正常的人类行为。人类行为学家艾雷尼厄斯·艾布尔－艾贝斯费尔特（Irenaus Eibl-Eibesfeldt）主要在未被西方文明“触碰”过的文化中寻找人类本性。他推测在这样的文化中，人类生活在更接近早期原始人的自然条件下[1]。然而，艾布尔－艾贝斯费尔特还附加了一个条件：只有在不知道自己被研究观察时，人们才能展现自然行为[2]！他在摄影机上安装了一个特殊的侧镜头，保证他可以隐蔽地拍摄人们的行为。被观察对象会认为他是在正前方录制动作，而非在侧面。莫里斯对人类行为进行动物学分析时，研究对象基本上是英国伦敦人。相反，洛伦兹的研究对象覆盖了“文明人”和“克罗马努人”[3]。

仪式化的概念非常有效，它可以让动物行为学家寻找不同物种间行为的相似性。但是当行为学家用仪式化来描述人类的社交行为时，它便出现了问题[4]。1966年，朱利安·索莱尔·赫

---

[1] 参见 *Human Ethology: Concepts and Implications for the Sciences of Man*（包含了评审意见和作者回复，1979）。参见《爱与恨：行为模式的自然历史》（1970）。另参见艾布尔－艾贝斯费尔特和汉斯·哈斯的论文：*Film Studies in Human Ethology*，刊登于 *Current Anthropology*，第8期（1967）。

[2] 艾布尔－艾贝斯费尔特的朋友，人类行为学家汉斯·哈斯，赞同人类的社会行为必须在无干扰、不知情的情况下记录，才能被行为学研究采用。参见汉斯·哈斯的著作：*The Human Animal: The Mystery of Man's Behavior*，J. 马克斯韦尔·布朗约翰译（伦敦：Hodder and Stoughton, 1970）。

[3] 参见《所罗门王的指环》（1952），第13章：*Ecce Homo*。

[4] 参见 *The Concept of 'Ritualisation'*（1961）.

胥黎列举了动物仪式化的两个功能——交流和联合[1]。他认为为了交流，仪式化将个人情绪状态的复杂信息简化为几乎自动的反应，即行为反射。该反应信号的接收者可以瞬间解读。长时间的行为可以将两个个体联合在一起，此时，仪式化的信号会变得更加复杂和有时间延展性。动物行为学家将两种仪式应用于人类行为，常常（并非总是）将交流和领域攻击联系，将联合和求偶联系。

许多关于人类行为的动物学论文把人类的单独或协同攻击行为作为中心主题，认为是领土本能问题出了岔子。洛伦兹在《论攻击》一书中写道："现代武器能在远距离杀人，如此无情的效率让受害者失去提供仪式化投降信号的机会；技术进步已经超越了人类行为的进化[2]。……因此，人类和鸽子一样，当拥挤在一个笼子中时，会互相啄斗直至死亡[3]。"洛伦兹用富有文采的文字继续写道："在拥有原子弹和易怒人猿的脾气后，现代人类社会是一个已经完全失衡的系统[4]。"廷伯根赞同洛伦兹的基

---

❶ 参见朱利安·索莱尔·赫胥黎的论文：*Introduction: A Discussion on Ritualization of Behaviour in Animals and Man*，刊登于 *Philosophical Transactions of the Royal Society of London, Series B Biological*，第 251 期（1966）。

❷ 参见《论攻击》（1966），p236–275。如前所述，部分蚁类物种会对其他蚁类物种发动灭绝战争；参见 *Six Legs Better: A Cultural History of Myrmecology*（2007）。简·古道尔后来研究观察了黑猩猩群体间一场持续 4 年（1974—1978）的灭绝战争也许会改变上述观点。参见简·古道尔的著作：*The Chimpanzees of Gombe: Patterns of Behavior*（剑桥：哈佛大学出版社，1986）。

❸ 洛伦兹版本的该故事随时间一直在变化。最初他讲的是狼和兔子，几年后，当鸽子成为和平标志时，又变成了狼和鸽子。小理查德·W. 伯克哈特建议洛伦兹改编他的故事，以便引起读者最强烈的反应。参见 *Patterns of Behavior: Konrad Lorenz, Niko Tinbergen, and the Founding of Ethology*（2005），p452–456。

❹ 参见 *The Comparative Method in Studying Innate Behaviour Patterns*（1950），p229。

本观点，他认为文化的进化超过了人类社会的物质进化，人类需要克服自然天性才能生活在一个有序高产的社会中[1]。廷伯根比洛伦兹更乐观，他坚信人类和其他动物不同，因为人类展现出了非凡的能力，可以通过科学来改变环境条件以及生存选择压力，并且人类可以理解并学会控制自己的攻击性冲动[2]。同时，也有很多动物行为学家不太赞同洛伦兹的观点。如罗伯特·A.欣德认为，洛伦兹在撰写《论攻击》时忽视了行为学家过去 10 年关于“本能”研究提出的所有批评（尤其是莱曼 1953 年的批评），即行为不能被简单归类为“先天”或“习得”，攻击性不是作为本能驱动在个体中自发产生的，动物和人类的“攻击”存在不同的现象。剧作家罗伯特·阿德里（Robert Ardrey）撰写了一本和《论攻击》观点类似的书 *African Genesis*（《非洲创世纪》，1961），描述了古人类学家雷蒙德·达特（Raymond Dart）的研究成果。阿德里认为在弗洛伊德的传统观念中，人类是在杀戮中诞生的（1968 年斯坦利·库布里克导演的电影：《2001 太空漫游》）。《非洲创世纪》的一位特别有洞察力的读者指出，把领土的侵略和防御作为人类身份的基础似乎是对“共产主义社会”的一个诅咒，因为它违反人的自然天性[3]。

然而，在艾布尔－艾贝斯费尔特对于人类天性的描述中，

---

[1] 参见艾希莉·蒙塔古主编的 *Man and Aggression*（牛津：牛津大学出版社，1968）。

[2] 参见 *On War and Peace in Animals and Men*（1968），p1414。

[3] 参见罗伯特·A. 欣德的论文：*Nature of Aggression*，刊登于 *New Society*，第 9 期（1967）。参见罗伯特·阿德里的著作：《非洲创世纪》（纽约：Atheneum，1961）。参见纳丁·魏德曼的 *Popularizing the Ancestry of Man* 和 *Ardrey, Dart, and the Killer Instinct*（未发表手稿）。另参见 J. E. 哈维尔的 *Review*（《非洲创世纪》回顾），刊登于 *American Anthropologist*，第 66 期，（1964）。

爱（以求偶的形式）和攻击性一样重要。艾布尔－艾贝斯费尔特强调了交流在驱动鸟和人类求偶仪式进化过程中的重要性。他声称，雄性孔雀夸张的尾巴颜色源自“食物诱惑行为”逐渐演化出来的一种仪式化表现。他的依据是：雄性通过在雌性面前抓地以吸引她的注意力，雌性孔雀随后前来寻找食物，不知不觉中来到“雄性尾巴形成的凹面镜的焦点处”。对艾布尔－艾贝斯费尔特而言，这种仪式化求偶的效果是在动物个体之间传递情绪状态，以此暗示它们的交配兴趣。同样，他认为人类的行为也属于“仪式”，因而他们的“哑剧般的动作”也变得更加简单和夸张[1]。艾布尔－艾贝斯费尔特特别痴迷于女性用眼睛调情的方式，他描述了在多种文化中，女性会以迷人的眼神看着她喜爱的对象，如果碰巧与对方眼神相遇，她会迅速移开视线，然后象征性地离开现场并继续捕捉对方的目光。艾布尔－艾贝斯费尔特从动物到人类的概括能力决定了其感兴趣的人类行为，但这也限制了他在选择调查仪式化自动反应时的人类行为范围。艾布尔－艾贝斯费尔特的好友、人类行为学家汉斯·哈斯（Hans Hass），注意到人类求偶时男女角色的类似差异，他总结道：“对于男性，好斗的情绪增强了性欲望，而恐惧会让其消失。对于女性，好斗会减少性意愿，而恐惧会加强它[2]。”哈斯明确地将男性攻击和性动机联系起来，即男性追求，女性退却。而交配

[1] 参见罗伯特·A. 欣德的论文：*Nature of Aggression*，刊登于 *New Society*，第 9 期（1967）。参见罗伯特·阿德里的著作：《非洲创世纪》（纽约：Atheneum, 1961）。参见纳丁·魏德曼的 *Popularizing the Ancestry of Man* 和 *Ardrey, Dart, and the Killer Instinct*（未发表手稿）。另参见 J. E. 哈维尔的 *Review*（《非洲创世纪》回顾），刊登于 *American Anthropologist*，第 66 期，（1964）。

[2] 参见 *The Human Animal: The Mystery of Man's Behavior*（1970），p75。

的“选择”从来没有被提及，即便在人类求偶过程中[1]。

廷伯根的学生德斯蒙德·莫里斯出版了几本关于人类行为的畅销书，其中包括《裸猿》(1967)。在书中，他强调性在定义人类中的重要性[2]。在《裸猿》中，莫里斯试图从刚到地球的火星人的角度来研究分析人类物种。书中关于性行为的篇幅较长，莫里斯认为人类的性伙伴关系是现代社会合作最初的源泉，即从家庭层面开始仪式化的联合，随着进化时间的推移，逐渐扩展到非亲属。基于对英国民众的观察研究，莫里斯将人类描述为“最性感”的人猿，同时指出，作为一个物种，人类比其他的猿类更频繁地进行愉快的性互动[3]。莫里斯认为，因为更加频繁地参与性互动，人类比其他猿类具有更多的利他性。他还提到一夫一妻制的人类社会团体更倾向于压制团体内部的攻击性，因此也更能成功地将那些精力转移到其他有用的地方，如经济建设和科学研究等。此外他还推测，内斗少的团体更容易联合起来对抗外部威胁并取得胜利。对莫里斯而言，人类未来的关键是爱而非战争。一个古怪的读者曾评价道：“对那本好书的唯一不满是，它漏掉了几乎所有的东西——语言、抽象推理、艺术、风俗习惯等，而这些可以用来区分人类和其他灵长类、鼠类、

---

[1] 参见艾雷尼厄斯·艾布尔－艾贝斯费尔特的文章：*Ritual and Ritualization from a Biological Perspective*，收录于 *Human Ethology: Claims and Limits of a New Discipline*，M. 冯·克兰纳赫、K. 福帕、W. 勒佩尼斯和 D. 普卢格编（剑桥：剑桥大学出版社，1979）。

[2] 参见《裸猿》(1967)；*The Human Zoo*（1969）.

[3] 矮黑猩猩的性习惯直到 20 世纪 80 年代才逐渐成为研究热点。矮黑猩猩广泛地把性作为工具使用，来消除社会紧张，因此如今没有人再会把人类看成“最性感”的猿类。参见弗朗斯·德瓦尔的著作：*Bonobo: The Forgotten Ape*（伯克利：加州大学出版社，1998）。

蚂蚁、蠕虫和芦笋[1]。”这个评价概括了对莫里斯方法的大部分批评，即他似乎在暗示人类和裸猿别无二致[2]。

不是所有名人对人类的性关系都持有同样乐观的看法。人类学家罗宾·福克斯（Robin Fox）很了解莫里斯，因为两人都曾在伦敦动物园研究动物行为[3]。福克斯坚信，雄性间竞争而非性关系构成了现代人类社会结构的基础，界定了适用于所有人的社会支配等级。出于内心的不敬，抑或是有意的挑衅，福克斯认为莫里斯将动物之间的“配对联合”与人类之间的“陷入爱情”进行关联过于乐观。福克斯倾向于认为人类婚姻属于经济合同事务。他说道：“人类维持婚姻状态，更多的是由于他们作为父母而非爱人。爱情和婚姻也许会像马和马车一样在一起，但我们不要忘记前提是马必须被驯服[4]。”在福克斯对人类社会关系演化的历史重建中，财务和道德的信息很明确。

作为理解人类社会关系的模型，福克斯声称狒狒群体通过严格的等级体系进行管制。只有顶端的雄性狒狒才具有交配权，进而能将基因传递给下一代。为什么有些雄性成功了，而其他却失败了？福克斯认为根本原因是“聪明”。足够聪明的雄性能够延迟性和社会的满足感，并最终取得成功。那些渴望与雌性

---

❶ 参见约翰·里奥纳德的论文：*The Baboons Do It Better*，刊登于 *New York Times*，1969 年 10 月 28 日。

❷ 参见乔治·盖洛德·辛普森撰写的文章 *What Is Man*？（《裸猿》的回顾），刊登于 *New York Times*，1968 年 2 月 4 日。

❸ 福克斯在伦敦经济学院兼任讲师，1967 年他前往新泽西州的罗格斯大学，掌管新的人类学系。

❹ 参见罗宾·福克斯的论文：*The Evolution of Human Sexual Behavior*，刊登于 *New York Times Magazine*，1968 年 3 月 24 日，p79。

交配而不愿暂时臣服于狒狒王的雄性个体都被消灭了，成为“比赛的落选者”。福克斯还说道：“愚蠢的动物……错误在于，毫无预见性地被自身性欲和攻击欲支配，永远不会到达顶端[1]。”

在福克斯的论述中，雄性在协调双方性欲望（准备交配的雌性）及自身社会状态（通过攻击和其他雄性竞争）方面的能力，驱动了人类和其他灵长类动物智力的进化。让我们成为人类的能力，即推理能力、协调能力、处理高度复杂且动态变化的社会情况的能力源自雄性动物本能。女性对智力进化的贡献是，让自身时时刻刻为性做好准备，迫使男性给她们提供猎获的食物，建立半永久的家庭关系[2]。

20 世纪 60—70 年代，动物行为学家继续将动物等同于情感，将理性等同于人类。这让人想起费希尔和赫胥黎早期想要明确划分动物和人以及雌雄个体之间的界限。虽然费希尔和赫胥黎主张人类的社会结构通过雌性选择产生（只有人类可以真正地“选择”伴侣），但是许多学者在第二次世界大战后撰写的关于人类社会体系演化的动物学文献中仍然描述了人类文明的社会结构来自雄性间竞争[3]。由于当时主要强调寻找人与动物仪式化行为之间的明确联系，所以基于选择的行为从来没有纳入他们的解释框架。

---

❶ 参见罗宾・福克斯的论文：*The Evolution of Human Sexual Behavior*，刊登于 *New York Times Magazine*，1968 年 3 月 24 日，p80-81。

❷ 参见罗宾・福克斯的著作：*Kinship and Marriage: An Anthropological Perspective*（纽约：Penguin Books，1967）；论文：*The Evolution of Human Sexual Behavior*，刊登于 *New York Times Magazine*，1968 年 3 月 24 日，p93。

❸ 参见大卫・赫利希的论文：*Biology and History: The Triumph of Monogamy*，刊登于 *Journal of Interdisciplinary History*，第 25 期（1995）。

艾雷尼厄斯·艾布尔－艾贝斯费尔特认为当人类调情时，他们首先看钟意对象的眼睛（在此情况下是镜头），然后快速地转移视线，招致追求。摘自艾雷尼厄斯·艾布尔－艾贝斯费尔特的著作 *Love and Hate: The Natural History of Behavior Patterns*（《爱与恨：行为模式的自然历史》，1970）中的图 17 和图 19。

英国动物学家在关于人类求偶的描述中，充分利用了为讨论动物行为而设计的行为分析的元素。许多情况下，这些元素又回到了“经典”的动物行为学分析模式上，而这个模式已经遭到了动物学界的批评：洛伦兹主张本能行为在动物中要么“已经具备”，要么“缺失”；“本能”行为应与“习得”行为分开；液压－机械行为模型能够解释为何行动的动力在必须释放前可以累积，如果不是通过天生的释放机制实现，那么就是通过不相关的替换行为实现。当把这些应用于人类求偶模型时，动物学家会强调求偶对配偶联合的重要性，同时关注求偶的仪式化。最后，这意味着第二次世界大战后英国的动物学家虽然着迷于求偶行为，但从未在人类或动物行为产生的理论模型中强调过选择的作用。

动物行为学家以人为本的著作在大获成功的同时也饱受争议。尽管他们关于人类行为的理论基础没有达到世界共识，但他们为动物学家开辟了新的学科领域来讨论人类的行为和社会性。1973 年，廷伯根、洛伦兹和卡尔・冯・弗里希（Karl von Frisch）获得了诺贝尔生理学或医学奖，这标志着动物学家成功获得了讨论人类行为的权利。在获奖宣言中，听众们获悉今年诺贝尔奖生理学或医学奖获得者的发现是基于昆虫、鱼类和鸟类的研究，似乎对人体生理学或医学的重要性较小。然而，个体的心理社会环境和研究行为的生物设备对所有物种而言都同等重要，当然也包括高高在上的人类[1]。

在对动物行为的研究中，动物学家不会把“人为”和“自然”的概念考虑为“实验室”和“野外实地”的同等延伸。实验室条件下的果蝇行为是自然的；澳洲灌木林中花亭鸟的行为是自然的；伦敦未受观察的人类行为是自然的。“自然”范畴的灵活性

---

[1] 参见简・林斯滕的著作：*Nobel Lectures, Physiology or Medicine, 1971–1980*（新加坡：World Scientific Publishing, Co., 1992），网址 http: // nobelprize.org / nobel_prizes / medicine / laureates / 1973 / presentation– speech.html.

让动物学家可以综合使用不同研究方法在不同生物身上获得实验结果，从多角度、多层次方面思考进化是如何随着时间推移改变动物行为的。

关于整体和分子层面研究的激烈争论开始于 20 世纪 60 年代后期，野外实地考察在研究自然过程中越来越重要。因为在野外不太可能研究观察果蝇的行为，所以它们被贴上了人工实验室生物的标签。由于果蝇新的非自然状态，其在动物行为学史中的作用基本被遗忘，取而代之的是科学家对鸟类和鱼类行为学史的日益重视。“一夫多妻制”是自然种群中的普遍现象的发现使动物学家在对花亭鸟的研究中大受裨益[1]。实验室研究和野外实地考察的模糊边界是早期动物行为研究的特点，而在如今难以为继。因此，接下来我们要讨论的是由行为遗传学实验室环境带来的转变。

[1] 鸟类一夫多妻制早期研究综述，请参见蒂姆·伯克黑德的论文：*Sperm Competition in Birds*，刊登于《生态学与进化趋势》，第 2 期（1987）。

05　稀有雄性的科学

20 世纪 60 年代的群体遗传学

在达尔文最初的理论中，性选择一方面是第二性状的进化，另一方面可以引起物种间的生殖隔离，后者更为重要。从进化的观点来说，性隔离是性选择，也就是性别歧视的主要功能。性选择还有第三个重要功能，即由于杂合子在性选择中的优势而保持群体的遗传异质性。

——恩斯特·柏辛格[1]

[1] 参见 J.H. 范·比伦的著作：*Genetics of Behaviour*（纽约：Elsevier Publishing Company，1974），p169 中恩斯特·博柏辛（Ernst Bösiger）所撰写的 *The Role of Sexual Selection in the Maintenance of the Genetical Heterogeneity of Drosophila Populations and Its Genetic Basis* 部分内容。

1946年，一位来自法国，名叫克劳丁·佩蒂特的年轻群体遗传学家进入巴黎国家科学研究中心研究生院，她的博士论文致力于探究果蝇的性选择。20世纪50年代，佩蒂特发表了一系列学术文章，其中包含了对果蝇“稀有雄性”个体杂交优势的阐述。她发现，雌性果蝇更倾向于选择外来的稀有雄性个体进行交配，这些交配行为用交配雄性个体活力的差异无法解释，所以她认为这种倾向性说明雌性选择真实存在[1]。这一观点之所以引人注目，有几个原因：其一，佩蒂特明确地表达了昆虫具有雌性选择的观点，认为雌性果蝇拥有选择所需的认知器官；其二，佩蒂特本人是位女性；其三，佩蒂特是一名法国人。

为什么果蝇的选择行为如此令人惊讶？第二次世界大战之后，致力于果蝇种群研究的生物学家数量稳步增加。这些群体遗传学家试图利用果蝇去阐释基因差异如何在一个种群中蔓延，而不像受托马斯·亨特·摩根训练的“经典”遗传学家那样，研究果蝇个体发育中突变发生的原因、影响和遗传性[2]。在种群的群体遗传分析中，这些小而黑腹的果蝇扮演着人类同类的角色，是你和我的“替身”[3]。与此同时，群体遗传学家也利用了昆虫的

---

❶ 参见克劳丁·佩蒂特的论文：*Le rôle de l'isolement sexuel dans l'evolution des population de Drosophila melanogaster*，*L'isolement sexuel chez Drosophila melanogaster étude du mutant white et de son allélomorph sauvage* 和 *Le déterminisme génétique et psycho-physiologique de la compétition sexuelle chez Drosophila melanogaster*，刊登于 *Bulletin Biologique de la France et de la Belgique*，第85卷（1951）、第88卷（1954）及第92卷（1958）。

❷ 参见 *Lords of the Fly: Drosophila Genetics and the Experimental Life*（1994）. 另参见 *Origins of Theoretical Population Genetics*（1971首版；2001再版）。

❸ 参见戴安·B. 保罗的论文：*Our Load of Mutations' Revisited*，刊登于 *Journal of the History of Biology*，第20卷，第3期（1987）。

思维和本能机械化行为之间的联系。虽然果蝇不是社会性或者说群居昆虫（群居昆虫的典型例子如能够为了蚁穴或蜂巢利益而牺牲自我的蚂蚁或蜜蜂），但总体上也能够代表进化中具有本能社交的一支，可以作为人类社会性文化基础的参照[1]。果蝇似乎缺乏用以学习的大脑和智力，因此，群体遗传学家都是在果蝇最不自然的生存环境下探究其本能行为的表现力，其中包括在装有酵母、非硫化糖蜜和琼脂等糊化混合物的小玻璃瓶里饲养上百只果蝇。正是由于昆虫和人类之间显著的差异，果蝇成为遗传学家研究不带明显优生色彩进化机制的一种模式生物。与此同时，人类和昆虫之间某些相似的基因也可以帮助这些生物学家，通过对果蝇的研究结果推测出人类可能的进化机制。佩蒂特所阐述的雌性果蝇偏好稀有雄性行为的基因，便不属于人类和昆虫相似的基因，因为果蝇的交配行为是其本能的机械化行为，而人类会自主选择自己的配偶。

佩蒂特的研究非同寻常，其中一个重要原因是她是一名法国人。第二次世界大战前，绝大多数法国的生物学家都不接受孟德尔遗传理论[2]。而佩蒂特的导师显然是个例外，他对果蝇种群遗传多样性的研究成为 20 世纪 40 年代为数不多的法国群体遗传

---

❶ 参见 *Six Legs Better: A Cultural History of Myrmecology*（2007）.

❷ 参见理查德・M. 伯里安和让・伽永的论文：*Genetics after World War II: The Laboratories at Gif*（*La génétique et les laboratoires de Gif*），刊登于 *Cahiers pour l'histoire du CNRS*，第 7 期（1990）；*The French School of Genetics: From Physiological and Population Genetics to Regulatory Molecular Genetics*，刊登于 *Annual Review of Genetics*，第 33 期（1999）；*National Traditions and the Emergence of Genetics:The French Example*，刊登于 *Nature Reviews Genetics*，第 5 卷，第 2 期（2004）。

学研究项目之一[1]。在完成自己论文研究之后，佩蒂特已经和美国群体遗传学家建立了合作关系，特别是获得了美国遗传学家狄奥多西·杜布赞斯基的帮助。因此，她对于群体遗传学研究的影响力源自她与美国遗传学家的国际化合作关系，而不是因为受法国本土的生物学家影响[2]。

当佩蒂特开始她的研究时，拥有自己独立实验室的女性群体遗传学家寥寥无几。然而那时，对果蝇性选择感兴趣的女性研究者数量绝非如大家所预期，至少有两位！另一位是李·埃尔曼（Lee Ehrman），佩蒂特与埃尔曼进行了长期的合作研究。初次见面时，埃尔曼还是杜布赞斯基实验室的一名研究生，见面后，两人一拍即合，随后在很多研究兴趣上产生共鸣，其中就包括雌性选择。之后两位多次在采访中声称，她们最早对雌性选择研究产生兴趣并不是因为她们是女性，而是认为雌性选择是一个简单而亟须回答的科学问题。20 世纪 50—60 年代，尽管女性从事科研工作会遇到这样那样的困难，但佩蒂特和埃尔曼均在大学里获得了职位，拥有了自己独立的科研实验室。佩蒂特曾表示，是战争期间的抵抗运动经历给了她完成博士学业的勇气，并成了巴黎第七大学首批女性教授的一员。1972 年，

---

[1] 乔治斯·泰西耶是佩蒂特的导师，与菲利普·L. 莱丽特合作开展了很多关于果蝇的进化研究，包括二位发表于 *Comptes Rendus des Séances de la Société de Biologie et de ses Filiales* 第 117 卷（1934 年）上的论文：*Une expérience de sélection naturelle: Courbe d'élimination du gène 'bar' dans une population de Drosophiles en équilibre*.1965 年，弗朗索瓦·雅各布、安德烈·卢沃夫和雅克·莫诺因研究病毒和蛋白质合成的遗传调控而获得诺贝尔生理学或医学奖，国际社会因此认可了法国遗传学的生理学化。

[2] 恩斯特·柏辛格显然是这些法国本土生物学家中的一个例外，他与杜布赞斯基有很多研究项目合作，因此也与美国群体遗传学界有着密切的联系。

埃尔曼成为新成立的纽约州立大学帕切斯分校的生物学教授。此后，她也曾担任美国博物学家协会和行为遗传学协会的主席[1]。

佩蒂特和埃尔曼对稀有雄性效应的研究在当时是非常与众不同的，她们的实验内容是多个研究问题的交叉点，而这些问题是美国群体遗传学家在整个 20 世纪 60 年代亟待攻克的重要难题。尽管美国研究者关于动物行为如何影响进化的研究思路与英国研究者不同，但是相关研究项目的数量与日俱增。例如，群体遗传学家恩斯特·柏辛格阐述了影响进化进程的生殖行为的几个方面，包括生殖隔离、种群遗传多样性的维持以及达尔文理论中的性选择[2]。他认为生殖隔离是这些影响中最有趣的，性选择是最不重要的。

实验型群体遗传学家发现，雌性选择配偶在物种形成（所谓的物种形成是指一个杂交种群分裂为两个生殖隔离的种群）过程中可能有着出乎意料的作用。为什么这么说呢？一方面，诸如恩斯特·迈尔等动物学家认为，所有的物种形成都开始于地域隔离。另一方面，约翰·梅纳德·史密斯等理论生物学家认为，如果一个种群中的部分个体突然改变交配行为，那么这个种群可能会在没有任何物理因素隔离的情况下分裂为两个独立杂交的种群，即所谓的“同域物种形成”。问题是，这些突然改变是

[1] 参见金永圭的文章：*Natural History of Lee Ehrman*，刊登于《行为遗传学》，第 35 卷，第 3 期（2005）的特别简介版面。

[2] 参见 *The Role of Sexual Selection in the Maintenance of the Genetical Heterogeneity of Drosophila Populations and Its Genetic Basis*.

如何发生的？雌性个体的配偶选择变化极可能是解释同域物种形成的一种机制，也为生物学家分析非地域隔离物种形成提供了新的思路。

然而，到目前为止，绝大多数实验型群体遗传学家对雌性选择的研究都是为了探究雌性个体的配偶偏好是如何改变某一种群的遗传多样性的。佩蒂特和埃尔曼认为，雌性个体对稀有雄性的交配选择可以防止种群内稀有等位基因的消失，从而提高其遗传多样性。与此同时，她们认为一个种群内生殖雄性个体越多样化，则这个种群的遗传多样性就越大。依据进化论的理论，一个物种的遗传多样性对其自身是有利的，因为多种基因可以使得一个物种能够更加适应不利的环境变化。例如，某一个种群的生活环境发生了变化，或者一种致命的疾病在某一个种群内传播，那么一个具有高遗传多样性的物种会更有可能拥有能够适应新环境或抵御疾病的个体。随着时间推移，这些个体将存活下来并且繁育更多的后代，如此，整个种群将能够适应新的生存环境或抵御这种疾病的传播。但如果一个具有低遗传多样性的物种面临同样的环境变化或疾病侵染时，该物种将有较低可能拥有适应新环境或抵御疾病的个体，进而更可能会导致该物种的灭绝（因马铃薯产量骤减所引发的爱尔兰大饥荒便是很好的例子）。因此，尽管高遗传多样性种群的优势显而易见，但群体遗传学模型表明，自然选择并不能造就甚至保持一个种群的多样性。相反，强劲的自然选择会降低一个种群内繁育个体的多样性，随着时间的推移，一个种群的遗传多样性应该会减少。雌性选择产生的稀有雄性效应为这一问题提供了可能的解释。如果种群内拥有罕见基因的雄性个体更易获得雌性个体的青睐，那么这些稀有基因便可通过雌性选择遗传给他们繁育的后代。因此，佩蒂特和埃尔曼的理论是，雌性选择通过遗传稀有雄性基因给后代来应对自然选择。

基于此，雌性选择对某一物种影响的可能性完全不同于 20 世纪中叶的进化模式所述，当时只强调物种间生殖隔离中选择的重要性。到 20 世纪 60 年代后期，致力于数学模型和理论的群体遗传学家也开始探究雌性交配行为是单一物种进化原因的可能性。他们的研究模型表明，理论上雌性选择会使得一些雄性个体产生的后代较其他雄性个体多，进而推动两性之间形态学和行为差异的进化。依据达尔文的进化论，这些对性选择的理论回归是受群体遗传学家更早期实验结果启发的。

20 世纪 50—60 年代，同域物种模式在进化论中的角色发生转化，稀有雄性效应在法国和美国兴起，性选择数学模型产生，这三个事件同步发生并交织在一起。群体遗传学家坚持认为，理论数学模型证实了雌性选择的可行性，而实验室的研究证实雌性选择影响进化的效力。至于雌性选择和性选择是否对野外大型动物种群具有显著的影响，则不在他们的兴趣和专业判断范畴之内。

区分苹果和橘子？关于物种形成与雌性选择众说纷纭

20 世纪 40 年代的综合进化研究项目将物种定义为“生殖隔离单位”，引起进化生物学家的广泛关注，他们想去探究生殖行为如何影响物种多样性[1]。生物学家通过计算同一物种内个体选择同一配偶的比例来衡量生殖隔离程度。通过对配偶选择的长期研究，他们希望理解自然界中的物种是如何形成隔离生殖单位的。特别是，新达尔文主义的生物学家试图弄清楚物种形成的驱动力，以及地域和生理上的隔离是如何发生的。然而，生殖隔离或心理隔离如何分类，是否以气味、求爱行为和性别识别信号差异等方式归类，以及生殖隔离是物种形成的结果还是潜在原因，对于这些问题生物学家还没有达成共识。

20 世纪 20 年代，主张生殖行为变化引起同域物种形成的生物学家，主要支持的理论为，突变是进化发生的一个原因。例如，格拉德温·金斯利·诺布尔曾描述了一个生殖隔离形成物种的设想，他说道："雌蟾蜍根据雄蟾蜍的声音进行交配选择，如果一个雄蟾蜍的声音因基因突变而发生变化，那么它可能将不被任何一只雌蟾蜍选择，但如果它碰巧抓到一只雌蟾蜍进行了交配，进而产生了子代，那么这些子代成年后只能进行异种交配，因为它们都遗传有突变的声音，对原有种群内的雌性个体不再有吸引力[2]。"由于蟾蜍是典型的夜行动物，其交配行为多发生在光线不好的环境下，因此，诺布尔设想雌性选择是通过雌蟾蜍对特定雄蟾蜍叫声的听觉偏好实现的。而一旦雌蟾蜍因靠近某一雄蟾蜍而被"抓住"，实际上它就已经做出了选择。然

---

[1] 参见《遗传和物种起源》(1937)；参见《分类学和物种起源》(1942)；参见 *Tempo and Mode in Evolution* (1944)；参见 *Variation and Evolution in Plants* (1950).

[2] 参见亨利·费尔菲尔德·奥斯本的论文：*The Origin of Species. V. Speciation and Mutation*，刊登于 *American Naturalist*，第 61 卷，第 672 期 (1927)，p16。另参见《综合进化论》(1980)，p125。

而，诺布尔所依据的观点并没有得到其他学者的认可，特别是自然学家。诺布尔认为，突变是物种形成中一个常态化的部分，而自然学家意在防御遗传学家侵犯他们的领域，因而并不认同这一观点。AMNH 古脊椎动物馆名誉馆长、哥伦比亚大学动物学教授亨利·费尔菲尔德·奥斯本（Henry Fairfield Osborn，1857—1935）便回应称："物种形成总是'具有适应性的'，而突变是一种异常和不规则的发生模式，尽管自然界中经常发生，但实质上不是一个适应性的过程。相反，它是物种形成常规过程中的一种干扰[1]。"行为作为同域物种形成的一种机制，通过突变与进化联系在一起的观点，由于受到同时代博物馆馆长们的抵制，在 20 世纪 40 年代逐渐淡出了人们的视线。

1942 年，同为 AMNH 馆长的恩斯特·迈尔教授发文称物种形成的过程主要源于地域的隔离[2]。他坚持认为地域隔离是所有物种形成的一个必要前提。只要两个杂交种群在地域上被分离，渐进的变化就会随时间积累，进而形成新的物种，即使分离的种群在未来再次聚集在一起，也不会再发生个体间交配。如果分离的种群没有足够的时间进行分化，那么再次聚集在一起，很容易重新融为一个种群。极少数的情况是，两个被隔离的种群再次聚在一起，两者之间的生殖隔离过程已然开始，但是没有完全实现。这种情况下，两个种群个体交配产生的杂交个体由于自身适应度降低，繁育的子代数量会比它们两个亲本的子代数量少，也会面临巨大的选择压力，将更倾向于在它们

---

1. 参见 *The Origin of Species. V. Speciation and Mutation*（1927），p40–41。
2. 参见《分类学和物种起源》（1942）。

自己亲代的种群中选择配偶。1940 年开始，就职于哥伦比亚大学的狄奥多西·杜布赞斯基，将这段伴随着对中间杂交体选择的再聚集阶段称为“强化”。就物种形成过程中强化出现的频率，杜布赞斯基和迈尔的意见不一。迈尔认为对杂交体的选择较为罕见，而杜布赞斯基则认为对杂交体的选择（换句话说，对生殖隔离的自然选择）是物种形成的一个必要的组成部分，毕竟地域隔离并不总是引起物种形成，必然有些其他因素参与其中[1]。

无论是迈尔还是杜布赞斯基都同意自然选择是物种形成的一个重要组成部分，但两位认为自然选择影响物种形成的方式不同。迈尔认为物种形成是自然选择独自作用于隔离种群产生的偶然副产品。例如，对于一个隔离的小山区种群个体和一个较大的山谷种群个体，自然选择的影响是截然不同的。但随着时间的推移，每个种群的个体都将适应其独特的生态系统。而杜布赞斯基则认为，要形成物种，自然选择必须直接作用于两个杂交的种群，从而导致亲本来自同一种群的非杂交个体存留较多的后代，而亲本来自两个种群的杂交个体将存留较少的后代。同时他认为，尽管某些遗传变异可能会在隔离种群中积聚，但是种群间个体停止杂交的原因是对停止杂交机制的选择，包括作为一种生理识别的配偶选择。

由于性选择曾是同域物种形成的一种潜在机制，迈尔试图淡化雌性选择是一种进化机制的观点。1947 年，他便将同域

[1] 参见狄奥多西·杜布赞斯基的论文：*Speciation as a Stage in Evolutionary Divergence*，刊登于 *American Naturalist*，第 74 卷，第 753 期（1940）。

物种形成定义为“一种极其快速的物种形成过程”[1]，这种过程更类似于突变主义者的进化论，而非渐进式的达尔文进化论。进化生物学家对于物种形成持有两种不同的观点：一部分学者认为物种形成主要是生态环境自然选择的一个结果；另一部分学者则坚持强调地域隔离是物种形成的一个重要决定因子。从中我们可以看出前者支持同域物种形成的观点，而后者反对。迈尔认为同域物种形成是这两种观点达成一致的主要障碍[2]。鉴于两种观点的持有者都不愿妥协，迈尔建议大家不要再将同域物种形成视为一种可行的物种形成过程，他认为同域物种形成仅仅产生于选型交配，即当群体里有两类个体（例如有黄色个体和橙色个体）时，只发生于同类个体（即黄色与黄色，橙色与橙色）交配。而且正向选型交配的选择力度简直太弱了，也不太可能对种群的进化产生剧烈的影响。甚至，即使种群内确实存在正向选型交配，也极不可能与栖息地域的偏好性有关系。除此之外，除非地域隔离已然存在，否则对当前区域环境的适应也不太可能引起歧化选择。此外，也是最重要的一点，迈尔发现同域物种形成似乎还有一个滑稽的条件，即需要“预适应”。他非常抗拒“预适应”的想法，因为这个想法是假定单一突变能够产生“具有显著差异的表型”（例如诺布尔关于雄蟾蜍喊叫频率改变的例子），进而成

---

[1] 参见恩斯特·迈尔的论文：*Ecological Factors in Speciation*，刊登于《进化论》，第 1 卷，第 4 期（1947），p270。

[2] 迈尔引用了两篇“赞成”观点的论文，分别为 E. 斯特莱斯曼的论文：*Oekologische Sippen-, Rassen-,und Artunterschiede bei Vögeln*，刊登于 *Journal für Ornithologie*，第 91 期（1942）；威廉·霍曼·索普的论文：*The Evolutionary Signifi cance of Habitat Selection*，刊登于 *Journal of Animal Ecology*，第 14 期（1945）。“反对”观点，请参见 *Ecological Factors in Speciation*（1947），p263。

为选择的基础，并隔离所产生的两个种群。迈尔则坚持认为，只有两个种群形成地域和生殖隔离时，许多小的突变才能够积聚形成这样的差异表型。事实上，迈尔是将自然学家对同域物种形成的支持，等同于对德弗里斯的突变论的认可，或者更糟糕地说，等同于对拉马克获得性遗传理论的赞成❶。迈尔推测，自然学家之所以支持同域物种形成，唯一可能的原因是他们对某些物种地域分布观测结果有误解，进而错误地忽略了地域性物种形成❷。

此后的30年里，迈尔继续坚持这个观点，他说道："认为所有种群在具有明显生殖隔离的时候均已形成两个地域隔离的种群。例如，1960年，在得克萨斯大学举行的一个关于脊椎动物物种形成的学术研讨会上，迈尔重申了他的观点，生殖隔离仅仅是地域隔离种群单一选择的偶然产物，物种之间约97%的遗传差异源于地域隔离。剩余的3%也许可以用强化效应解释，

❶ 参见《综合进化论》（1980），p20-22和p125。20世纪最初的几十年常被描述为达尔文进化论的"日食"期，在那个时期，很少有生物学家为了理解进化而去分析其发生过程，取而代之，更多的人相信了物种多样性的"非达尔文"机制，如获得性性状的遗传，也就是后来称为"拉马克主义"的理论，以及进化是由巨大变异一蹴而就的，即后来称为"德弗里斯"进化的理论。托马斯·亨特·摩根支持德弗里斯的突变论，反对拉马克的获得性遗传理论，这一观点参见 *The Scientific Basis of Evolution*（1932），p17-22，p188-202；以及加兰·艾伦的论文：*Hugo De Vries and the Reception of the 'Mutation Theory'*，刊登于 *Journal of the History of Biology*，第2卷，第1期（1969）。关于把20世纪最初几十年称为达尔文进化论"日食"期的利弊分析综述，可参见乔·凯恩和迈克尔·罗斯编著的 *Descended from Darwin: Insights into the History of Evolutionary Studies,1900–1970*（费城：American Philosophical Society, 2009）中马克·拉金特撰写的 *The So- Called Eclipse of Darwinism* 部分内容。

❷ 参见 *Ecological Factors in Speciation*（1949），p279。

但对物种形成的整个过程来说是微不足道的[1]。”

与迈尔相比，杜布赞斯基更加倾向于认为雌性交配行为是自然界中物种进化的机制。通过与遗传学家赫尔曼·约瑟夫·穆勒和休厄尔·赖特争论进化过程中随机突变的重要性，杜布赞斯基更加确信了生殖隔离中选择的重要性[2]。穆勒和赖特认为，由于每个种群中随机遗传变化的积累，在没有任何自然选择的情况下（无论是环境特殊化还是生殖隔离），两个种群之间的生殖隔离将逐渐发展。他们把这种偶然的、非选择性模式的遗传变化称为“遗传漂变”，其中包括物种形成。而杜布赞斯基和他实验室的同人们认为，这种“隔离基因”是由一个选择的过程造成的，而这个被选择的优势源于隔离效应的建立[3]。

例如，控制雌性个体交配行为的遗传差异基因本身就是在强化过程中被选择的。因此，杜布赞斯基认为，如果隔离基因的性选择压力足够大，就有可能出现同域物种形成现象[4]。在杜布赞斯基看来，性选择和生殖隔离共同作用形成物种特异的性

---

❶ 参见W.弗兰克·布莱尔的著作：*Vertebrate Speciation: A University of Texas Symposium*（奥斯汀：得克萨斯大学出版社，1961），p85中恩斯特·迈尔撰写的*Isolating Mechanisms*部分内容。

❷ 参见H.J.穆勒的论文：*The Darwinian and Modern Conceptions of Natural Selection*，刊登于*Proceedings of the American Philosophical Society*，第93期（1949）。另参见*Evolution in Mendelian Populations*.

❸ 参见苏西·科雷夫–桑蒂巴涅斯和C.H.沃丁顿的论文：*The Origin of Sexual Isolation between Different Lines within a Species*，刊登于《进化》，第12卷，第4期（1958），p485。

❹ 参见*Experiments on Sexual Isolation in Drosophila. III. Geographic Strains of Drosophila sturtevanti*（1944）.另参见狄奥多西·杜布赞斯基和乔治·斯特雷辛格的论文：*Experiments on Sexual Isolation in Drosophila. II. Geographic Strains of Drosophila prosaltans*，刊登于*Proceedings of the National Academy of Sciences of the United States of America*，第30卷，第2期（1944）。

别二态性，因此，雌性选择可以说是物种种间和种内交配偏好的统称。尽管如此，他也谨慎地指出，使用“偏好”“识别”等术语只是为了避免累赘的阐述，因为他没有实验数据表明是物种的雌性个体或雄性个体具有个体识别率，抑或是二者兼具有。他认为达尔文进化论所面临的主要难题是达尔文缺乏支撑其交配竞争概念的实验数据[1]。此外，杜布赞斯基也指出，动物的筑巢、求偶和交配行为均过于复杂，而且具有物种特异性，不可能来自偶然的进化起源。但是，他也不想将这些行为视为自然选择的产物，因为这些行为似乎对生物个体的生存没有影响。他预想通过修正达尔文的性选择理论能够避开这些难题，并建议他的读者道：“物种特异的求偶和交配习惯以及相关的组织结构可能是该物种被识别的特异标记[2]。”

如果交配行为及相关组织结构确实对生殖隔离有影响，那么它们就有存在的价值，也可以成为物种形成过程的一部分。尽管杜布赞斯基有这些谨慎的建议，但他的观点是明确的，即交配过程中生殖行为的改变既可以影响某一物种未来的进化过程，也可以影响新物种形成的进程。这与迈尔的观点明显不同，迈尔认为地域隔离是影响物种形成最重要的因素。

---

[1] 参见 *Experiments on Sexual Isolation in Drosophila. II. Geographic Strains of Drosophila prosaltans*（1944），p345。

[2] 参见 *Experiments on Sexual Isolation in Drosophila. III. Geo graphic Strains of Drosophila sturtevanti*（1944），p338-339。

20 世纪 40—50 年代，在迈尔提出地域模式物种形成的理论之后，随着种群和生态遗传学实验方法的快速发展，关于进化生物学的主要争论也发生了变化。然而，一些生物学家错误地将迈尔的地域模式物种形成理论等同于穆勒和赖特感兴趣的遗传漂变理论，这与迈尔的本意相去甚远。1961 年，迈尔在给菲利普·谢帕德（Philip Sheppard）的信中写道："坦白说，我有点后悔在 1954 年发表的文章中引用遗传漂变理论，实际上，那篇文章的主要目的是证明隔离种群个体所具有的遗传变化是源于选择而非漂变[1]。"迈尔相信地域隔离是物种形成的一个重要因素，但不是唯一因素，物种形成必须同时存在地域隔离和自然选择。

20 世纪 60 年代早期，求偶选择是动物同域物种形成的一种机制的理论，首次获得了实验数据的支持[2]。此外，剑桥大学新任命的遗传学阿瑟·贝尔福教授约翰·索迪（John Thoday）和他的研究生约翰·吉普森（John Gibson）设计了一系列实验

[1] 参见迈尔于 1961 年 7 月 19 日写给菲利普·谢帕德的信，收藏于哈佛大学档案馆，恩斯特·迈尔的文集，普通信件，1952—1987，HUGFP 74.7，第 8 区，第 781 号文件夹。信中提及的是恩斯特·迈尔撰写的文章：*Changes in Genetic Environment and Evolution*，收录于朱利安·S. 赫胥黎、A.C. 哈迪和艾德蒙·布里斯科·福特合著的 *Evolution as a Process*（伦敦：Allen and Unwin 1954）。

[2] 植物学家们首先提出，同域物种形成可能并不像迈尔所暗示的。例如，1955 年，理查德·M. 斯特劳提出，虫媒传粉的植物物种，如果一个新的杂交植物被一个新的物种特异性传粉媒介接受，进行传粉授粉，进而保持其基因的保真度，那么同域物种形成已经发生。与迈尔观点一致的是，传粉动物的"选择"可能将引起一种新的杂交物种起源。原文参见理查德·M. 斯特劳的论文：*Hybridization, Homogamy, and Sympatric Speciation*，刊登于《进化》，第 9 卷，第 4 期（1955）。

探究果蝇种群中歧化选择的作用[1]。他们选择了具有高刚毛数和低刚毛数两个性状的单一果蝇种群为研究对象[2]。刚毛是果蝇机体上的毛状结构物（见第3章的果蝇图示）。他们设定，只有刚毛数量最多或最少的果蝇个体可以进行繁殖，不过这些个体间的交配不受限制，可以自由进行。最终，索迪和吉普森获得两个生殖隔离的种群，一个是拥有低刚毛数的杂交种群，一个是拥有高刚毛数的杂交种群。他们认为如此情况下，同域物种已经形成[3]。虽然这些实验是在实验室完成的，但他们认为已能够证明自然界的种群具有发生同域物种形成的可能性。他们如是说："自然界种群的研究者需要确定同域物种形成是否发生以及发生的频率。然而，理论上常常认为同域物种形成不可能发生，去探究同域物种形成也不会被认可[4]。"这项研究迅速引起众多遗传学家的关注，他们的实验也成为现下教科书中的一个例子，用于说明种群中选择的重要影响力[5]。此后不久，他们承认该实验中的果蝇可能被强加了一种自然界中没有的选择压力，但仍

---

❶ 相关实验内容参见以下几篇论文：*Effects of Disruptive Selection. VI. A Second Chromosome Polymorphism*，刊登于 *Heredity*，第17期（1962）；*Isolation by Disruptive Selection*，刊登于《自然》，第193卷，第4821期（1962）；*The Probability of Isolation by Disruptive Selection*，刊登于 *American Naturalist*，第104期（1970）。以上三篇论文作者为约翰·吉普森和约翰·索迪。另参见约翰·索迪的论文：*Effects of Disruptive Selection: The Experimental Production of a Polymorphic Population*，刊登于《自然》，第181卷，第4616期（1958）。

❷ 参见 *Isolation by Disruptive Selection*（1962）.

❸ 类似的结论参见约翰·梅纳德·史密斯的论文：*Disruptive Selection, Polymorphism and Sympatric Speciation*，刊登于《自然》，第195期（1962），p62。

❹ 同❷。

❺ 例如，马克·里德利的著作：*Evolution*，第3版（牛津：Blackwell Publishing，2003）。

然坚持，即使没有完全实现生殖隔离，微弱的歧化选择至少会在一个种群内建立基因不同的两个亚群，即稳定的基因多态性。问题是，自然界中的情况也会如此吗?

不久之后，约翰·梅纳德·史密斯的数学计算模型支持了这一观点。梅纳德·史密斯认为，如果自然种群中有这种稳定的基因多态性，那么种群内个体持续不断的交配行为能够促成同域物种形成[1]。回想第 4 章的内容，梅纳德·史密斯师从 J.B.S. 霍尔丹，长期致力于果蝇的研究工作使得他对性选择理论产生了浓厚兴趣。与玛格丽特·博斯托克和奥布里·曼宁的长期友谊使得他对动物行为一直持有浓厚的兴趣。当梅纳德·史密斯从实验室研究工作转向进化论的理论研究时，他加入了由 J.B.S. 霍尔丹、艾德蒙·布里斯科·福特（Edmund Brisco Ford）和罗纳德·艾尔默·费希尔领衔的倾向于数学计算模拟的生物学家社团，这个社团的生物学家主要来自英国，并专注于群体遗传学和生态遗传学的数学计算模拟。和群体遗传学家一样，生态遗传学家也致力于探究种群中个体特征随时间如何变化，只不过更多的是针对自然界中的生物种群，而不是实验室里的果蝇[2]。

在 1966 年发表的学术论文中，梅纳德·史密斯概述了同域物种形成发生的条件：首先，该种群必须生存在一个多变的环境中，而且环境的变量与种群内不同的遗传亚群互相关联。其

[1] 参见约翰·梅纳德·史密斯的论文：*Sympatric Speciation*，刊登于 *American Naturalist*，第 100 卷，第 916 期（1966）。

[2] 参见艾德蒙·布里斯科·福特的著作：*Ecological Genetics*（伦敦：Methuen，1964）。

次，在没有完全地域隔离的情况下，个体交配过程中的直接或间接选择都能够造成亚群之间的生殖隔离。他认为最重要的条件是种群必须生存在一个多变的环境中，如果没有这个初始条件，同域物种形成是不可能发生的[1]。与此同时，他也提出该文章的读者是否将其视为自然种群内同域物种形成的证据完全取决于他们是否接受稳定基因多态性存在的可能性。如果读者认为自然种群中稳定的基因多态性完全不可能存在，那么同域物种形成对物种起源来说作用微不足道。在文章最后，梅纳德·史密斯严谨地说，他的数学模型仅仅说明同域物种形成的可行性，至于自然界中的情形是否如此模拟模型，他没有做过多的说明。

梅纳德·史密斯的这篇论文是以恩斯特·迈尔所著 *Animal Species and Evolution*（《动物物种与进化》，1963）一书中的一段题词开场，文章转述道："可能有人已经认为没有必要再花费更多的时间在这个问题上了，但过往的经验让我相信，这个问题将会不间断地被提及[2]。"事实证明，迈尔是正确的。到 20 世纪 70 年代中期，甚至在物种形成方式的一般性研讨会中都有同域物种形成的一席之地[3]。群体遗传学家越来越能接受同域物种形成的观点，因为他们逐渐发现雌性选择和性选择是引起进化发生的可行性机制，而这种方式不同于自然选择。同域物

❶ 参见 *Sympatric Speciation*（1966），p638。

❷ 同❶，p637。

❸ 具体例子参见 G.L. 布什的论文：*Modes of Animal Speciation*，刊登于 *Annual Review of Ecology and Systematics*，第 6 期（1975）。另参见 H.J.D. 怀特的著作：*Modes of Speciation*（旧金山：W. H. Freeman and Co.，1978）。

种形成和种间雌性选择的密切关系源于杜布赞斯基的描述，他如此说道："雌性选择既包括某一雌性个体偏好同物种中某些特定雄性个体的选择，也包括该雌性个体选择同物种的雄性个体，而非其他物种的雄性个体，雌性选择对交配行为来说是一个统称。"对于群体遗传学家来说，这也意味着同域物种形成和雌性选择的理论基于杜布赞斯基的自然种群生态和遗传多样性平衡模型。

稀有雄性效应：雌性选择抑或自然选择

20世纪60年代，进化生物学家的研究重心也发生了转变，从原本集中于物种形成和物种隔离范畴内的行为，转变为探究行为成为改变单一种群基因构成特征的一种机制。在这样一个大的环境下，狄奥多西·杜布赞斯基和赫尔曼·约瑟夫·穆勒二人就种群基因构成的一场辩论使得果蝇的雌性选择成为焦点。正如现在我们知道的，这场"经典对平衡"的辩论点在于一个种群的基因构成是什么样子的。依据穆勒的理论，即"经典"的观点，一个遵循自然选择规律的种群，其组成个体不同的生存率会缓慢形成该种群的基因构成，也就是该种群的遗传多样性。而依据杜布赞斯基的理论，即"平衡"的观点，一个种群经过自然选择存活下来的个体便是该种群内基因多样性最高的个体，故而即使在强选择下，一个种群也能够维持它的遗传多样性。因此，杜布赞斯基的同事和朋友便致力于寻找维持种群遗传多样性的机制，雌性选择成了他们的目标。

为了理解这场"经典对平衡"辩论的意义，我们有必要了解一些更深层次的内容[1]。穆勒认为每个基因都有一个完全相同的等位基因。在一个被选择的种群中，最可能存活的个体是它们的许多基因都有两个相同的等位基因，也就是这些个体的许多基因都是纯合的。因此，随着时间推移，自然选择会降低个体及种群内的突变。然而，杜布赞斯基认为没有这么绝佳的等位基因。在一个被选择的种群中，最可能存活的个体是它们许多基因拥有两个不同的等位基因，也就是这些个体的许多基因都是杂合的。因此，随着时间的推移，自然选择会保留这些个体或种群内的突变。杜布赞斯基认为，面对高度变化的生态环境，杂合的个体较纯合的个体更具有优势。在如此高度变化的生态环境下，具有较高遗传多样性个体的子代更容易适应不同于亲代生存的环境。高纯合度相当于过度特异化，将影响一个群系在可变环境中的进化发展[2]。杜布赞斯基将穆勒和他的这两种观点分别概括为“经典”和“平衡”，后来，很多进化生物学家也使用这两个词来分别指代他们两人的观点。在这场辩论中，杜布赞斯基的学生和合作者极力捍卫他的观点，他们的很多关于同

---

[1] 关于这场辩论的明确哲学解说以及其中包含辐射对人类未来进化和优生学理论担忧的厉害分析，请参见约翰·贝蒂的论文：*Weighing the Risks: Stalemate in the Classical / Balance Controversy*，刊登于 *Journal of the History of Biology*，第 29 期（1987）。关于这场辩论与一个种群“突变负载”理论之间关系的解释，请参见迈克尔·狄特里希的论文 *The Origins of the Neutral Theory of Molecular Evolution*，刊登于 *Journal of the History of Biology*，第 27 卷，第 1 期（1994），以及理查德·兰文廷的论文：*Polymorphism and Heterosis: Old Wine in New Bottles and Vice Versa*，刊登于 *Journal of the History of Biology*，第 20 卷，第 3 期（1987）。另参见 *Our Load of Mutations' Revisited*（1987）.

[2] 参见赫尔曼·J. 穆勒的论文：*Evolution by Mutation*，刊登于 *Bulletin of the American Mathematical Society*，第 64 期（1958）；*Our Load of Mutations*，刊登于 *American Journal of Human Genetics*，第 2 期（1950）。另参见狄奥多西·杜布赞斯基的论文：*A Review of Some Fundamental Concepts and Problems of Population Genetics*，刊登于 *Cold Spring Harbor Symposia on Quantitative Biology*，第 20 期（1955）。

域物种形成和雌性选择的研究都基于种群原有的遗传多样性。

在这场辩论中，果蝇替代了人类[1]。杜布赞斯基在 *Mankind Evolving: The Evolution of the Human Species*（《人类进化》，1962）一书中写道："果蝇可以作为研究人类进化和种群基因构成的一个模型，因为果蝇和人类个体都表现出高度的遗传多态性和遗传变异。人类的遗传变异情况比果蝇要复杂得多……然而，我们可以把果蝇作为阐明人类遗传的一个模式生物[2]。"杜布赞斯基认为，虽然绝大多数动物不具有遗传多态性，故而果蝇不能成为这些动物的模式生物，但是人类作为最重要的动物物种，是多态性的。此外，也是基于果蝇和人类种群遗传结构特征相类似的观点，使得杜布赞斯基对穆勒的优生学理论提出质疑。穆勒的优生学理论是通过维持繁育男性精子的社会性优质进而确保未来人类的品质，杜布赞斯基认为这个理论来自穆勒对果蝇和人类种群遗传结构特征的错误分析，无论是果蝇还是人类，都没有一个理想的基因型[3]。自然选择通过将种群内出现的

---

❶ 参见米歇尔・布拉顿的论文：*Race, Racism, and Antiracism: UNESCO and the Politics of Presenting Science to the Postwar Public*，刊登于 *American Historical Review*，第 112 卷，第 5 期（2007）。参见威廉・B. 普罗文的论文：*Geneticists and Race*，刊登于 *American Zoologist*，第 26 期（1986）。另参见艾希莉・蒙塔古的著作：*Statement on Race*（纽约：牛津大学出版社，1972），以及联合国教科文组织（UNESCO）编著的 *The Race Question in Modern Science*（纽约：UNESCO，1956）。

❷ 参见狄奥多西・杜布赞斯基的著作：《人类进化》（纽黑文：耶鲁大学出版社，1962），p228。

❸ 关于穆勒的优生学和"优质"人理论，请参见埃洛夫・阿克塞尔・卡尔逊的著作：*Genes, Radiation, and Society: The Life and Work of H.J.Muller*（伊萨卡，纽约：康奈尔大学出版社，1981），以及克里希娜・R. 德罗拉姆编著的 *Haldane's Daedalus Revisited*（牛津：牛津大学出版社，1995）中，埃洛夫・阿克塞尔・卡尔逊撰写的 *The Parallel Lives of H.J.Muller and J.B.S.Haldane: Geneticists,Eugenicists,and Futurists* 部分内容。另参见赫尔曼・J. 穆勒的著作：*Out of the Night: A Biologist's View of the Future*（纽约：Vanguard Press，1935）。

一些小的变异性状扩散到大量的个体，进而使其具有这样的性状，以此保持种群的遗传多样性，这样的遗传多样性才是人类进化成功的关键[1]。

雌性选择可以维持一个种群的遗传多样性，是进化的一种机制，就在杜布赞斯基的科研伙伴维护这个观点的同时，也发表了实验结果以支持杜布赞斯基关于变异对维持果蝇或人类种群稳定的重要性的观点。鉴于此，种群遗传学家提出了许多新的理论，其中包括稀有雄性效应理论。即，如果雌性个体偏好稀有的、外来的或少数雄性个体进行交配，那么这些个体交配生产的子代也将携带这些雄性个体的稀有等位基因，从而保证这个种群的遗传多样性继续得以维持。一方面，稀有雄性效应只是一个频率依赖性选择的例子，比如教科书上介绍的拟态。假设有两种蝴蝶，一种对于捕食蝴蝶的鸟来说是苦而不合口味的，另一种是美味的，但是这两种蝴蝶看起来很像，都长着粉色的大斑点。如果美味蝴蝶的出现频率远远低于苦味蝴蝶的频率，那么鸟会尽量避免捕食所有这种具有粉色大斑点的蝴蝶。如果美味蝴蝶的出现频率高了，那么鸟可能就不会再忽略捕食长着粉色大斑点的蝴蝶了。这个例子中，鸟类捕食的自然选择会根据种群中两种蝴蝶个体出现的频率而变化。同样，稀有雄性效应，或者说是雌性个体偏好雄性 A，也依赖于种群中雄性 A 出现的频率。另一方面，稀有雄性效应是一类选择的例子，这类选择能够通过维持种群中稀有雄性的类型，对抗自然选择的影响。基于以上两个方面，稀有雄性效应的提倡者将其称为

[1] 参见《人类进化》(1962)，p327-330。

“性选择”，它呈现了一种对随机交配的偏离，并可能与自然选择背道而驰。

无论是倡导者还是批判者，围绕稀有雄性效应的讨论，为当下生物学家带来了一场关于进化论的思想风波，即行为如何成为物种进化的一种机制。起初，稀有雄性效应的批判者认为，这种效应不是源于雌性选择而是雄性个体对雌性个体不同刺激能力的结果呈现。其中，个体的适应度不应该严格限制为个体对繁育下一代的贡献力，而需要将其活动力也考虑在内。后来，到了 20 世纪 70 年代早期，批判者的焦点也发生了改变，他们认为稀有雄性效应仅仅是实验室人为条件下的一个产物，而且果蝇并不是一种具有代表性的模式生物。他们坚持认为，除非这种稀有雄性效应能够在野外的种群中得到确切的证明，否则其对于自然界中生物进化的重要性也未可知。对稀有雄性效应批判级别的改变反映了进化理论的重大变化。群体遗传学家变得更加乐于讨论雌性选择和生殖行为作为果蝇进化变异的潜在机制。他们也越发为之前公认的观点担忧，不断地发声，实验室的果蝇思维足够简单，能够表现“天然”的行为，或许它们并不应该被视为代表性生物。

第一位观察到频率依赖性交配行为的生物学家是克劳丁·佩蒂特。1946 年，在参加“法国抵抗运动”后，佩蒂特重返大学，师从乔治斯·泰西耶（Georges Tessier），成为法国科学研究中心动物学专业的一名研究生。关于她的博士学位研究工作，泰西耶建议她去研究黑腹果蝇是否存在性选择行为。泰西耶认为，性选择和雌性选择已经被进化生物学家极大地忽视了，现下是一个很好的研究时机。然而，在佩蒂特完成第一个实验后，泰西耶就告诉她，她的这个研究项目太难了，可以再换一个。佩蒂特则坚持要继续研究下去，泰西耶开始只同意将这个项目作为她的业余研究课题，但最终还是完全妥协了，支持佩蒂特全身心投入这项研究工作。佩蒂特发现性选择无所不在，然而，在朱利安·索莱尔·赫胥黎 1938 年发表的关于鸟类性选择的文章以及杜布赞斯基和迈尔在 20 世纪 40 年代中期发表的关于物种隔离的行为学机制之后，再没有其他深入的研究结果发表，这让佩蒂特感到非常意外[1]。泰西耶和佩蒂特驳斥了赫胥黎反对性选择的观点，认为这些观点是目光短浅的，同时也把这些观点视为激励他们继续研究果蝇性选择的挑战对象[2]。佩蒂特认为，如果说赫胥黎的文章给群体遗传学家产生了什么影响的话，那就是提出了这两个问题，即雌性个体如何选择交配对象，以及这个选择行为如何影响一个种群的进化。

佩蒂特发现，一只生活在棒眼果蝇群体中的雄性棒眼黑腹果蝇突变体，其获得配偶的概率远远低于其置身于红眼野生型群体中。同时，白眼黑腹果蝇突变体的实验获得了类似的结果。佩蒂特在她的果蝇实验中使用了乔治斯·泰西耶和乔治·赫里蒂艾

---

[1] 参见 2003 年 12 月，作者对克劳丁·佩蒂特的访谈。

[2] 参见《达尔文的性选择理论及其包含的数据》（1938）。另参见 *Evolution: Essays on Aspects of Evolutionary Theory*（1938）中，朱利安·索莱尔·赫胥黎撰写的 *The Present Standing of the Theory of Sexual Selection* 部分内容。还可参见艾略特·B. 斯皮斯的论文：*Do Female Flies Choose Their Mates?* 刊登于 *American Naturalist*，第 119 卷，第 5 期（1982）。

（Georges L'Heretier）在 20 世纪 30 年代设计的种群笼[1]。用她自己的话说，她在每个笼中创建了一个种群，由 500—700 只性成熟的果蝇组成，而每个种群的基因特征组成各不相同。使用的果蝇有棒眼和红眼两个品系，因为这两个品系果蝇遗传性状便于观察，只需肉眼观察子代，便能够计算每个品种的雄性个体繁育子代的数量。第一组实验，每个笼子里的雌雄果蝇合笼放置 5 天，随后，每只雌性果蝇被单独放置在一个玻璃瓶里，雌性果蝇会在其中产卵，并发育成果蝇成虫，这个过程大约需要 11 天。最后，佩蒂特观察所有子代的性状，从而计算实验初始时所有笼子中每类雄性果蝇的产子率。第二组实验，每个笼子里的雌雄果蝇合笼 15 小时，便将雌性果蝇分离，后续实验操作同第一组实验。对于雌性果蝇来说，一次交配后的一段时间都可能会拒绝再次交配行为，这段时间从 24 小时到几天不等。在果蝇合笼 5 天后分离的实验中，雌性果蝇可能不只与一只雄性果蝇发生交配。而雌雄果蝇合笼 15 小时便分离，佩蒂特可以确保每只雌性果蝇只发生过一次交配行为，其产生的所有子代均源自其中一只雄性果蝇。

佩蒂特把这种稀有雄性效应视为果蝇性选择的一个例子。如果实验中成功交配的雄性个体总是其中某一基因突变体，也就是说，无论笼中果蝇的基因特征组成如何，每一雄性突变体个体均产生相等数量的子代，那么她就可以推断这种效应源于

---

[1] 参见 *Le rôle de l'isolement sexuel dans l'evolution des population de Drosophila melanogaster*,（1951）；*L'isolement sexuel chez Drosophila melanogaster étude du mutant white et de son allélomorph sauvage*（1954）和 *Le déterminisme génétique et psycho- physiologique de la compétition sexuelle chez Drosophila melanogaster*（1958）.

自然选择。如果雄性突变体交配的比例总是低于其中的野生型雄性个体，那么可以断定雄性个体交配率的差异极有可能与个体活力相关。但是，如果在不同基因特征组成的种群中，或者说在不同的笼子环境里，某一雄性突变体的交配率不同，那么这个效应必然源于雌性选择。对佩蒂特而言，所做研究的一个重要成果是证实了果蝇中的雌性选择和性选择行为。但是，更重要的成果是，她能够解释为什么之前对果蝇突变品系相对适应度的测量值存在偏差，原因是这些突变品系生活在不同的环境里，造成适应度值不一致也就不足为奇了。一个品系的适应度不仅取决于其遗传特征，还会受到其生活环境的影响。

佩蒂特的研究结果最终刊登在法国的专业杂志上，但在国际上甚至法国国内仍然鲜为人知。艾略特·B. 斯皮斯（Eliot B.Spiess）是佩蒂特最早接触的外国专家之一。1949 年，在佩蒂特开始法国国家研究中心的研究工作时，斯皮斯获得了哈佛大学的博士学位，指导老师是杜布赞斯基。无巧不成书，斯皮斯曾是美军的一员，1944 年 8 月 25 日曾随军到过巴黎，所以他懂法语，看到佩蒂特的文章后，饶有兴趣地阅读了全文。1963 年，在海牙举办的国际遗传学大会上，斯皮斯终于见到佩蒂特本人。佩蒂特后来回忆，她当时正要离开会场，就听到有人在身后大喊："佩蒂特女士！佩蒂特女士！"见面后，俩人很快成了好朋友，斯皮斯携妻子在巴黎多待了一周，其间参观了佩蒂特的实验室，两人就群体遗传学进行了深入的探讨。斯皮斯在随后发表的论文中引用了佩蒂特的观点。在论文中，斯皮斯

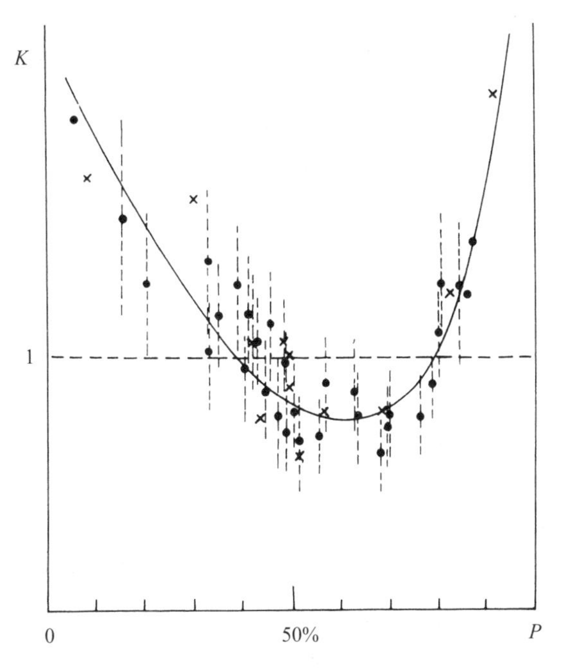

果蝇的性选择。一个果蝇种群中白眼突变体交配率统计图（克劳丁·佩蒂特，1958）。纵坐标（K），表示每实验笼中成功交配的白眼雄性突变果蝇和野生型红眼果蝇的数量比值。横坐标，表示不同实验笼果蝇种群中白眼雄性突变体所占的比例，14%—87%。根据哈迪－温伯格平衡法则，如果突变体与野生型个体的比例在子代和亲代中相同，那么就没有发生进化。应用到佩蒂特的实验中，如果白眼突变体和红眼野生型交配率是相同的，那么 K 值应该接近 1，由图中一条水平的虚线表示。虚线上左侧的区域表示存在稀有雄性效应：即当种群中雄性白眼突变体所占比例相对小时，所产生的子代数量大大超出预期。原图引自克劳丁·佩蒂特的文章 *Le détermisme génétique et psycho-physiologique de la competition sexuelle chez Drosophila melanogaster*，图 3，刊登于 *Bulletin Biologique de la France et de la Belgique*，第 92 期（1958），p269。

阐述了计算一个果蝇种群中雄性个体的相对适应度时，其在种群中所占比例的重要性[1]。如果遗传学家不关注一个果蝇种群的遗传基因组成，那么就同一个果蝇种群而言，可能会计算出完全不同的适应度值。此时，斯皮斯认可了佩蒂特关于稀有雄性效应研究工作的重要性，即它是识别实验误差的一个重要手段。

另一位遗传学家路易斯·莱文（Louis Levine）在小鼠种群中也观察到了类似的结果。当时，莱文是纽约城市学院的一名生物学教授，他曾师从杜布赞斯基，于1955年获得哥伦比亚大学的博士学位。他在自己的小鼠繁育实验中观察到，随着时间的推移，雌性小鼠对特定雄鼠的偏好会改变所在种群的基因频率[2]。和佩蒂特一样，他认为种群中的性选择可以解释野生型小鼠种群中某些基因持续改变的频率与遗传学家所预想的平衡频率相矛盾[3]。遗传学家既有的观点认为，一个基因平衡的种群理论上意味着它没有发生进化，即一个极大的种群中，所有个体随机交配，没有突变，没有选择，也没有迁徙。换句话说，如果一个种群中发生了性选择，那么种群的个体就不再是随机交配，也就不再满足平衡种群的条件。随着时间的推移，种群的基因组成也会发生改变，也就意味着种群发生了进化。由于这样的进化模式不符合哈迪–温伯格平衡法则，所以遗传学家将

---

❶ 参见艾略特·B.斯皮斯和博兹娜·兰格的论文：*Mating Speed Control by Gene Arrangement Carriers in Drosophila persimilis*，刊登于《进化》，第18卷，第3期（1964）。另参见艾略特·B.斯皮斯、博兹娜·兰格和C.C.李的论文：*Chromosomal Adaptive Polymorphism in Drosophila persimilis.III. Mating Propensity of Homokaryotypes*，刊登于《进化》，第15期（1961）。

❷ 参见路易斯·莱文的论文：*Studies on Sexual Selection in Mice. I. Reproductive Competition between Albino and Black-Agouti Mice*，刊登于 *American Naturalist*，1958年第92卷第862期。

❸ 参见 *Hybridization, Homogamy, and Sympatric Speciation*（1955）.

性选择和自然选择分开而论。然而，也许因为莱文的研究对象是小鼠，而不是果蝇，所以直到20世纪70年代，他的研究成果才获得果蝇学家协会的关注[1]。继佩蒂特和莱文之后，李·埃尔曼在1965年也发现了雌性果蝇似乎偏好种群中最稀有的雄性果蝇[2]。埃尔曼曾是杜布赞斯基的研究生，此时是杜布赞斯基实验室的一名博士后，致力于研究选择对重力作用下的拟暗果蝇定向能力的影响。埃尔曼发现，实验中的果蝇突变体并没有像预期的模式那样进行交配繁育，雌性果蝇偏好的雄性果蝇类型会随着种群中雄性果蝇的比例不同而改变。埃尔曼认为，雌性果蝇对稀有雄性果蝇的选择意味着雄性个体的进化适应度随环境而变化。

埃尔曼以为这是首次发现的现象，激动万分地跑去杜布赞斯基的办公室汇报结果，却被杜布赞斯基合作多年的遗传学家恩斯特·柏辛格告知，克劳丁·佩蒂特早已发

---

[1] 20世纪70年代中期之后，路易斯·莱文的研究工作受到广泛的引用，因为这个时期之后，性选择理论不再局限于果蝇研究群体。在1965—1982年之间，路易斯又发表了6篇关于小鼠性选择的论文：*Sexual Selection in Mice.IV. Experimental Demonstration of Selective Fertilization*，刊登于*American Naturalist*，第101卷，第919期（1967）；*Sexual Selection in Mice.VI. Effects of Fostering*，刊登于*Journal of Heredity*，第73卷，第5期（1982）；*Interstarin Fighting in Male Mice*，刊登于*Animal Behavior*，第13期（1965）；*Studies on Sexual Selection in Mice.III. Effects of the Gene for Albinism*，刊登于*American Naturalist*，第100卷，第912期（1966）；*Studies on Sexual Selection in Mice. II. Reproductive Competition between Black and Brown Males*，刊登于*American Naturalist*，第99卷，第905期（1965）；*Sexual Selection in Mice.V. Reproductive Competition between +/+ and +/−males*，刊登于*American Naturalist*，第11卷，第1期（1980）。

[2] 参见李·埃尔曼、鲍里斯·斯帕斯基、奥尔加·帕夫洛夫斯基和狄奥多西·杜布赞斯基撰写的论文：*Sexual Selection, Geotaxis, and Chromosomal Polymorphism in Experimental Population of Drosophila pseudoobscura*，刊登于《进化》，第19卷，第1968期（1965）。埃尔曼于1959年获得哥伦比亚大学博士学位，之后继续留在杜布赞斯基的实验室工作，直到1970年才离开去往加利福尼亚大学戴维斯分校。

表相关文章，与她们的研究内容唯一不同之处是果蝇品系，佩蒂特研究的是黑腹果蝇，而埃尔曼的研究对象是拟暗果蝇和拟斑果蝇。随后，埃尔曼也从艾略特·B.斯皮斯处得到了相同的信息。最终，埃尔曼的实验结果刊登在美国的《进化》杂志上，她在文章中引用了佩蒂特的观点，致使佩蒂特的研究结果被众多使用英语的研究者知晓[1]。

此后，杜布赞斯基应柏辛格邀请前往法国进行项目合作交流。一到巴黎，杜布赞斯基便造访了佩蒂特的公寓，在那里一边吃晚餐，一边探讨遗传学[2]。回到纽约后，杜布赞斯基立刻安排佩蒂特和她18岁的女儿到纽约的洛克菲勒研究所工作，两人在那里与埃尔曼一起进行了为期3个月的合作研究。在此期间，佩蒂特结识了来自不同国家的果蝇学家。后来，她曾去日本、巴西和意大利与果蝇学家开展合作交流。在访问纽约后的几年里，佩蒂特和埃尔曼共同发表了许多研究文章，与此同时，佩蒂特自己也发表了新的研究成果。这些新的研究成果证实了稀有雄性效应的重要性，并不是斯皮斯认为的仅是一个

---

[1] 参见李·埃尔曼的论文：*A Release Experiment Testing Mating Advantage of Rare Drosophila Males*，刊登于 *Behavioral Science*，第15卷，第4期（1970）；*Frequency Dependence of Mating Success in Drosophila pseudoobscura*，刊登于 *Genetic Research*，第11期（1968）；*Further Studies on Genotype Frequency and Mating Success in Drosophila*，刊登于 *American Naturalist*，第101卷，第921期（1967）；《性选择和人类起源1871—1971》（1972）中，李·埃尔曼撰写的 *Genetics and Sexual Selection* 部分内容；*Mating Success and Genotype Frequency in Drosophila*，刊登于《动物行为》，第14期（1966）；*Sensory Basis of Mate Selection in Drosophila*，刊登于《进化》，第23期（1969）；*Simulation of the Mating Advantage in Mating of Rare Drosophila Males*，刊登于《科学》，第167期增刊（1970）；*The Mating Advantage of Rare Males in Drosophila*，刊登于 *Proceedings of the National Academy of Sciences of the United States of America*，第65卷，第2期（1970）。

[2] 我可以证实佩蒂特的热情好客和烹饪技术！

实验错误的来源，而是证实了果蝇中的达尔文式雌性选择和性选择。同时，路易斯·莱文在小鼠实验中也发现了这个重要性。

20 世纪 60 年代，群体遗传学界对稀有雄性效应的接受凸显出种群遗传基因构成和多态性在进化论中的重要性。随之也带来了许多问题：首先，性选择是什么？是种群中随机交配的一个简单偏离，还是雌性个体选择雄性个体的一种特别模式？其次，适应度指的是什么？仅是指个体繁育率，还是表征种群中个体的物理状态？最后，自然意味着什么？因为这些实验是在实验室中进行的，而且果蝇是唯一的实验材料，那么，佩蒂特和埃尔曼的研究成果是人为的结果吗？还是这些实验已经证明了自然界中野生种群的进化是如何发生的？

对于埃尔曼和佩蒂特来说，稀有雄性效应的重要性在于这种性选择最终可能会使自然种群维持其遗传多态性。她们用自己的研究结果捍卫了杜布赞斯基的遗传可变自然种群平衡模型。她们一致认为，雌性个体通过选择稀有雄性个体可以防止稀有雄性个体的基因型从一个种群中彻底消失，进而维持种群的遗传多样性。

其他生物学家质疑佩蒂特和埃尔曼将雌性选择与种群遗传多样性相关联的观点，他们认为种群的高遗传多样性是通过其他方式保持的。例如，柏辛格提出，种群内雄性个体间竞争产生的杂交效应也能够维持一个种群的遗传多样性高度。他认为，一个种群的遗传多样性不必通过几个基因位点上有少量突变的个体来维持。相反，如果基因有大范围突变的少量个体更易获得配偶，那么这个种群的遗传多样性也可以维持[1]。为此，他进行了多个实验用以观察单个黑腹果蝇种群中野生型和突变型雄性个体的繁育率。其中，野生型雄性个体较同窝的突变型雄性个体具有更多的杂合等位基因。在实验过程中，他将一只雄性果蝇和多只不同基因型雌性果蝇放在一起，48 小时后，分离雌雄果蝇，进一步记录雌性果蝇的受精率。柏辛格是以受精率来表征果蝇繁育率的，不是像佩蒂特和埃尔曼那样，通过分析子一代的基因型来计算。

柏辛格发表文章时也引用了佩蒂特和埃尔曼的观点，但不是为了证明稀有雄性效应，而是用于说明在大多数果蝇的种群中，野生型个体的繁育率都比突变型个体高。他认为佩蒂特和埃尔曼的研究结论是正确的，即一个种群内的性选择能够提高其杂合性，但两人提出的雌性选择解释机制是错误的。他在文中写道："这种强力的性选择，即便不是唯一，主要也是雄性个体性活力和雌性个体接受力不同的结果。"柏辛格认为他的研究进一步证实了阿尔弗雷德·亨利·斯特蒂文特关于果蝇性选择的结论，即雌性果蝇没有进行选择，但是雄性果蝇个体性活力取决于其遗传基因。该

---

[1] 被称之为"杂交优势""杂交效应""杂种优势"或"杂合了优势"的理论，即具有较大遗传多样性的个体比遗传多样性较小的个体更容易存活并繁育较多的后代。这一理论的一个基础是源于杂交玉米在农业中的巨大成功。参见 *His Own Synthesis: Corn, Edgar Anderson, and Evolutionary Theory in the 1940s*（1999）. 这一理论的另一个基础是选择的优生论，可参见 *Polymorphism and Heterosis: Old Wine in New Bottles and Vice Versa*（1987）. 关于当代科学家们对这一理论的观点，可以参阅论文 *A Discussion of Hybrid Vigor*，刊登于 *Proceedings of the Royal Society of London, Series B Biological Sciences*，第144 卷，第 915 期（1955）。这一期杂志内容比较特别，收录了该领域杰出人物，如肯尼斯·马瑟、约翰·梅纳德·史密斯、莱昂纳尔·彭罗斯、西里尔·达林顿、朱利安·索莱尔·赫胥黎和 J.B.S. 霍尔丹等的 13 篇论文。

文章发表于 1915 年[1]，通过柏辛格的文章可以看出，他与佩蒂特和埃尔曼对交配行为理解存在另一个根本性区别。埃尔曼和佩蒂特主张的交配选择模型中，雌性果蝇更喜欢与种群中稀有类型的雄性个体进行交配。而柏辛格的模型是利用雄性果蝇的活力来解释埃尔曼和佩蒂特的实验结果的，表面上看到的雌性选择是由于雄性果蝇在引诱雌性果蝇进行交配时所产生的刺激不同引起的。活力充沛的雄性果蝇更善于产生刺激，进而能够和较多的雌性果蝇发生交配。在柏辛格看来，一只雌性果蝇会与第一只剧烈刺激她的雄性果蝇进行交配。他将雄性竞争的概念与物种特有的求偶信号紧密结合，也就是说，只有健康而且物种正确的雄性个体才能够准确地激发一个雌性个体的性活动。

然而，尽管佩蒂特、埃尔曼和柏辛格三位遗传学家在对实验结果的分析阐述上存在明显的差异，但三人一致认为性选择能够提高一个种群的遗传多样性。他们均提出如下观点：性选择可以抵消自然选择对种群遗传多样性的筛选效应，是物种进化的一种机制。

同样，对其他遗传学家来说，稀有雄性效应更加强化了性选择和生殖隔离是同一连续体两个部分的观点。这一理论是杜布赞斯基在 1944 年撰写的文章中提出的，然而，文章发表后几乎没有受到多少生物学家的关注。直到 1971 年，佩蒂特所在巴黎大学群体遗传学实验室的一名研究生 A. 佛格莱尔

---

[1] 参见 *The Role of Sexual Selection in the Maintenance of the Genetical Heterogeneity of Drosophila Populations and Its Genetic Basis*. 关于斯特莱温特的实验，我在第 2 章已详细讨论。可参见 *Experiments on Sex Recognition and the Problem of Sexual Selection in Drosophila*（1915）.

（A.Faugeres）提出：性选择和生殖隔离是同一进化现象的两个部分；生殖隔离只是性选择的一个特例，会影响两性个体，进而引起趋同的性选择，那么将所有不符合随机交配的机制都定义为性选择似乎是合乎逻辑的[1]。在这个连续体（continuum）中，所有非随机交配的方式都被视为性选择。一方面，正向选型交配将引起生殖隔离，例如，能够提高彼此频率的交配方式；另一方面，频率依赖性交配行为（如稀有雄性效应）能够保留种群中的稀有个体，从而维持种群的遗传平衡。

对佩蒂特和埃尔曼研究观点的接受，也揭示了进化论群体中的另一个矛盾点，即雄性个体成功交配与他生存的环境有关系吗？换句话说，适应度是相对的吗？因为适应度是表征一个个体对特定环境和种群基因构成的适应值。或者，适应度是绝对的吗？因为每个雄性个体拥有限定的活力。

1963 年，也就是埃尔曼再次发现佩蒂特的稀有雄性效应两年之前，朱利安·索莱尔·赫胥黎就杜布赞斯基的《人类进化》（1962）一书，撰写了一篇书评[2]。在这篇文章中，赫胥黎表示生物学界需要持续地鉴别“生殖选择”和“生存选择”；适应度可以被定义为个体的物理活力或者个体拥有子代的能力，但是生物学家对这个术语的使用方式并不一致，导致与进化相关的文献中表达混乱。赫胥黎担忧的关键点在于群体遗传学家，特别是杜布赞斯基，倾向于把适应度认定为个体单一的繁殖力，而

---

[1] 参见 A. 佛格莱尔、克劳丁·佩蒂特和 E. 施布特的论文：*The Components of Sexual Selection*，刊登于《进化》，第 25 卷，第 2 期（1971）。

[2] 参见朱利安·索莱尔·赫胥黎的论文：*Untitled review of Mankind Evolving*，刊登于 *Perspectives in Biology and Medicine*，第 6 期（1962），p144–148。

不是个体完整的活力或生命值。此后，赫胥黎给多位朋友写信，征询他们对适应度的定义，同时也表达了自己的想法[1]。绝大多数朋友回信表示支持他的想法。例如，恩斯特·迈尔便回信表示完全同意赫胥黎的观点，他在信中写道："你可能已经注意到，在对自然选择的论述中，我已十分明确地区分了真实适应度的优势与单纯繁殖力的优势。这正是你所表述的观点。"两周后，伯纳德·伦施（Bernard Rensch）也回信道："我必须承认我也非常吃惊地看到，狄奥多西·杜布赞斯基和乔治·盖洛德·辛普森使用'适应度'均只是表征个体繁殖力。显然，杜布赞斯基是一位遗传学家，所以他主要关注的是遗传性状的可量度。然而，辛普森可能已经发现，如此定义这个词有些片面，没有涵盖它的全部意义，特别是没有包含达尔文阐释的意思[2]。"

把定义适应度与选择的水平层次相关联，会使得问题更加复杂化。赫胥黎和迈尔认为，个体是选择的功能单位，因此只

---

[1] 赫胥黎的第一封书信是于1962年8月3日写给乔治·盖洛德·辛普森的，具体信息参见朱利安·索莱尔·赫胥黎文集，MS50，系列三，信件，34区，3号文件夹，收藏地址：美国得克萨斯州休斯敦莱斯大学伍德森研究中心丰登图书馆（以下简称RU-Fondren）。

[2] 迈尔在1963年2月19日给赫胥黎回了信，具体内容参见朱利安·索莱尔·赫胥黎文集，MS50，系列三，信件，34区，2号文件夹，RU-Fondren。伯纳德·伦施在1964年4月4日给赫胥黎回了信，具体内容参见朱利安·索莱尔·赫胥黎文集，MS50，系列三，信件，36区，4号文件夹，RU-Fondren。马尔茨·斯威特利兹对适应度做了广泛的讨论，他认为："第二次世界大战后进化生物学中的适应度有多种含义，虽然大多数生物学家没有公开支持这一说法，但自己都已经认识到了这一点。诸如适应度具有一个特殊的含义，或者遗传学家使用严格的、量化的定义取代模糊不确定、价值衡量的定义的说法，与其说是对现状的描述，不如是给予现状的处方。"参见马尔茨·斯威特利兹未公开发表的文章 *The Contested Meaning and Usage of 'Fitness' in Post-World War II Evolutionary Biology*，p36。关于现代生物学论述中，'*fitness*'一词的多重含义，参见科斯塔斯·B. 克里姆巴斯的论文：*On Fitness*，刊登于 *Biology and Philosophy*，第19期（2004）。

有个体具有真实的适应度值。然而，一些遗传学家认为，适应度可能是一个种群中一个个体的属性，或是一个等位基因群体中的一个等位基因的属性。那么问题来了，到底是个体还是基因呢？柏辛格认为，佩蒂特和埃尔曼的研究结果源于种群中个体的活力，而非雌性选择，这个结论是基于传统的适应度概念，即适应度是果蝇体内一个真正的物理现象。而对于佩蒂特和埃尔曼来说，适应度仅是一个简单而受环境影响的统计现象。

事实上，绝大多数种群遗传学家赞同佩蒂特和埃尔曼的观点，认为适应度是相对的。杜布赞斯基在阅读了赫胥黎的书评后，随即回复了一封信。他在信中回应道："自达尔文和赫伯特·斯宾塞（Herbert Spencer, 1820—1903）之后，自然选择和适应度的概念已逐渐改变，这和科学中其他许多概念是一样的。正如我们现在所讲的物种的概念不同于林奈对物种的定义，基因的概念也不同于孟德尔或贝特森对基因的定义。希腊词典的编著者当然可以创造新的、不同的术语，但我不认为这是合适的，或者说有必要的[1]。"杜布赞斯基坚持认为，真正的适应度就是个体的繁殖力，而不是什么隐含的物理性活力。另一位得克萨斯大学的群体遗传学家小岛健一，在 1971 年发表了一篇论文，题目是 *Is There a Constant Fitness Value for a Given Genotype? No!*（《一个既定的基因型是否具有恒定不变的适应度值？否！》）[2] 在文章中，小岛引用了佩蒂特和埃尔曼的研究，用

---

[1] 杜布赞斯基在1963年3月14日给赫胥黎写了回信，具体内容参见朱利安·索莱尔·赫胥黎文集，MS50，系列三，信件，34 区，3 号文件夹，RU–Fondren。

[2] 参见小岛健一的论文：《一个既定的基因型是否具有恒定不变的适应度值？否！》，刊登于《进化》，第 25 卷，第 2 期（1971）。

以作为频率依赖性交配选择的第一个实验依据。此文的结论是：毋庸置疑，非恒定不变的适应度是种群研究的一个定律，和它的题目一样坚决。小岛健一认为，佩蒂特和埃尔曼的研究工作已经清楚地证明，种群是如何应对不同的繁殖力而逐渐进化的。此外，他也指出，佩蒂特和埃尔曼的研究工作表明个体繁殖力在不同的环境中是不同的。雌性选择，也就是性选择，可以维持个体的遗传变异和种群遗传多样性。直到 1975 年，进化论的理论学家提出，稀有雄性效应是唯一已知的性选择机制，可以维持种群遗传多样性[1]。

尽管在果蝇的实验室种群中已经证明了性选择的有效性，但果蝇之外的其他物种种群以及实验室之外的自然界种群中，稀有雄性效应的作用并没有得到证实，这是一些生物学家担心的问题。例如，1970 年，波默罗伊·斯诺克（Pomeroy Sinnock）发表了一系列科学实验的结果，用于证明生物学家担心的第一个问题。斯诺克的这些实验是他师从 I. 迈克尔·勒纳（I. Michael Lerner）教授的研究生期间开展的关于遗传学的研究项目。斯诺克的实验结果证明在赤拟谷盗（*Tribolium castaneum*）中存在稀有雄性效应。然而，这些实验结果对理解自然界中进化的重要性，斯诺克本人没有抱太大的希望[2]。此后，很多学者

---

[1] 参见 D. 查尔斯沃思和 B. 查尔斯沃思的论文：*Sexual Selection and Polymorphism*，刊登于 *American Naturalist*，第 109 卷，第 968 期（1975）。另参见 W.W. 安德森的论文：*Polymorphism Resulting from the Mating Advantage of Rare Male Genotypes*，刊登于 *Proceedings of the National Academy of Sciences of the United States of America*，第 64 期（1969）。

[2] 参见波默罗伊·斯诺克的论文：*Frequency Dependence and Mating Behavior in Tribolium castaneum*，刊登于 *American Naturalist*，第 104 卷，第 939 期（1970），p475。

也在其他物种种群内开展了类似的实验，结果发现家蝇中不存在稀有雄性效应，但是一种小型的寄生蜂中存在[1]。自此，反对者对稀有雄性效应和频率依赖性选择的攻击，从这些现象只存在于果蝇种群中，转变为质疑实验室环境是不是研究进化的理想场所。

总而言之，稀有雄性效应的拥护者把雌性选择和性选择联系在一起，一方面是因为稀有雄性效应表示了随机交配的一个偏差，另一方面是因为拥护者们发现稀有雄性效应维持一个种群遗传多样性的作用与自然选择的筛选效应相反。克劳丁·佩蒂特和李·埃尔曼并没有像约翰·索迪和约翰·梅纳德·史密斯那样去找寻雌性选择作为物种形成机制的方式，而是强化了种群遗传学家的认知，即雌性选择是一个单种群中一种强有力的选择机制，至少在实验室和相关学术论文中如此。

性选择和理论群体遗传学

一旦实验群体遗传学家接受雌性选择是一个物种可行的选择机制，理论群体遗传学家便开始拓展他们的理论模型来回答雌性选择是否也能够引起性别二态性。为什么雄性个体和雌性个体看起来不同，在近几十年的时间里已经不再是群体遗传学家的研究内容。20 世纪 60 年代末至 70 年代初，在理论生物学家开始对雌性选择是进化的一种机制感兴趣时，他们的模型都

[1] 参见 D. 柴尔德里斯和 I.C. 麦克唐纳的论文：*Tests for Frequency- Dependent Mating Success in the House Fly*，刊登于《行为遗传学》，第 3 期（1973）。另参见布鲁斯·格兰特、G. 安·施耐德和斯蒂文·F. 格斯纳的论文：*Frequency- Dependent Mate Selection in Mormoniella vitripennis*，刊登于《进化》，第 28 卷，第 2 期（1974）。

将建立在当下果蝇学家的实验和理论结论的基础上，即无论是在理论还是在实验中，雌性都有选择交配对象的能力。实验群体遗传学家关于进化和雌性选择的研究最终通过那些 20 世纪 60 年代发展起来的性选择理论模型渗透到个体生物学中。

例如，教学群体遗传学家彼得·奥唐纳德（Peter O' Donald）在班戈尔的北威尔士大学动物系攻读博士学位时，就用计算机模拟了性选择的过程[1]。奥唐纳德认为，正如之前达尔文和费希尔的观点一样，那些在繁殖季节早期进行交配的个体将同时受到自然选择和性选择的青睐[2]。据此推测，在繁殖季节早期交配的雄鸟一定比晚期交配的雄鸟更具吸引力，因为雌鸟先选择了他们。如果这些雄鸟产生的子代数量也比晚期交配雄鸟的子代数量多，那么雌性选择和自然选择的效应是相互叠加的。为了验证这一模型，奥唐纳德收集了北极贼鸥（一种在北极苔原地上营巢的海鸟）的繁殖统计数据，发现早期交配的雄鸟确实产生了相对更多的后代[3]。因此，繁殖期个体的吸引力大小与其适应度或繁殖力的高低密切相关，也是交配质量的一个绝佳表征。

北极贼鸥研究数据的另一个意义是，奥唐纳德证明了性选

---

[1] 彼得·奥唐纳德曾经用过两台电脑开展此类工作，一台是位于北威尔士大学的 Elliott 803，一台是位于英格兰伯克郡奇尔顿科学研究委员会的 Atlas I。参见彼得·奥唐纳德的论文：*A General Model of Sexual and Natural Selection*，刊登于 *Heredity*，第 22 期（1967），p499。

[2] 参见彼得·奥唐纳德的论文：*Natural Selection of Reproductive Rates and Breeding Times and Its Effect on Sexual Selection*，刊登于 *American Naturalist*，第 106 卷，第 949 期（1972），p379。

[3] 北极贼鸥繁殖相关的统计数据后来收录于彼得·奥唐纳德的著作：《性选择的遗传模式》（剑桥：剑桥大学出版社，1980）和 *The Arctic Skua*（剑桥：剑桥大学出版社，1983）。

择不仅存在于多配型鸟类种群中，而且发生在单配型鸟类种群中。对于单配型即一雌一雄交配的物种，与适应度关联的繁殖期突变能够维持一个种群的遗传多态性；而在多配型的物种中，稀有雄性效应也同样能够维持种群的遗传多态性❶。然而，似乎很少有人对奥唐纳德的性选择研究工作感兴趣，他开始对自己的学术前途感到沮丧❷。是他的朋友，英国生态遗传学家菲利普·谢帕德支持他坚持下去的。在谢帕德的鼓励下，奥唐纳德开始致力于探究动物拟态的进化，直到 20 世纪 70 年代，他才全身心回归到性选择的问题研究上❸。

回归后，奥唐纳德便专心致力于罗纳德·艾尔默·费希尔式性选择失控理论的研究。费希尔的性选择失控理论不同于达

---

❶ 参见彼得·奥唐纳德发表的论文：*Frequency Dependence and Polymorphism in Models of Sexual Selection*，刊登于 *American Naturalist*，第 3 卷，第 977 期（1977）；*Mating Preferences and Sexual Selection in the Arctic Skua. II. Behavioral Mechanisms of the Mating Preferences*，刊登于 *Heredity*，第 39 卷，第 1 期（1977）；*Natural Selection of Reproductive Rates and Breeding Times and Its Effect on Sexual Selection*（1972）；*Polymorphisms Maintained by Sexual Selection in Monogamous Species of Birds*，刊登于 *Heredity*，第 32 卷，第 1 期（1974）。

❷ 参见奥唐纳德在 1968 年 6 月 10 日写给谢帕德的信，收录于菲利普·谢帕德文集，MS Coll，系列一，信件，彼得·奥唐纳德文件夹，美国哲学学会（American Philosophical Society，APS）图书馆。

❸ 彼得·奥唐纳德在这个时期撰写的论文如下：*A General Model of Mating Behaviour with Natural Selection and Female Preference*，收录于 *Heredity*，第 40 卷，第 3 期（1978）；*Frequency Dependence and Polymorphism in Models of Sexual Selection*（1977）；*Mating Preferences and Sexual Selection in the Arctic Skua. II. Behavioral Mechanisms of the Mating Preferences*（1977）；塞缪尔·卡林和艾维尔塔·内沃编著的 *Population Genetics and Ecology*（纽约：Academic Press，1976）中 *Mating Preferences and Their Genetic Effects in Models of Sexual Selection for Colour Phases of the Arctic Skua* 部分内容；*Models of Sexual and Natural Selection in Polygamous Species*，刊登于 *Heredity*，第 31 卷，第 2 期（1973）；*Natural Selection of Reproductive Rates and Breeding Times and Its Effect on Sexual Selection*（1972）；*Polymorphisms Maintained by Sexual Selection in Monogamous Species of Birds*（1974）；以及 *Theoretical Aspects of Sexual Selection: A Generalized Model of Mating Behaviour*，刊登于 *Theoretical Population Biology* 第 13 卷，第 2 期（1978）。

尔文的自然选择模式，因为在费希尔的理论中，雌性偏好雄性夸张的性状。拥有这种夸张性状的雄性个体对雌性更具吸引力，也将会仅仅因为他们的美貌而产生更多的后代。奥唐纳德坚持说道："费希尔式性选择失控过程的终止只会发生在被选择雄性通过自然选择获得的劣势超过了性选择时[1]。"他把费希尔的理论视为与自然选择背道而驰的一种进化机制的一个例子。

虽然奥唐纳德大量借鉴了埃尔曼、佩蒂特和斯皮斯的群体遗传学研究成果，以及梅纳德·史密斯的早期研究成果，但他是从行为学的角度诠释了雌性选择。他利用数学模型把雌性选择模拟成雄性个体求偶行为引起雌性个体交配响应的可能性[2]。他把稀有雄性效应或者雌性选择定义为：雌性个体对特定类型雄性个体表现交配响应行为的最低阈值[3]。奥唐纳德坚持认为，雌性个体进行配偶选择时只是在做评估，她们对于雄性个体求偶行为都有确定的接受阈值，她们只会选择超过这个阈值的雄性个体，鸟类就是如此[4]。通过把雌性选择应用到这样的模型里，奥唐纳德便可以确定其中选择的参数，进而研究较强或较弱雌性偏好交配行为的进化结果。然而，奥唐纳德的模型刷新了果蝇学者所持有的雌性主动选择的观点，把它

---

[1] 参见彼得·奥唐纳德的论文：*Do Female Flies Choose Their Mates? A Comment*，刊登于 *American Naturalist*，第 122 卷，第 3 期（1983），p415。

[2] 参见 *A General Model of Sexual and Natural Selection*（1967），p499。

[3] 参见 *Theoretical Aspects of Sexual Selection: A Generalized Model of Mating Behaviour*，（1978），p226，以及 *A General Model of Mating Behaviour with Natural Selection and Female Preference*（1978），p427–428。

[4] 参见 *Mating Preferences and Sexual Selection in the Arctic Skua.II. Behavioral Mechanisms of the Mating Preferences*（1977），p111。

视作一个被动的阈值。

20 世纪 70 年代之后，随着性选择理论模型在生物学领域的盛行，果蝇也就失去了其在动物行为生物学家研究中典型代表的地位。2002 年，在对约翰·梅纳德·史密斯的一次采访中，笔者曾就现代的鸟类学家是否了解那些果蝇的行为学研究问题向他提问，他当时回答道："不，我不认为他们知道，在他们的眼里，果蝇就不是个生物。"类似的对话也发生在对李·埃尔曼的采访中，她惊呼道："想象一下，如果我们能够在野外环境中看到果蝇交配。我的意思是说真正用肉眼看到！很少有人去做那样的尝试，去观察偶尔进入你的桶里或落到你放置的诱饵上的果蝇，看它们有没有在那里发生交配等，我认为这只是我们视觉上的问题。人类收集数据的主要感觉器官就是我们的眼睛，而在野外环境中你是真的看不到果蝇[1]。"无论是梅纳德·史密斯对动物行为的实验室研究和野外研究的清晰划分，还是埃尔曼对缺乏果蝇行为野外研究的沮丧，都意味着生物学家对不同环境下果蝇多变的行为越来越感兴趣。

20 世纪 50—60 年代，动物学家逐渐意识到果蝇这种有机体所呈现的行为模式取决于其所处的实验室环境。稀有雄性效应意味着，雌性个体对特定种类雄性个体的偏好会随着其在种群中遇到雄性个体的频率而变化。此外，研究者开始对果蝇进行条件反射实验，结果发现通过训练，果蝇对不同气味的反应

---

[1] 出自作者对李·埃尔曼的采访，时间：2002 年 12 月。

会发生变化[1]。后来的研究进一步证明，果蝇的生长环境能够影响它们成年后的行为[2]。在这些学术文章中的讨论部分，研究者都强调了控制实验环境条件对防止果蝇异常行为反应的重要性。但问题是，没有人知道果蝇的正常生活环境条件是什么样子的，而且这个条件又很难找到。

1970 年，研究行为学的遗传学家创立了一本独立的杂志，命名为 *Behavior Genetics*（《行为遗传学》），用以发表他们的研究成果。这本杂志给行为遗传学的研究提供了一个平台，刊发的文章以果蝇、小鼠和与人类相关的研究为主。该杂志的刊行也标志着遗传学家和个体生物学家关于如何更好开展行为进化研究的学术分歧日益扩大。

20 世纪 60 年代，在后合成理论和群体遗传学界，雌性选择和物种形成的相互关系已经推动了大量关于性选择是一种进化机制的研究，并借此巩固了性选择在生命科学理论中的地位。20 世纪 70 年代，尽管个体生物学家关于果蝇雌性选择的实验处于雌性选择和性选择理论模型发展初始的重要阶段，但他们仍然很少引用埃尔曼、佩蒂特和斯皮斯的研究成果。相反，个体生物学家对于雌性选择和性选择的兴趣源自进化理论学家创立的进化变异模型，如约翰·梅纳德和彼得·奥唐纳德的数学模型。这些数学理论模型与实验群体遗传学的联系已然被切断。

---

❶ 参见韦恩·A. 赫什伯格和莫里斯·P. 史密斯的论文：*Conditioning in Drosophila melanogaster*，刊登于 *Animal Behaviour*，第 15 卷，第 2 期和第 3 期（1967）。

❷ 参见露西·B. 埃里斯和西摩·克斯勒的论文：*Differential Posteclosion Housing Experiences and Reproduction in Drosophila*，刊登于 *Animal Behaviour*，第 23 卷，第 4 期（1975）。

到 20 世纪 60 年代末，无论是理论群体遗传学家还是实验群体遗传学家都不再关注一个雌性个体是否能够选择的问题。实验数据已完美地证明，雌性个体能够区别自身物种和其他物种的雄性个体，而且更喜欢与同种类某些雄性个体发生交配。因此，雌性个体对配偶的选择既包括种间偏好也包括种内偏好。

20 世纪 60 年代，对于理论群体遗传学家和实验群体遗传学家来说，同域物种形成、稀有雄性效应和性选择均为同一关联问题的一部分。就生殖行为而言，这些生物学家主要感兴趣的是理解雌性选择对非人类动物种群遗传结构进化的影响，以及这种遗传结构随着时间的推移如何因交配偏好而改变。群体遗传学家致力于探究生殖行为对物种进化过程的影响，这为雌性选择是物种形成和物种种内进化的一种机制的观点带来了新的热度。然而，当下对雌性选择的研究也揭示，进化生物学家对某些问题存在很严重的分歧，如行为在物种形成中的作用、适应度的定义、群体水平进化过程对物种进化的重要性和昆虫的实验室研究结果对理解田野中昆虫进化过程的意义。

在一个非常基础的层面上，恩斯特·迈尔怀疑雌性选择作为一种进化机制的重要性。他认为，如果雌性选择的重要性仅仅体现在同域物种的形成和提升或维持单一种群的遗传多样性，那么它可能就不是解释物种多样性的一个重要机制。然而，大多数对交配行为感兴趣的果蝇遗传学家，无论是作为研究生还是作为访问学者和合作者，都与卓尔不群的合成生物学创立者狄奥多西·杜布赞斯基有关联。杜布赞斯基与他的许多学生和访问学者建立了持久的友谊，他组织了一个由多国遗传学家组成的国际团体，这个团体中的成员均认为，行为既是同域物种形成的机制，也是单一物种或种群进化的机制[1]。

通过认定雌性选择和性选择是可行的进化机制，实验群体遗传学家和理论群体遗传学家为进化过程创造了一个独立于自然选择工作的概念空间。性选择作为物种形成的一种机制，可能引起同域物种形成。正如自然选择能够从繁殖群中淘汰适应度较低的个体一样，雌性个体对稀有雄性的选择，作为改变单一种群中基因频率的一种机制，可以起到维持种群遗传多样性的作用。雌性选择作为引发物种形态变异的一种机制，能够促使雄性个体表现出夸张的性状，即便雄性个体会因为这些性状而更容易被捕食。因此，雌性选择与自然选择既有一致的作用，如同域物种形成或稀有雄性效应；也有相反的作用，如达尔文的性选择。

在群体遗传学中，大多数雌性选择的模型式也假定交配对象选择的决定既利于个体的进化，又利于物种整体的进化发展。稀有雄性效应尤其如此，在这种模式中，群体遗传学家假定雌性个体的这些选择起到了维持所在种群遗传多样性的作用。拥有较高遗传多样性的种群在进化中的优势在于，在多变的环境下不太可能灭绝。在稀有雄性效应的影响下，物种优势能够驱动其个体行为进化的理论一直维持到 20 世纪 70 年代中期，这远远超过了群体选择被乔治・C. 威廉姆

---

[1] 参见作者对佩蒂特的采访以及对埃尔曼的采访，另参见马克・B. 亚当斯（Mark B. Adams）编著的 *The Evolution of Theodosius Dobzhansky: Essays on His Life and Thought in Russia and America*（普林斯顿，新泽西：普林斯顿大学出版社，1994）。

斯（George C. Williams）著作表面征服的时间，乔治·C. 威廉姆斯的著作 *Adaptation and Natural Selection: A Critique of Some Current Evolutionary Thought*（《适应与自然选择》）出版于 1966 年[1]。

在雌性选择研究中另外一个突出的问题是关于个体适应度定义的争论。20 世纪 60 年代中期，朱利安·索莱尔·赫胥黎曾发起了一场区分生殖适应度和生存适应度的运动。虽然进化生物学界的一些成员，如乔治·盖洛德·辛普森和恩斯特·迈尔，当然还有赫胥黎，多年来一直支持这场运动，但随着 1953 年 DNA 分子结构的发现以及 20 世纪 60 年代 DNA 的解码和分子生物学的兴起，越来越多的生物学家开始认为，群体遗传学家在他们描述种群如何进化的数学模型中将生殖和生存混为一谈。

20 世纪中叶，遗传学家多数时候都会很谨慎地将他们的科学实验结果与其对人类进化的普适影响区分开来。纵览 20 世纪的出版物，生物学家越来越多地将其划分成两种：一种是面向大众读者的，这些读者认为讨论动物研究对理解人类的意义是可以接受的；另一种是面向生物学专业的读者，这些读者认为动物研究的结果只是动物的。在专业杂志上，讨论人类可能会被其他生物学家解读为不专业、拟人化或者僭越了科学论述的

---

[1] 参见马克·E. 波雷洛的论文：*The Rise, Fall and Resurrection of Group Selection*，刊登于 *Endeavour*，第 29 卷，第 1 期（2005）；*Synthesis and Selection: Wynne Edwards Challenge to David Lack*，刊登于 *Journal of the History of Biology*，第 36 期（2003），p531－566，以及乔治·C. 威廉姆斯的著作：《适应与自然选择》（普林斯顿，新泽西：普林斯顿大学出版社，1966）。

逻辑[1]。尽管群体遗传学家普遍认为他们在果蝇和其他昆虫中开展的实验与理解人类遗传学密切相关，但他们很少在自己发表的学术文章中如此论述，而是选择把这部分留给书评和哲理思考。然而，从 20 世纪 70 年代开始，这些书评和哲理思考逐渐帮助性选择在进化理论中占有一席之地。

[1] 参见迈克尔·罗斯的著作：*Monad to Man: The Concept of Progress in Evolutionary Biology*（剑桥，马萨诸塞：哈佛大学出版社，1997）。

06 选择的历史：将雌性选择写入个体生物学

从某种程度上来说，分子生物学的蓬勃发展使得生物学的影响力遭遇了意想不到的倒退。在局外人看来，物理和化学是所有科学的核心。未来，我们必须加倍努力才能恢复个体生物学的影响，让人们更加了解拥有社会性和生理活动的独一无二的人类个体是如何进化而来的。

——恩斯特·迈尔致朱利安·索莱尔·赫胥黎[1]

---

[1] 参见 *Epigraph. Ernst Mayr to Julian Huxley*，1967 年 10 月 3 日，《恩斯特·迈尔论文集》，HUGFP 14.17, HU.

到20世纪60年代，生物学家已不再能坚定无疑地说，只有人类会使用工具，或者只有人类能够通过学习语言进行交流，抑或只有人类可以按照合理的规则行事[1]。简·古道尔（Jane Goodall，1934—）关于黑猩猩使用和制造工具的发现震惊了科学界。听到这个消息后，古道尔的导师之一，人类学家路易斯·利基（Louis Leakey，1903—1972）便说道："我们现在必须重新定义工具，重新定义人类，或者接受黑猩猩是人类[2]。"从20世纪60年代后期至20世纪70年代初，通过在*National Geographic*（《国家地理》）杂志上发表文章，录制纪录片*Miss Goodall and the Wild Chimpanzees*（《古道尔小姐和野生黑猩猩》，1965）以及出版畅销书*In the shadow of Man*（《在人类的阴影下》，1971），古道尔的发现得以广泛流传。古道尔是位年轻、美丽的白人女性，从女性历史学家唐娜·哈拉维（Donna Haraway）的观察者角度看来，古道尔填补了西方白人文明和黑色大陆原始野兽之间的鸿沟。古道尔的纪录片和发表于《国家地理》杂

---

[1] 1958年，舍伍德·沃什伯恩和弗吉尼亚·阿维斯提出："直立行走、使用工具和大脑发达，特别是具备语言能力是区别猿和人类的特征。"参见安妮·罗和乔治·盖洛德·辛普森编著的*Behavior and Evolution*（纽黑文，康涅狄格：耶鲁大学出版社，1958），p421中伍德·沃什伯恩和弗吉尼亚·阿维斯撰写的*Evolution of Human Behavior*部分内容。

[2] 参见简·古道尔的论文：*Learning from the Chimpanzee: A Message Humans Can Understand*，刊登于《科学》，第282卷，第5397期（1998），p2184。

志上的相关文章引起巨大反响[1]。正是由于古道尔犹如一个伊甸园中的瘦弱精灵，徒步穿越非洲热带雨林的树木和山丘，人类和动物之间才建立了科学桥梁。1969 年，更令人振奋的新闻出现在 *Science*（《科学》）杂志上，灵长类动物学家 R. 艾伦・加德纳（R. Allen Gardner）和比阿特丽斯・T. 加德纳（Beatrice T. Gardner）夫妇描述了他们如何教会一只名为 Washoe 的年轻雌性黑猩猩使用美国手语进行交流[2]。20 世纪 60—70 年代，随着大众媒体对动物行为研究的日益普及以及动物明星在电影和电视节目中的出色表演，人类对动物社会行为与性行为的理解得到大大提升[3]。

随后，在 20 世纪 70 年代，理论生物学家约翰・梅纳德・史密斯和遗传学家乔治・R. 普莱斯（George R.Price）撰写了一系列论文，其中包括 *The Logic of Animal Conflict*（《动物冲突的逻

---

[1] 简・古道尔师从罗伯特・A. 欣德，于 1965 年获得行为学博士学位。参见马歇尔・弗劳姆拍摄的纪录片：《古道尔小姐和野生黑猩猩》（华盛顿，哥伦比亚特区：国家地理学会，1965 年公映）。另参见简・古道尔的著述：《在人类的阴影下》（波士顿：foughton Mifflin Books，1971）；*My Life with the Wild Chimpanzees*，刊登于《国家地理》，第 124 卷， 第 8 期（1963）；*Tool– Using and Aimed Throwing in a Community of Free- Living Chimpanzees*，刊登于《自然》，第 201 期（1964）。正如哈拉维所说，美国国家地理学会（National Geographic Society）在一名女性灵长类动物学家获得成功后，迅速支持了其他动物学家的研究，特别是戴安・福西和雪莉・斯特鲁姆。相关研究内容参见戴安・福西的论文：*Making Friends with Mountain Gorillas*，刊登于《国家地理》，第 137 卷，第 1 期（1970）；*More Years with Mountain Gorillas*，刊登于《国家地理》，第 140 卷，第 10 期（1971）。还可参见雪莉・斯特鲁姆的论文：*New Insights into Baboon Behavior*，刊登于《国家地理》，第 147 卷，第 5 期（1975）；以及 *Primate Visions: Gender, Race, and Nature in the World of Modern Science*（1989）.

[2] 这项研究的最大贡献是表明黑猩猩的语言障碍是生理性的，而非与智力相关的。参见艾伦・加德纳和比阿特丽斯・加德纳论文：*Teaching Sign Language to a Chimpanzee*，刊登于《科学》，第 165 卷，第 3894 期新增版面（1969）。

[3] 参见 *Reel Nature: America's Romance with Wildlife on Film*（1999），p177。

辑》，1973）[1]。在这篇论文中，他们用数学模型刻画了动物进化的策略，即动物在长期的斗争过程中，可以从过往的对手身上学会反击、升级战斗力以及避免冲突。梅纳德·史密斯和普莱斯将动物每一种条件下的不败策略称为“博弈”的“进化稳定策略”。进化生物学家很快采用了这些分析工具，并称之为“进化博弈论”。

梅纳德·史密斯和普莱斯联合撰写的论文《动物冲突的逻辑》（1973）发表在著名的 *Nature*（《自然》）杂志上，这篇开创性的论文从博弈论的角度阐释了为什么本质上是自私的个体能够和平共处，甚至相互合作，同时用数学模型严谨地刻画了进化稳定策略这一基础性的概念，并通过计算机模拟进行实证分析。1982 年，梅纳德·史密斯系统地整理阐述了该领域的研究成果并撰写了著作 *Evolution and the Theory of Games*（《进化与博弈论》），奠定了进化博弈论的理论基础，于是他被公认为进化博弈论之父。在博弈中，动物的选择取决于其既定的遗传基因策略。具有较好策略的动物将存活下来，并产生较多的后代。博弈论在生物界的兴起给生物学家带来了新的契机，去讨论动

---

[1] 参见约翰·梅纳德·史密斯和遗传学家乔治·R. 普莱斯的论文《动物冲突的逻辑》，刊登于《自然》，第 246 期（1973）。梅纳德·史密斯关于博弈论的第一篇文章发表于 1972 年，在文章合集的前言中，他写道："如果我没有看到乔治·R. 普莱斯博士关于动物战斗进化的未发表手稿，我可能不会有写这本书的想法……遗憾的是，普莱斯博士更擅长提出想法而不是把它们公之于众。因此，我所能做的就是公开这些想法，如果因此而获得任何荣誉，功劳也应该属于普莱斯博士，而不是我。"梅纳德·史密斯的慷慨大度，和他喜欢在酒吧与同事讨论他的生物学理论一样广为人知。参见约翰·梅纳德·史密斯在其著作 *On Evolution*（爱丁堡：爱丁堡大学出版社，1972）p7–8 中撰写的 *Game Theory and the Evolution of Fighting* 部分内容。

物似乎理性的行为，特别是基于选择的行为，而不涉及审美或认知评估和决策的拟人化内涵。1976年，进化生物学家理查德·道金斯（Richard Dawkins）称赞梅纳德·史密斯和普莱斯的这篇论文是自达尔文理论创立以来对进化论最具影响力的贡献之一[1]。

总之，这些研究进展消除了一些区分人类和动物的明确界限，包括制造工具、社交、语言能力，以及似乎理性的行为或行为信号。相比研究亚细胞器功能的生物学家，这些进展对于研究有机体生物学和群体生物学的生物学家更为重要。狄奥多西·杜布赞斯基曾在给朋友的信中写道："有机体生物学是了解人类的基础，而分子生物学更利于理解人类的疾病和找寻治疗人类'感冒'的方法[2]。"杜布赞斯基在信中所表现出来的敌意正是体现了有机体生物学家一个共同的担忧，即日益兴盛的分子生物学成为生物学研究的终极前沿。例如，恩斯特·迈尔便赞同这样的观点，人类的困境使得有机体生物学和分子生物学研究同等重要，他曾在文中写道："在精彩的分子生物学领域之外，我们还拥有一个同等绝妙的有机体生物学领域，这个领域的研

---

[1] 参见理查德·道金斯的著作：《自私的基因》（纽约：牛津大学出版社，1976），p84。但在该书1989第二版p287中，关于"梅纳德·史密斯和乔治·R.普莱斯的论文"的描述做了修改，称之为"有点过于夸大"。到20世纪80年代，博弈论已被编入进化论的教科书中。参见 *The Cold War in Nature*. 另参见约翰·梅纳德·史密斯的论文：*Game Theory and the Evolution of Behavior*，刊登于 *Proceedings of the Royal Society of London*，生物科学B刊，第205卷，第1161期（1979）。

[2] 参见杜布赞斯基于1961年10月13日写给辛普森的信，收藏于杜布赞斯基文集，BD65，系列一，信件，乔治·盖洛德·辛普森文件夹，APS图书馆。

究将对于理解人类有机体和规划人类的未来越来越重要[1]。”在有机体生物学家对动物及人类性选择研究的影响下，雌性选择再次成为大众媒体关注的焦点。

回顾 *Evolution*（《进化》）、《动物行为》、*Trends in Ecology and Evolution*（《生态学与进化趋势》），甚至 *Journal of Theoretical Biology*（《理论生物学》）等杂志的往期刊文，就会发现人们对于雌性选择的兴趣激增开始于20世纪70年代。通过爱德华·奥斯本·威尔逊（Edward Osborne Wilson，1929—2021）所著的 *Sociobiology*：*The New Synthesis*（《社会生物学：新的综合》，1975）和理查德·道金斯所著的 *The selfish Gene*（《自私的基因》，1976），性选择迅速引起了学术界和公众的注意，它似乎为分析动物和人类性别差异的达尔文学说提供了新的理论基础[2]。在随后的研究中，有机体生物学家秉持着雌性动物具有选择交配对象能力的观点，但究其机制仍存有疑虑，即雌性个体选择是随意的（即罗纳德·艾尔默·费希尔的性选择失控理论），还是通过雄性个体夸张性状对其遗传品质的判断，抑或是被选择雄性的性状会给雌性个体带来直接的利益，诸如一个高品质的生活领地[3]？这一刻兴奋过后，当我们静下心来回

[1] 参见迈尔于1964年5月20日写给洛伦兹的信，收藏于哈佛大学档案馆，恩斯特·迈尔文集，HUGFP 14.17，康拉德·洛伦兹（1963—1964）文件夹。

[2] 参见爱德华·奥斯本·威尔逊的著作：《社会生物学：新的综合》（25周年纪念版）（2000），第15章：*Sex and Society*；理查德·道金斯的著作：《自私的基因》（1976），第9章：*Battle of the Sexes*；以及《性选择和人类起源，1871—1971》（1972）中，罗伯特·特里弗斯撰写的《亲本投资和性选择》章节。

[3] 参见 *The Ant and the Peacock: Altruism and Sexual Selection from Darwin to Today*（1991），p231-249.

看20世纪80年代关于性选择的历史材料，不难发现，生物学家对雌性选择的兴趣在20世纪的大部分时间里处于被忽视的状态。性选择黯然失色的历史很快在两个截然不同的学术讨论中获得了关注，其一是关于有机体生物学研究在生物科学中重要性的讨论，其二为女性主义对科学的评论。

对于有机体生物学家来说，性选择的黯然失色使其被划分为一种实验领域的科学，但并不属于分子生物学领域。面对分子生物学家明显的质疑，动物学家有什么新的、有意义的理论呢？性选择理论便是一个强有力的答案。性选择是20世纪70年代科学界耀眼的研究方向，是有机体生物学家相对较新的研究焦点，而且似乎对理解人类行为有重要的意义。同时，也许最重要的一点，动物学家对野生物种的性选择研究得比较透彻。分子不可能成为未来生物学研究的唯一关键。作为一个日益流行而备受争议的理论，性选择成为许多有机体生物学家分析人类和动物中不同性别个体之间外表和行为差异的工具。

销声匿迹的性选择再一次得到关注是在女性主义运动者对进化论的第二次批判会上[1]。借用社会生物学论文中的隐晦叙述，女性主义者认为性选择理论在大半个世纪里一直被忽视，是因为占主导的男性生物学家不能接受雌性选择，即使是无意识的[2]。根据这种言论，在20世纪60年代的女性主义运动后，即

---

❶ 实例参见露丝·哈伯德的文章：*Have Only Men Evolved?* 收录于露丝·哈伯德、玛丽·休·海芬和芭芭拉·弗里德编著的 *Women Look at Biology Looking at Women: A Collection of Feminist Critiques*（剑桥，英国：Schenkman Publishing，1979）。

❷ 约翰·梅纳德·史密斯在给 *The Ant and the Peacock: Altruism and Sexual Selection from Darwin to Today*（1991）撰写序言时，再一次阐述了这一观点。

女性在社会中的地位正常化后，雌性选择理论才得到生物学界的接受。此外，女性主义者也批判了时下的雌性选择理论，认为其不加鉴别地直接引入已有的对性别特征的刻画，将女性定义为腼腆的，将男性定义为热切的，这种刻板的印象已从达尔文时代流传至今[1]。但女性主义者所强调的是对性行为的社会生物学分析，反映的只是生物学家的文化假设，并不是普遍存在的科学事实。

在 20 世纪大部分时间里，生物学家对雌性选择的忽视，激化了生物学家和女性主义者在 20 世纪 80 年代的争论。然而，正如我们在前面章节看到的，生物学家对雌性选择的研究兴趣从未真正消失。群体遗传学家和数量理论生物学家对雌性选择的研究已经进行了几十年。在本章中，笔者首先探讨了个体生物学家是如何接受性选择是自然界物种进化的一个重要机制的。其次，将不同生物学家群体提供的关于性选择和雌性选择的历史迭代资料汇总为一个描述：黯然失色的历史。尽管这一时期出现的关于性选择黯淡无光的历史描述，很顺利地将性选择划分为有机体生物学的一个学科，而非遗传学的一个学科，但终究没能将雌性选择写入进化生物学的历史。

重塑雌性选择理论

2004 年，笔者曾采访过罗伯特・特里弗斯，我们约在罗格

---

[1] 参见 *Empathy, Polyandry, and the Myth of the Coy Female*（1986）；参见塞缪尔・沃特编著的 *Social Behavior of Female Vertebrates*（纽约：Academic Press, 1983）中萨拉・布拉弗・赫迪和乔治・C. 威廉姆斯撰写的 *Behavioral Biology and the Double Standard* 部分内容。

斯大学附近的一家寿司店见面，他当时在罗格斯大学的人类学系任教。他一生中多次处于躁狂和抑郁的状态，我们见面那天也是如此。在见面后的几个小时采访过程中，他一直在动，一直在说。像往常一样，他很坦然地谈到了自己的过去，显然也很享受自己在科学界特立独行的名声。特里弗斯说，他第一次接触进化论是在 20 世纪 60 年代，当时正在为小学生编写一个课程指南，名为《人类：一门研究课程》。这个课程是美国在苏联成功发射 Sputnik 卫星后进行教育改革的一部分，旨在提升课堂上社会科学教育的质量。在这个指南中，他将艾芬·德沃尔（Irven Devore）做的灵长目动物的心理学研究报告翻译成了学生可以理解的语言，该项研究是德沃尔针对肯尼亚安波塞利国家公园的狒狒进行的。特里弗斯表示，从第一次学习生物学开始，他就是从理解人类的角度思考动物的行为以及进化相关理论的[1]。

1972 年，特里弗斯在哈佛大学获得博士学位，随后留校任教，成为哈佛大学人类学系一名年轻的讲师。德沃尔和恩斯特·迈尔都曾表示指导了特里弗斯在哈佛大学的学习和工作[2]。尽管德沃尔是特里弗斯的官方指导老师，但迈尔曾对友人说过："和其他人一样，罗伯特·特里弗斯是我的学生，伯纳

---

[1] 出自作者对罗伯特·特里弗斯的采访。此外，在 *The Evolution of Reciprocal Altruism* 一文中，特里弗斯关于人类行为的引用均来自人类学家对 MACOS 进行的研究，特别是人类学家约翰·马歇尔、阿森·巴列克西和艾芬·德沃尔的研究。参见罗伯特·特里弗斯的论文：*The Evolution of Reciprocal Altruism*，刊登于 *Quarterly Review of Biology*，第 46 期（1971）。

[2] 参见 *Defenders of the Truth: The Battle for Science in the Sociobiology Debate and Beyond*（2002），p84。

德・克拉克・坎贝尔（Bernard Clark Campbell）的著作 *Sexual Selection and the Present of Man, 1871-1971*（《性选择和人类起源，1871—1971》）中收录的他撰写的章节是在和我多次讨论中产生的。”也许这是对特里弗斯睿智行为的认可和对自己曾指导特里弗斯的证明❶。

1971—1974 年，特里弗斯先后发表了 4 篇学术论文，主题包括互惠利他主义、亲子冲突和性选择，后来这些论文都成为将进化论应用于动物行为研究的经典论述❷。采访中，特里弗斯深情地回忆起在哈佛大学的岁月，那些年他还没有如此高的知名度，没有受到众人的关注❸。但在威尔逊的《社会生物学：新的综合》（1975）出版后，特里弗斯的观点迅速受到了大家的关注，可以说是众所周知❹。特里弗斯的这 4 篇论文对许多进化生物学家都有重大的影响。2007 年，因其关于动物社会行为进化论的开创性观点，获得了享有盛誉的克拉福德生物科学奖。该奖项是瑞典皇家科学院为弥补几个未设立诺贝尔奖的领域而设立的，主要包括数学、地球科学和生物科学。

---

❶ 参见恩斯特・迈尔于 1984 年 7 月 9 日写给马克・柯克帕特里克的信，收藏于哈佛大学档案馆，恩斯特・迈尔文集，HUGFP74.7，第 32 区，第 1382 号文件夹。

❷ 罗伯特・特里弗斯的 4 篇论文分别为：*Parent- Off spring Conflict*，刊登于 *American Zoologist*，第 14 期（1974）；《亲本投资和性选择》，收录于《性选择和人类起源，1871—1971》（1972）；*The Evolution of Reciprocal Altruism*（1971）；*Natural Selection of Parental Ability to Vary Sex-Ratio of Off spring*，刊登于《科学》，第 179 卷，第 4068 期（1973）。

❸ 参见罗伯特・特里弗斯的访谈：*A Full- Force Storm with Gale Winds Blowing: A Talk with Robert Trivers*，播映时间：2004 年 10 月 18 日，或者可登录 www.edge.org / 3rd_culture / trivers04 / trivers04 _index.html 在线观看。

❹ 出自对特里弗斯的访谈。

特里弗斯1972年撰写的论文《亲本投资和性选择》被收录为《性选择和人类起源，1871—1971》的一章，本书是灵长类动物学家伯纳德·克拉克·坎贝尔为了纪念达尔文的著作《人类的由来及性选择》出版100周年而编写的[1]。鉴于迈尔的推荐，坎贝尔邀请特里弗斯为此书写一篇关于低等生物性选择的综述[2]。在特里弗斯撰写的章节中，虽然回顾了很多他以前的工作，但更主要的是解释了雌性选择的成因为不同的亲本投资。特里弗斯攻读博士学位期间，常常与迈尔一起阅读遗传学方面的论文，就是那个时候他们看到了安格斯·约翰·贝特曼关于果蝇交配选择的研究。特里弗斯认为，父母在繁育子代时付出不均等的物种可能都存在性选择[3]。他推断，如果雌性个体在交配季节只交配一次，那么她们可能需要投入大量的精力在产卵、分娩和抚育子代的过程，不同的物种具体过程会有不同，但这些雌性个体在择偶时也会非常挑剔。此外，特里弗斯认为，如果一个种群中雌性个体间产生的子代数量没有明显区别，那么判断这个种群雌性个体成功与否便在于子代的质量，而这在某种程度上取决于她们配偶的质量。当然，这些假设都是基于雄性个体对孕育子代贡献比较小，因此每个雄性个体都会与多个雌性个体发生交配。判断这些雄性个体成功与否在于子代的数量，而非质量。正是由于雄性个体在交配季会交配多次，因此对每

[1] 参见《性选择和人类起源，1871—1971》（1972）。

[2] 出自对特里弗斯的访谈。

[3] 出自对特里弗斯的访谈。另参见《性选择和人类起源，1871—1971》（1972）中，罗伯特·特里弗斯撰写的《亲本投资和性选择》章节；以及 *Intra-sexual Selection in Drosophila*（1948），p349-368。

个交配对象及子代投入也比较小。而在这种情况下，挑剔交配对象对雄性个体来说也是不利的，因为这会减少他们交配次数的绝对数量。由于绝大多数动物都存在不同程度的亲代投资差异，所以可能绝大多数动物都存在某种形式的雌性选择和雄性择偶竞争。特里弗斯的观点是，性选择远比生物学家所意识到的更为普遍。

罗伯特·特里弗斯关于雌性选择中雄性个体的理论标准

1. 亲本投资较少或没有的物种
受精的能力
①同物种
②正确的性别
③性成熟
④性能力
基因品质
①基因的存续能力
②基因的繁育能力
③基因的互补性
2. 只有雄性亲本投资的物种
亲本抚育的品质
①雄性个体投资的意愿
②雄性个体投资的能力
③亲本特性的互补性

引自：罗伯特·特里弗斯撰写的《亲本投资和性选择》章节，原文参见伯纳德·克拉克·坎贝尔的著作《性选择和人类起源，1871—1971》(1972)，p136–179。

注：在《亲本投资和性选择》章节中，特里弗斯提到雌性个体不因审美喜好而进行选择。

查看特里弗斯撰写的《亲本投资和性选择》在 20 世纪 70 年代初的引用率，可以证实他本人的说法，即在爱德华·奥斯本·威尔逊的《社会生物学：新的综合》(1975) 出版之前，特里弗斯的理论鲜为人知[1]。然而，认为特里弗斯的名声大噪仅仅是因为威尔逊的著作，似乎有些牵强。特里弗斯在哈佛大学读书和工作，由此常会与德沃尔、迈尔和威尔逊接触，加上发表论文，这些都会适时地向业界传播他的理论成果。当灵长类动物学家伯纳德·克拉克·坎贝尔邀请迈尔为《人类的由来及性选择》的百年纪念版撰写一篇关于性选择的论文时，迈尔欣然答应，并把特里弗斯作为另一名优秀的候选人推荐给坎贝尔。在完成自己的论文之余，特里弗斯也曾帮威尔逊修改《社会生物学：新的综合》(1975) 的手稿。在此书关于性和人类行为的章节中，威尔逊纳入了很多特里弗斯的观点[2]。此外，作为迈尔引以为傲的研究生之一，特里弗斯被邀请参加迈尔 1974 年举办的关于综合进化论的研讨会议，不过附加条件是要求他对此守口如瓶[3]。20 世纪 70 年代，对进化和行为感兴趣的生物学家群体快速扩大。20 世纪 70 年代早期，特里弗斯在一个非常有利的时机下发表了他的论文。几年之内，大西洋两岸的有机体生物学家几

---

[1] 论文引用率来自科学论文索引在线分析 http: // isi3.isiknowledge.com 中的数据。

[2] 舍格斯特尔指出，特里弗斯无论是在公开场合还是在发表的文章中都极力支持威尔逊，而且，对社会生物学的反对者理查德·兰文廷表示了明显的反感，理查德·兰文廷是杜布赞斯基的一名研究生，曾帮忙主导攻击社会生物学。相关内容参见 *Defenders of the Truth: The Battle for Science in the Sociobiology Debate and Beyond* (2002)，p82。

[3] 出自对特里弗斯的访谈。

乎都阅读并引用了他的文章[1]。

特里弗斯 20 世纪 70 年代初的工作在后来的性选择研究领域具有重要的地位，这不能归咎于任何单一的原因，他的研究拥有一个很好的时机，也是基于一个严苛的个体适应主义框架，而且在那个时期，进化生物学越来越关注人类社会和性行为的问题。此外，在随后的几十年里，特里弗斯没有就性选择理论发表任何重要的论文，如果生物学家想要引用特里弗斯关于性选择的论文，只能是 1972 年撰写的那一章节。然而，特里弗斯成功的最重要原因可能是他撰写的那一章节内容为生物学家提供了一步到位的理论指导，他将约翰·梅纳德·史密斯和威廉·D. 汉密尔顿（William D.Hamilton）的复杂数学理论模型与克劳丁·佩蒂特和李·埃尔曼等群体遗传学家的实验数据综合起来，以简短易读的形式说明了如何将其应用于实地研究。.

1964 年，威廉·D. 汉密尔顿发表的两篇论文彻底改变了有机体生物学家后几十年的境遇[2]。汉密尔顿认为，一个个体的进化适应度不应该只通过其子代的数量来衡量，而应该是通过其对下一代的全部遗传贡献，包括其兄弟姐妹的成功繁育。这一理论解释了汉密尔顿称之为“亲缘选择”的现象。例如，假设

---

[1] 从 20 世纪 70 年代中期到 20 世纪 80 年代中期，雌性选择和性选择相关学术论文发表的数量呈线性增长，人们对于雌性选择和性选择的研究兴趣急剧上升。这要归功于两个方面的因素：一方面是诸如《动物行为》和《行为》等经典老牌杂志中，性选择方面的论文越来越多；另一方面是诸如《行为生态学和社会生物学》（*Behavioral Ecology and Sociobiology*，1976 年发布首刊）和《行为与社会生物学》（*Behavioral Ecology and Sociobiology*，1979 年发布首刊）等新的专业杂志越来越受欢迎。

[2] 威廉·D. 汉密尔顿的两篇论文为：*The Genetical Evolution of Social Behaviour. I*（1964）和 *The Genetical Evolution of Social Behaviour. II*（1964）. 也可参见 *The Cold War in Nature*（2006）.

我和我的兄弟俩人都生了两个孩子。根据亲缘选择理论，我对下一代的遗传贡献应该这样计算：每个我的孩子的基因都将有50% 遗传自我，50% 遗传自我的伴侣；另外，由于我的兄弟和我来自共同的父母，我们拥有 50% 相同的基因，而他的孩子都会有 50% 的基因遗传自他，核算一下，也就是会有 25% 的基因与我的相同。那么我对下一代的贡献将是：0.5（我的第一个孩子）+0.5（我的第二个孩子）+0.25（我兄弟的第一个孩子）+0.25（我兄弟的第二个孩子）=1.5，而不仅仅是我自己两个孩子组成的 1.0，即维持我在种群中的基因比例是 1.5，而不是 1.0。因此，如果种群的个体数量保持不变，我将会在下一代中增加我基因的百分比。汉密尔顿的亲缘选择理论解释了一个个体会牺牲自己去帮助他的家庭成员的原因，显然，利他行为实际上是对自我进化适应度的服务。特里弗斯将汉密尔顿的亲缘选择理论应用到雌性选择理论中，提出正是因为进化的压力，每个雌性个体在一个繁殖季都将选择一个雄性个体为她所有子代的父亲。因为，如果她的所有子代具有同一个父亲的亲缘关系，它们之间将拥有 50% 相同的基因，那么它们之间的竞争就会减少，生存的概率就会增加。所以，雌性个体在每个繁殖季都会非常挑剔地选择她唯一的交配对象。然而，对于不投入抚育子代的雄性个体来说，尽可能多地交配对其进化也有意义[1]。

乔治·C. 威廉姆斯在 1966 年出版的《适应与自然选择》一书也为特里弗斯的亲本投资与性选择理论提供了很重要的理论

[1] 参见《性选择和人类起源，1871—1971》（1972）中，罗伯特·特里弗斯撰写的《亲本投资和性选择》章节，p138 和 p144。

基础[1]。那时，群体选择概念最后需要攻破的堡垒是一个雄性个体和一个雌性个体成功结合组成一个共同体，进行交配和抚育子代的过程[2]。《适应与自然选择》这本书成为生物学家批判群体选择的一个焦点，因为威廉姆斯认为自然选择的发生仅仅基于个体的繁育适应度[3]。谈到繁育，威廉姆斯引用了安格斯·约翰·贝特曼关于繁育投资的文章，并提出："总的来说，动物中的雄性个体混交的程度更高，而雌性个体更加谨慎筛选交配对象[4]。"换句话说，雄性个体与雌性个体的繁育利益不一定是一致的，随着时间的推移，自然选择会使得雄性个体比雌性个体更具有侵略性和领地意识。然而，在威廉姆斯看来，没有必要把自然选择和性选择区别开来，因为每一种选择都会影响个体的后代数量[5]。

基于这些理论框架，同时受到特里弗斯撰写的《亲本投资和性选择》章节内容的启发，其他生物学家也开始提出新的关于雌性选择的假设。值得注意的是，假设都是关于雌性选择是如何发生的，而没有人质疑雌性个体选择交配对象的能力。以色列鸟类学家阿莫斯·扎哈维（Amos Zahavi）提出，雌性个体选

---

[1] 不管怎样稀有雄性效应至少为群体选择概论提出一个例外。参见 V.C. 韦恩·爱德华的论文：*Self- Regulating Systems in Populations of Animals*，刊登于《科学》，第 137 卷，第 3665 期增刊（1965）。

[2] 同[1]。

[3] 参见 *The Rise, Fall and Resurrection of Group Selection*（2005）.

[4] 参见《适应与自然选择》（1966），p184–185。威廉姆斯认为这一理论最早来自罗纳德·艾尔默·费希尔。

[5] 参见莫里·S. 布鲁姆和南希·A. 布鲁姆编著的 *Sexual Selection and Reproductive Competition in Insects*（纽约：Academic Press，1979）中 D. 奥特撰写的 *Historical Development of Sexual Selection Theory* 部分内容。

择色彩鲜艳的雄性个体，是因为这些个体的进化适应度相较色彩单调的雄性个体更胜一筹[1]。扎哈维认为这个观点解决了社会行为进化中的两个问题。首先，正如费希尔性选择失控理论中假设的一样，雌性个体对某一性状的偏好与雌性个体是否表达这一性状没有关联。其次，如果雌性个体偏好与表型利他性状的雄性个体进行交配，那么这一利他性状的出现是性选择作用个体的结果。虽然看起来是雌性个体选择了一个降低雄性生存率的性状，性选择与自然选择相悖，但实际上，只有那些其他性状均有利于高适应度的个体才会表现如此的一个性状。因此，雌性选择是具有进化适应性的，因为它利于雌性判断交配对象的整体质量，甚至可以提升群体的同质性，而这些都发生在个体选择的名义下。几年后，汉密尔顿和他的一名就读于密歇根大学的研究生马琳·祖克（Marlene Zuk）共同提出，雌性个体偏好色彩鲜艳的雄鸟，是因为这些雄鸟比色调单一的竞争对手更能抵御寄生生物[2]。这两个例子都说明，雌性选择并不是一个武断抉择，而是一个经过真正辨别后的决定，性选择也不是与自然选择相悖，而是两者协同作用，以确保高质量个体具有更高的生存率和繁育率。

1975年，昆虫学家爱德华·奥斯本·威尔逊的著作《社会生物学：新的综合》出版，大约40年之后，关于性选择的科

---

[1] 参见阿莫斯·扎哈维的论文：*Mate Selection: A Selection for a Handicap*，刊登于《理论生物学》，第53卷，第1期（1975）。

[2] 参见威廉·D. 汉密尔顿和马琳·祖克的两篇论文：*Heritable True Fitness and Bright Birds: A Role for Parasites?* 刊登于《科学》，第218卷，第4570期（1982）；*Parasites and Sexual Selection*，刊登于《自然》，第341期（1989）。

学讨论再次成为大众的关注焦点，这次是作为争论人类行为的生物学基础的一部分。在此书中，威尔逊利用动物行为的生物学理论去理解人类的社会行为和性行为模式。利用生物学理论理解人类行为的做法由来已久，然而这次威尔逊似乎“走”得更远，他提出：“可能已经到了科学家和人文主义者共同考虑将伦理从哲学和生物学暂时移除的时候了[1]。”他主张将人类的伦理作为一种生物学性状加以分析，这在人文主义者和生物学家中都引起了相当大的恐慌。由此产生的关于威尔逊方法的争论抹去了以前许多使用进化理论来理解人类行为的传统[2]。例如，进化生物学家约翰·阿尔科克（John Alcock）曾在 1980 年写信给迈尔，对此表示惋惜。他写道：“从多方面考虑，我都希望威尔逊的书名是《进化与社会行为》，或者是其他什么不起眼的名字。而事实上，人们似乎普遍认为威尔逊发明了一门全新的学科[3]。”但此后，学术界或非学术界关于威尔逊图书的讨论，都使得利用生物学理论来理解人类行为的做法流行起来。威尔逊在书中利用生物学理论理解人类的行为是为了反驳他在社会科学领域看到的一个惊人的趋势，

---

[1] 参见《社会生物学：新的综合》（1975），p562。

[2] 我认为这个情形非常类似于查尔斯·达尔文的《物种起源》（1859）的出版，此书支撑了人们对进化论的思考，也抹去了罗伯特·钱伯斯的 *Vestiges of the Natural History of Creation*（《创造史的自然遗迹》，1844）的历史记忆。关于这个话题，我强烈推荐大家阅读詹姆斯·西科德的著作：*Victorian Sensation: The Extraordinary Publication, Reception, and Secret Authorship of Vestiges of the Natural History of Creation*（芝加哥：芝加哥大学出版社，2001）。历史学家奥莉卡·舍格斯特尔把《社会生物学：新的综合》（1975）出版引发的社会生物学争论描述为一场戏剧性歌剧，参见 *Defenders of the Truth: The Battle for Science in the Sociobiology Debate and Beyond*（2002），p6–9。

[3] 参见阿尔科克于 1980 年 4 月 28 日写给迈尔的信，收藏于哈佛大学档案馆，恩斯特·迈尔文集，普通信件，1952–1987，HUGFP74.7，第 28 区，第 1318 号文件夹。

即仅仅从文化现象出发思考人类行为。特里弗斯持有相同的观点，表达的方式更加直截了当，直接称之为“所谓的社会科学”[1]。与此同时，威尔逊在《社会生物学：新的综合》（1975）中强调人类行为，似乎也纠正了普罗大众的观念，不再把分子生物学视为未来生物学研究的唯一。

在《社会生物学：新的综合》（1975）的“性与社会”（Sex and Society）章节，威尔逊写道：“性是进化过程中一种反社会的趋力。个体之间形成的纽带由性所得，但不因性所起[2]。”雄性和雌性个体性行为的差异是生理上的差异，而不是雄性和雌性个体性选择不同的结果。性别差异也不是文化上的差异，而是基因上的差异。若将雄性个体假定为推销员，那么雌性个体将逐渐进化为不再为他们的努力而心动。换句话说，欲擒故纵，雌性个体可以找到一个更优秀、更强健的配偶。

《社会生物学：新的综合》（1975）出版一年后，理查德·道金斯的著作《自私的基因》（1976）出版，这本书相对薄很多，全书是道金斯特有的夺人眼球的写作风格。该书问世后，很快售罄[3]。在书的前言中，道金斯写道：“我们都是生存机器，是

---

[1] 参见爱德华·奥斯本·威尔逊的著作：*Naturalist*（华盛顿，DC:Island Press/shearwater Books，1994），p328–344。关于特里弗斯的观点，参见德雷克·贝内特的论文：*The Evolutionary Revolutionary*，刊登于 *Boston Globe*，2005 年 3 月 27 日。相反，一些进化生理学家认为将进化论应用于人类行为始于理查德·D. 亚历山大。参见理查德·D. 亚历山大的著作：*Darwinism and Human Affairs*（西雅图：华盛顿大学出版社，1979）。

[2] 参见《社会生物学：新的综合》（1975），第 15 章：*Sex and Society* 部分内容，p314。

[3] 《自私的基因》第三版封面的文字与 1989 年出版的第二版完全相同，但是道金斯加了新的简介，称这本书“全球销量百万册”。原文参见 *The Selfish Gene: 30th Anniversary Edition*（牛津：牛津大学出版社，2006）。

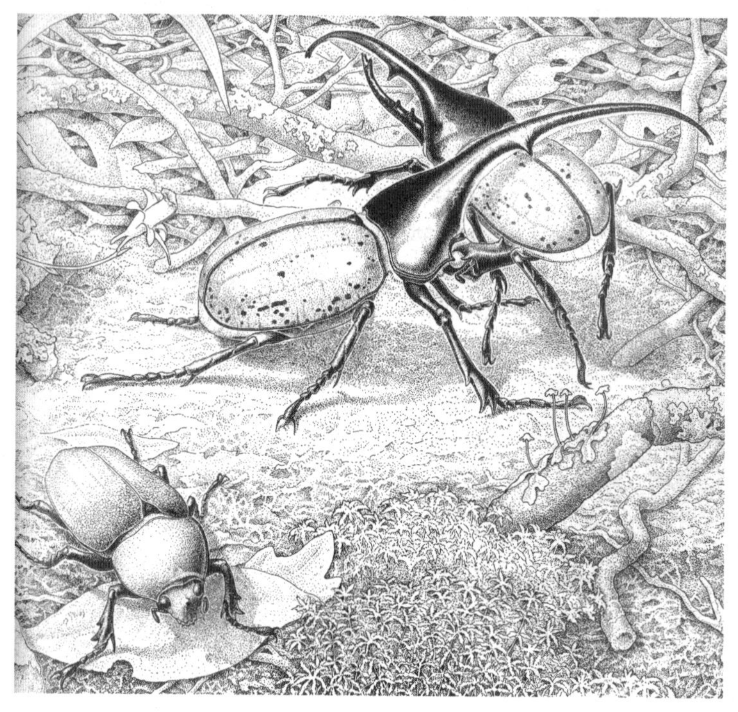

依据爱德华·奥斯本·威尔逊版的达尔文性选择理论，雌性个体是两性中较为腼腆的一方，对伴侣是极为挑剔的。图中所示，一只雌性独角仙（图前景）正在集中注意力观望两只雄性独角仙的斗争（图后景），等待那只将在战斗中获胜的雄性独角仙。原画出自劳拉·兰德瑞之手，参见爱德华·奥斯本·威尔逊的著作《社会生物学：新的综合》，p323，1975。

载运工具的机器人，其程序是盲目编制的，为的是永久保存所谓基因这种禀性自私的分子。”然而道金斯也郑重地指出：“我并不提倡以进化论为基础的道德观[1]。”道金斯师从牛津

---

[1] 参见《自私的基因》（第二版，1989）。

大学动物行为学名家尼克拉斯·廷伯根，他认为这本书是针对外行的一本行为学专著，其涵盖了乔治·C. 威廉姆斯、约翰·梅纳德·史密斯、威廉·D. 汉密尔顿及罗伯特·特里弗斯取得的理论生物学新进展[1]。特里弗斯说，当道金斯请他为这本书写序言时，他非常高兴。但是因为后来两人友谊关系破裂，这本书的第二版于 1989 年出版时，他写的序言被道金斯删除了[2]。

在《自私的基因》(1976) 一书中，道金斯引用了许多特里弗斯关于进化论和性选择的观点。特别是，将特里弗斯对不同亲本投资的分析理论归为动物和人类两性之间不同行为的原因。道金斯提出，两性个体之间所有不同的行为都有一个根本原因，即两性配子大小的区别以及由此产生的能量成本的不同。他认为，与雌性的卵子相比，雄性的精子要小得多，数量也多得多，这使得雄性个体能够以几乎无限的速度繁殖后代，而雌性大大不同，如人类女性通常一次只能生育一个孩子[3]。

---

[1] 其中包括《适应与自然选择》(1966)；约翰·梅纳德·史密斯的著作：*The Theory of Evolution*（纽约：Penguin Books，1958）；约翰·梅纳德·史密斯和遗传学家乔治·R. 普莱斯的论文：《动物冲突的逻辑》(1973)。另参见威廉·D. 汉密尔顿的论文：*Extraordinary Sex Ratios: A Sex-Ratio Theory for Sex Linkage and Inbreeding Has New Implications in Cytogenetics and Entomology*，刊登于《科学》，第 156 期增刊（1967）；*The Evolution of Altruistic Behaviour*（1963）；*The Genetical Evolution of Social Behavior. I*，刊登于 *Journal of Theoretical Biology*（1964）；*The Genetical Evolution of Social Behaviour. II*（1964）。还可以参见 *Parent- Off spring Conflict*（1974）；《亲本投资和性选择》收录于《性选择和人类起源，1871—1971》，(1972)；*The Evolution of Reciprocal Altruism*（1971）.

[2] 参见特里弗斯的访谈。

[3] 参见《自私的基因》(1976)，p141-142。道金斯基于配子生理学特性分析性别差异的想法，很有力地呼应了 86 年前帕特里克·盖迪斯和 J. 阿瑟·汤普森撰写的关于性别差异的文章。盖迪斯和汤普森的文章内容参见二人的著作：《性的进化》(1901)，p117 和 p289-291。

然而，即使雌性普遍都比较挑剔，也不意味着所有的雌性都使用同一个规则选择交配对象。有些雌性可能倾向于选择“家庭出身”好或生育能力强的雄性，有些雌性可能会选择拥有高质量遗传基因的雄性。相比之下，雄性在性方面一如既往地恣意放纵。而在《自私的基因》(第二版，1989)中，道金斯弱化了这种说法，不再坚持配子的相对大小决定了成年个体的行为差异，而是认为配子的大小和成年个体的行为都会影响两性基因重组，影响基因传递到下一代的过程[1]。与达尔文一样，道金斯认为，如果一个生物学家仅仅依据外表来分析人类的性选择系统，那么他(或她)可能会认为人类的性选择过程是和其他物种相反的，因为女性花大量的时间和注意力在自己的外观上，男性掌握了配偶的选择权[2]。不过，这是道金斯在开玩笑，他所表达的意思仍然是清楚的，即人类的性选择过程表面上看起来与其他物种相反，实际上并非如此。道金斯采用了博弈论中的理性主义说法陈述动物本能的长期选择[3]。

对男性性攻击和女性性沉默的生物学基础有这样强烈的断言，似乎也是为了平息当代女性主义者的主张，即女性应该享有和男性同等的性自由和经济自由。20世纪60年代兴起的第二波女性主义浪潮和性革命，引起了普罗大众对人类社会女性性选择的关注。例如，贝蒂・弗里丹(Betty Friedan，

[1] 参见《自私的基因》(1989)，p300-301。

[2] 参见《自私的基因》(1989)，p165，p300-301。

[3] 参见《自私的基因》(1976)和 *Defenders of the Truth: The Battle for Science in the Sociobiology Debate and Beyond* (2002)，p53。

1921—2006）在她1963年出版的畅销书*The Feminine Mystique*（《女性的奥秘》）中，极力劝谏平庸的家庭主妇认识到自己的生活多么枯燥无味，每日都是整理床铺、购买生活百货、搭配沙发套和接送孩子等[1]。她主张，女性需要打破被固化的女性刻板印象，选择自己想要的生活方式。1966年，威廉·马斯特斯（William Masters）和弗吉尼亚·约翰逊（Virginia Johnson）发表的心理学研究成果同时阐明了女性性行为的心理和生理反应，其中包括女性拥有能够多次性满足的能力。而对于可以服用美国食品药品监督管理局新批准的口服避孕药的女性来说，生育的选择已经可以被现代医学的药片所改变[2]。对女性社会角色和性行为认识的提高，极大地促进了媒体对《社会生物学：新的综合》（1975）和《自私的基因》（1976）的广泛关注。与19世纪后期一样，尽管少量女性已然接受女性生殖的新的生物学制式，但大多数女性仍旧持强烈反对态度。

在《社会生物学：新的综合》（1975）和《自私的基因》（1976）出版后，许多生物学家和女性主义者抵制将男性的社会生物学特征描述为性欲旺盛，而把女性描述为性行为被动

---

[1] 参见贝蒂·弗里丹的著作：《女性的奥秘》（纽约：W.W.Norton，1963），p15。

[2] 参见威廉·马斯特斯、弗吉尼亚·约翰逊和生殖生物学研究基金会（圣路易斯，密苏里）合著的*Human Sexual Response*（波士顿：Little，Brown，and Co.，1966）。口服避孕药于1960年获得FDA批准。

或腼腆[1]。女性主义者认为，这些简化主义的刻板看法只是从生物学的角度重新描述了第二次世界大战后两性的性别角色，或者更糟糕的是回溯到了维多利亚时代关于两性性行为的观念[2]。

人们针对社会生物学中这些关于人类性行为生物学基础观点的激烈争论，也使得过去几十年雌性选择和性选择的历史被完全覆盖。在威尔逊的《社会生物学：新的综合》（1975）出版前，曾有为数不多的几个人阅读了其中“性与社会”章节的内容，年轻的女性主义者、人类学家萨拉·布拉弗·赫迪（Sarah Blaffer Hrdy）便是其中之一。那时，威尔逊就职于哈佛大学，赫迪是

---

[1] 参见安东尼·利兹、芭芭拉·贝克威思、查克·马丹斯基、大卫·卡尔弗、伊丽莎白·艾伦、赫伯·施莱尔、井野浩、乔恩·贝克威思、拉里·米勒、玛格丽特·邓肯、米里亚姆·罗森塔尔、里德·派瑞兹、理查德·C. 莱文廷、露丝·哈伯德、史蒂文·乔罗弗和斯蒂芬·杰·古尔德共同撰写的论文：*Against 'Sociobiology'*，刊登于 *New York Review of Books*，第 22 卷，第 18 期（1975）；康拉德·哈尔·沃丁顿的论文：*Mindless Societies*，刊登于 *New York Review of Books*，第 22 卷，第 13 期（1975）；以及爱德华·奥斯本·威尔逊的论文：*For 'Sociobiology'*，刊登于 *New York Review of Books*，第 22 卷，第 20 期（1975）。

[2] 参见露丝·布莱尔的著作：*Science and Gender: A Critique of Biology and Its Theories on Women*（纽约：Pergamon Press，1984）的第 2 章：*Sociobiology, Biological Determinism, and Human Behavior*；参见安妮·法斯托–斯特林的著作：*Myths of Gender: Biological Theories about Men and Women*（纽约：Basic Books，1985）；参见：*Primate Visions: Gender, Race, and Nature in the World of Modern Science*（1989）；塞缪尔·沃特编著的 *Social Behavior of Female Vertebrates*（1983）中萨拉·布拉弗·赫迪和乔治·C. 威廉姆斯撰写：*Behavioral Biology and the Double Standard* 部分内容；露丝·哈伯德、玛丽·休·海芬和芭芭拉·弗里德编著的 *Women Look at Biology Looking at Women: A Collection of Feminist Critiques*（1979）中露丝·哈伯德撰写的 *Have Only Men Evolved?* 部分内容；露丝·哈伯德和玛丽安·劳编著的 *Genes and Gender II*（纽约 Gordian Press，1979）中，玛丽安·劳和露丝·哈伯德撰写的 *Sociobiology and Biosociology: Can Science Prove the Biological Basis of Sex Differences in Behavior?* 部分内容；以及 J. 赛耶斯的著作 *Biological Politics: Feminist and Anti-Feminist Perspectives*（纽约：Tavistock Publications，1982）。

哈佛大学人类学系的一名博士研究生。另一位读过这部分内容的人可能就是特里弗斯[1]。无论赫迪对威尔逊的反对是否源于她第一次阅读威尔逊的手稿，1986年，赫迪发表了一篇犀利的评论文章，对安格斯·约翰·贝特曼1948年提出的“腼腆的”雌性和“积极主动的”雄性当代进化论中的持续影响进行了批判。在文中，赫迪把性选择比作是“达尔文社会生物学基础论皇冠上镶嵌的一颗珍珠”，她认为性选择理论的基础是部分正确的假设，雌性个体是两性中刻板羞赧而挑剔的，雄性个体是两性中积极主动而不挑剔的[2]。赫迪认为，特里弗斯的文章是完全引入了贝特曼的两性观点。因此，1972年之后，随着特里弗斯亲本投资理论获得广泛的认可，他在书中关于两性关系中雌性是羞赧的观点也直接被引入读者自己的生物学理论认知中[3]。

此外，赫迪在文章中也提出，由于科学偏见，这种观点获得了生物界的认可，而最近女性被纳入生物科学，使得把固化的人类两性性行为应用于动物的做法已经开始改变[4]。赫迪选择的目标很明智，到 20 世纪 80 年代中期，当她发表文章批判“羞赧女性”时，特里弗斯撰写的《亲本投资和性选择》（1972）平均每年被引用 130 次，而且数字还在不断增长，他对于性选择

---

[1] 参见《社会生物学：新的综合》（1975）的“致谢”部分内容。

[2] 参见 *Intra-sexual Selection in Drosophila*（1948），以及 *Empathy, Polyandry, and the Myth of the Coy Female*（1986），p119。

[3] 参见 *Empathy, Polyandry, and the Myth of the Coy Female*（1986）.

[4] 参见 *Empathy, Polyandry, and the Myth of the Coy Female*（1986），p135–139。

概念重生的核心作用地位已然确定[1]。赫迪的批判只是针对性选择理论研究和实践的一般性批判，旨在强调配偶选择的行为学模型对动物行为研究的重要性。

当特里弗斯引用贝特曼对雌性的描述并将其视为常规现象时，他综合考虑了群体遗传学家对探究进化论过程的兴趣。20 世纪 70 年代，新兴的性选择研究热潮源于研究行为和进化的行为学、理论和群体遗传学研究方法，但把它们融合在一起，会导致性选择的历史难以解析。雌性选择成为这股研究热潮兴起的关键，因为特里弗斯再次使用不同的亲本投资理论为他看似创新的观点提供了理论基础，即雌性在进行配偶选择时可以而且应该是挑剔的[2]。

20 世纪 70 年代，由于科学家和女性主义者对社会生物学及其相关理论的强烈抗议，再加上人们对野生动物行为研究兴趣的爆发，罗伯特・特里弗斯、威廉・D. 汉密尔顿、乔治・C. 威廉姆斯和梅纳德・史密斯等人的工作似乎让性选择和雌性选择都获得了重生。研究野生动物的生物学家特别称赞特里弗斯的亲本投资和性选择理论，认为它是《社会生物学：新的综合》

---

[1] 参见科学论文索引在线分析（http: // isiknowledge.com）的数据，截止到 2008 年 12 月，《性选择和人类起源，1871—1971》（1972）中，罗伯特・特里弗斯撰写的《亲本投资和性选择》章节，p138 和 p144，从 1972 年发表以来，被引用次数已经超过 5000 次。在 20 世纪 80 年代之前，这篇文章的引用数呈指数增长。此后，更以接近线性的方式继续增长。

[2] 达尔文、罗纳德・艾尔默・费希尔、安格斯・约翰・贝特曼、大卫・梅里尔、克劳丁・佩蒂特、李・埃尔曼、约翰・梅纳德・史密斯、彼得・奥唐纳德、乔治・C. 威廉姆斯以及威廉・D. 汉密尔顿都曾用过这个论点。

（1975）和《自私的基因》（1976）引燃的性选择革命的导火索。早在20世纪30年代，生物学家首次将雌性选择定义为解释两性差异的一种机制，并由野生的有机体生物学家进行研究。至此，雌性选择再一次成为一个生物过程，是有鉴别力的雌性个体选择最佳的雄性配偶的过程，当然它还是解释两性形态和行为差异的一种机制。

构建性选择的历史

1959 年，备受瞩目的达尔文百年庆典和相关出版物引起了许多着眼于历史的生物学家的关注[1]。例如，在芝加哥大学，达尔文百年庆典活动进行了 4 天，其中包括上演了一部关于达尔文的音乐剧、一场达尔文孙子的演讲，以及由朱利安・索莱尔・赫胥黎组织的一场学术会议。除了这些引人注目的公共活动外，还包括一系列精心策划并录制的小组讨论，即关于生命的起源、生命的进化、人类是一种有机体以及思想、社交和文化的进化。虽然最后两个小组讨论不单单是针对人类社交和文化的进化，但它们构建了人类行为和文化，用以解释动物的思维和行为。科学家在这个活动中提交的学术文章由芝加哥大学

[1] 参见瓦西莉基・贝蒂・斯莫科维茨的文章：*The 1959 Darwin Centennial Celebration in America*，收录于 *Osiris,2nd Series 14,Commemorative Practices in Science: Historical Perspectives on the Politics of Collective Memory*，克拉克・A. 艾略特等主编（芝加哥：芝加哥大学出版社期刊中心，2020）。

人类学家索尔·泰克斯(Sol Tax)编辑，后分三卷出版[1]。与此同时，英国也举行了类似的庆祝活动，并发表了相关文章，与其他地方相比，这些文章大多数与之前出版的图书和发表文章相关。如进化胚胎学家加文·德比尔(Gavin de Beer)在1960年整理发表了达尔文的物种演化笔记的第一版手抄本。这些笔记内容的公开发表使达尔文的理念获得了更多生物学家和非历史研究者的了解。美国的比较解剖学家迈克尔·盖斯林(Michael Ghiselin)便是其中一位，在读了达尔文的笔记后，他深受启发，紧接着阅读了达尔文所有的著作，之后撰写了一部获奖的历史文集 *The Triumph of the Darwinian Method*(《达尔文理论的巨大成功》，1960)[2]。此外，恩斯特·迈尔也抓住了历史的漏洞，1974年，利用在明尼苏达大学担任客座教授的机会，迈尔开设了一门生物学史课程，并且组织了两次会议，旨在纠正他所认定的20世纪生物学史中人们对分子生物学的偏见[3]。

虽然分子生物学成为一种方法学起源于20世纪30年代，但直到20世纪60年代，生物学家重构生物学传统的学科边界

[1] 参见索尔·泰克斯独立编著的 *Evolution after Darwin*(芝加哥：芝加哥大学出版社，1960)，第1卷：*The Evolution of Life: Its Origin, History, and Future*；第二卷：*The Evolution of Man: Man, Culture, and Society*，以及其与查尔斯·卡伦德共同编著的 *Evolution after Darwin*(芝加哥：芝加哥大学出版社，1960)，第三卷：*Issues in Evolution: The University of Chicago Centennial Discussions.*

[2] 参见盖斯林的著作:《达尔文理论的巨大成功》(伯克利：加利福尼亚大学出版社，1960)。本书于1969年荣获科学史协会的辉瑞奖。

[3] 参见《综合进化论》(1980)。

时，才注意到分子生物学的广泛影响[1]。希望获得学科支持的分子生物学家以及认为自己的研究领域已经被分子生物学挤出聚光灯外的生物学家，都致力于改革和重组生物学领域的研究架构。自称有机体生物学家的学者们与分子生物学家之间的斗争起源于几个方面：有机体生物学家试图为他们的研究方法创建一张“名片”，使其在哲学的分类中完全不同于分子生物学，而又具有与分子生物学相同的分类等级。其他的生物学家则采用迈尔区分性状近因（性状的直接生理或机械原因）和终因（性状的长期发展历史和功能原因）的分析方法，作为分析分子生物学和有机体生物学的不同研究形式的一种方式[2]。

---

[1] 参见普宁娜·阿比尔－安的论文：*The Politics of Macromolecules: Molecular Biologists, Biochemists,and Rhetoric*，刊登于 *Osiris*，第 2 季，第 7 期（1992）：*Science after* ' 40 部分内容。罗恩·阿蒙森的著作：*The Changing Role of the Embryo in Evolutionary Thought: Roots of Evo- Devo*（纽约：剑桥大学出版社，2005）。约翰·贝蒂的论文：*Evolutionary Anti- reductionism: Historical Reflections*，刊登于 *Biology and Philosophy*，第 5 期（1990）；*The Proximate / Ultimate Distinction in the Multiple Careers of Ernst Mayr*，刊登于 *Biology and Philosophy*，第 9 期（1994）。索拉雅·德查达雷维亚的著作：*Designs for Life: Molecular Biology after World War II*（剑桥：剑桥大学出版社，2002），特别是其第 8 章：*The Origins of Molecular Biology Revisited* 部分内容。唐纳德·A. 迪斯伯里的论文：*On the Utility of the Proximate- Ultimate Distinction in the Study of Animal Behavior*，刊登于 *Ethology*，第 96 期（1994）。迈克尔·R. 迪特里希的论文：*Paradox and Persuasion: Negotiating the Place of Molecular Evolution within Evolutionary Biology*，刊登于 *Journal of the History of Biology*，第 31 期（1998）。菲利普·凯切尔的论文：*1953 and All That: A Tale of Two Sciences*，刊登于 *Philosophical Review*，第 93 卷，第 3 期（1984）。迈克尔·莫兰治的著作：*A History of Molecular Biology*，马修·科布译（剑桥，马萨诸塞：哈佛大学出版社，1998）。*Unifying Biology:The Evolutionary Synthesis and Evolutionary Biology*（1996）.

[2] 参见约翰·贝蒂的论文：*The Proximate / Ultimate Distinction in the Multiple Careers of Ernst Mayr*，刊登于 *Biology and Philosophy*，第 9 期（1994）。另参见恩斯特·迈尔的论文：*Cause and Effect in Biology*，刊登于《科学》，第 134 期（1961）。

此外，有机体生物学家也开始提及人类社会科学中曾经提出的观点，考量人类行为的生物学基础。基于此，有机体生物学家认定至少在可预料的几年内，分子生物学家的研究内容不会侵占他们的学科领域。也许是由于生物学科内部的分裂越来越严重，有机体生物学家也争取继续将生物学作为一门以进化论为核心的单一学科。当然，进化论是有机体生物学家研究领域的一部分。而如果要把进化定义为现代生物学的唯一核心，那么争论的焦点便是，自然选择和生物学生殖发生的结构层面是基因层面还是个体层面。同样重要的是，个体生物学家如何使用进化论综合史作为哲学工具来定义他们所谓“准确”的生物学[1]。

当有机体生物学家在分子时代追求自己的权威，引起生物学科内部的分歧的时候，性选择和雌性选择也被卷入其中。生物学家和生物学史学界都把性选择归到有机体研究领域，以至于其在20世纪坐了很长一段时间的“冷板凳”，因为此时进化生物学的主要拥护者，包括杜布赞斯基、辛普森、赫胥黎和迈尔等，都未能理解雌性选择的重要性。因此，直到20世纪70年代，有机体生物学家才开始关注性选择，这要归功于那时生物学家一窝蜂热衷于威廉·D.汉密尔顿的亲缘选择、理性选择理论和罗伯特·特里弗斯的学术观点[2]。然而，性选择真正的历史起源远远早于特里弗斯文章发表的1972年。遵循科学的标准阐述模式，性选择的简史常出现于科学专著的引言部分或

---

❶ 参见《生物学思想发展的历史》（1982）。

❷ 参见 *Defenders of the Truth: The Battle for Science in the Sociobiology Debate and Beyond*（2002），p85。

者是综述文章的前几段。在这些文章中，尽管都会指出几位相同的关键性人物，但是对于各人物角色的描述又各不相同[1]。例如，这些文章中都提及了，赫胥黎 1938 年发表的论文 *Darwin's Theory of Sexual Selection and the Data Subsumed by It, in the Light of Recent Research*（《达尔文的性选择理论及其包含的数据》）使得很多生物学家不认为性选择是性别二态性的一个原因，然而，是谁支持了赫胥黎的理论以及这样的支持持续了多久？不同文章的表述并不一致。类似的分歧也存在于对群体遗传学的描述。当迈尔试图将群体遗传学中的"父本"作为性选择消失的原因时，同时代其他群体遗传学家则强调他们的研究对于将性选择作为一种进化机制是多么重要。直到 20 世纪 80 年代，性选择和雌性选择才被明确地归属于有机体生物学研究领域，其相关历史记载亦趋于稳定。

从 1877 年阿尔弗雷德·拉塞尔·华莱士提出雌性选择是一种可行进化机制的观点遭受反驳，到 1972 年罗伯特·特里弗斯将这一论点"复活"，雌性选择经历了近一个世纪的学术冷板凳

[1] 参见《人类的由来及性选择》（1871），共 2 卷；罗纳德·艾尔默·费希尔的著作：*The Genetical Theory of Natural Selection*，第 2 版（纽约：Dover Publications，1958）；参见《达尔文的性选择理论及其包含的数据》（1938）以及 *Evolution: Essays on Aspects of Evolutionary Theory*（1938）中，朱利安·索莱尔·赫胥黎撰写的 *The Present Standing of the Theory of Sexual Selection* 部分内容。

期，这已经成了性选择的标准历史[1]。这该怪谁呢？同样的角色阵容，但侧重点又各不相同。华莱士是维多利亚时代个人情感的受害者。赫胥黎是一个糟糕的博物学家，或者说他被单配偶的执念所左右，一直坚持一夫一妻制是自然界中最典型的交配方案。罗纳德·艾尔默·费希尔、J.B.S. 霍尔丹和休厄尔·赖特等数学群体遗传学家坚持认为，进化作用于基因而不作用于有机体，重新定义自然选择对下一代的遗传影响，就不需要在理论上区别性选择和自然选择。在性选择的标准历史中，费希尔的角色影响是最不确定的，因为大多数群体遗传学家撰写的历史中，都将他刻画成一个被埋没的天才，他所提出的性选择失控理论直到 20 世纪 70 年代才引起生物学家的注意。赫胥黎成为性选择历史发生的主要替罪羊，华莱士次之。赫胥黎是一个在政治上容易被攻击的目标。第二次世界大战期间，他停止了自己的研究。在美国，他更多地被视为综合进化论的一个象征，而不是一个专业的科学家[2]。相比之下，即便恩斯特·迈尔、狄奥多西·杜布赞斯基和乔治·盖洛德·辛普森不是真正地受

---

[1] 参见 *The Colors of Animals and Plants (part 1)* 和 *The Colors of Animals and Plants (part 2)*．关于特里弗斯“复活”雌性选择的部分，请参见 *Conflicts in Human Progress: Sexual Selection and the Fisherian ‘Runaway’*；*Courtship and Continued Progress: Julian Huxley's Studies on Bird Behavior*．参见 *The Ant and the Peacock: Altruism and Sexual Selection from Darwin to Today*（1991）．参见 *Sexual Knowledge, Sexual Science: The History of Attitudes to Sexuality*（1994）中西蒙·J. 弗兰克尔撰写的 *The Eclipse of Sexual Selection Theory* 部分内容。以及 C. 克劳福德和 D. 克雷布斯编著的 *Handbook of Evolutionary Psychology: Ideas, Issues, and Applications*（莫沃，新泽西：劳伦斯·艾尔伯协会出版社，1998）中杰弗里·F. 米勒撰写的 *How Mate Choice Shaped Human Nature: A Review of Sexual Selection and Human Evolution* 部分内容。

[2] 参见 *Julian Huxley, Biologist and Statesman of Science: Proceedings of a Conference Held at Rice University, 25–27 September 1987*（1992）．

人拥护，但他们在进化论研究群体中很活跃，有强大的盟友，如果谁遭受诽谤，必然会有盟友一同进行反击[1]。

罗伯特·K. 赛兰德（Robert K. Selander）从1965年发表的论文 *On Mating Systems and Sexual Selection*（《论交配系统与性选择》）开始，首次对性选择的历史进行了回顾。赛兰德是一位训练有素的鸟类学家，后期转向研究蛋白多态性和野生种群的群体遗传学。在这篇论文中，他提出费希尔和赫胥黎都已意识到并指出种间配偶选择和种内配偶选择的差异。种间配偶选择需要识别同一物种作为交配对象，而种内配偶选择需要在同一物种内的多个潜在交配对象中做出选择。赛兰德认为，在赫胥黎之后，研究人员只对物种之间的配偶选择进行了调查研究，而忽视了同一物种内的配偶选择。他没有试图去解释这是因为研究者对种内配偶选择缺乏兴趣，只是说原因不明确。仅仅7年之后，在伯纳德·克拉克·坎贝尔编著的《性选择和人类起源，1871—1971》（1972）一书中，赛兰德撰写了第二篇关于鸟类交配系统的综述，在文章的结语中，赛兰德将“综合进化论”描述为打破了始于20世纪30年代的“突变论者主张的进化生物学”。赛兰德在文中写道：“最近几年对社会系统的研究，已经证实自然选择（包括性选择）的威力，以及它所能产生的适应的复杂和微妙[2]。”

---

[1] 而且，20世纪80年代早期，迈尔和辛普森仍健在，辛普森1984年去世，迈尔于2005年逝世，赫胥黎和杜布赞斯基均在1975年离世。

[2] 参见罗伯特·K. 赛兰德的论文:《论交配系统与性选择》；刊登于 *American Naturalist*，第99卷，第906期（1965），p129-130。另参见《性选择和人类起源，1871—1971》（1972），p223中罗伯特·K. 赛兰德撰写的 *Sexual Selection and Dimorphism in Birds* 部分内容。

赛兰德关于性选择历史的简要概述成为该领域的标准故事，主要是因为他的综述具有以下三个显著特征：首先，20世纪早期关于人类女性选择的理论并没有出现在他的综述中；其次，他指责实验室科学，尤其是遗传学对性选择的忽视，从而将性选择确立为一门有机体科学；最后，他驳斥了动物行为学家和实验室群体遗传学家进行的种间雌性选择的研究，把性选择中的种间雌性选择视为维持物种间生殖隔离的重要问题，而没有给予种内雌性选择更多的关注。实际上只有某些物种的雌性选择可以维持生殖隔离。

得益于特里弗斯1972年撰写的论文《亲本投资和性选择》在动物行为研究领域的热度，坎贝尔编著的《性选择和人类起源，1871—1971》(1972)，包括书中收录的赛兰德撰写的综述成了新历史权威的一部分，抹去了雌性选择历史的跨学科图景。另外，坎贝尔著作的另外6章内容也完全与性选择相关。对于一个如此寂寂无闻的理论来说，这似乎是一个巨大而不现实的集合[1]。例如，其中一章是李·埃尔曼撰写的关于果蝇的遗传学和性选择。此外，杜布赞斯基贡献了关于人类遗传学和种族的内容，迈尔则对性选择和自然选择进行了理论上的比较[2]。然而，这些章节的引用频率远远不及特里弗斯

---

[1] 《性选择和人类起源，1871—1971》(1972)另外的6章内容中，2章主要是关于鸟类的内容，有关果蝇的内容1章，有关灵长类动物的1章，有关人类性选择内容的部分2章。当然，这是一本纪念达尔文《人类起源》的图书，所以特别强调性选择也并不奇怪。但是，书中所有的内容均来自过去几十年相关研究工作的综述文章。

[2] 参见《性选择和人类起源，1871—1971》中，李·埃尔曼撰写的 *Genetics and Sexual Selection* 部分内容；狄奥多西·杜布赞斯基撰写的 *Genetics and the Races of Man* 部分内容；以及恩斯特·迈尔撰写的 *Sexual Selection and Natural Selection* 部分内容。

撰写的《亲本投资和性选择》章节。后来，这几章内容没有得到生物学家的关注，很有可能是因为这些章节都强调雌性选择是生殖隔离的一种机制，而不是性别二态性的表现，显然后者更具吸引力[1]。

花了 10 多年的时间才使得性选择的冷板凳历史成为过往，但是回看《性选择和人类起源，1871—1971》(1972)一书，我们可以看到不同作者对雌性选择和性选择的定义各不相同。[2]赛兰德把性选择称为“直接参与获得交配对象的性状或斗争工具展示”的一个过程。李·埃尔曼将性选择定义为一个种群中引起非随机交配的所有机制，包括选型交配，如大的个体倾向于与大的个体进行交配，小的个体易与小的配偶进行交配。而厄尼斯特·W. 卡斯帕里(Ernest W.Caspari)定义的性选择明确将选型交配排除在外。迈尔撰写的章节内容使得这一问题如坠云雾间，他利用这个章节比较了自然选择和性选择，认为个体真正的适应度是自然选择的结果，与自身的活力密切相关，而性选择只

---

1. 实际上，杜布赞斯基撰写的章节也有关于人类女性选择的内容，所以这也许并不是这些章节不受关注的唯一原因。

2. 参见戈登·艾伦的论文：*Sexual Selection and the Descent of Man, 1871-1971-Campbell B*，刊登于 *Social Biology*，第 20 卷，第 3 期(1973)。

能解释雄性和雌性个体的“生殖优势”[1]。此外，迈尔对性选择的定义淡化了生殖适应度对进化的重要性，这一点与乔治·C. 威廉姆斯和威廉·D. 汉密尔顿的观点大相径庭，本书很快会提及。《性选择和人类起源，1871—1971》(1972)预示着性选择研究新时代的到来，但同样明朗的是，在1972年，科学家对性选择的定义仍旧没有达成共识，对该研究感兴趣的生物学家的学科归属也悬而未决。

回顾过去，有一篇关于《性选择和人类起源，1871—1971》(1972)的书评格外引人注目：灵长类动物学家阿德里安·齐尔曼(Adrian Zihlman)特别强调性选择沉寂历史中的人类部分。她认为，生物学家对性选择研究兴趣的消退不仅包括对普通动物的性选择方面，而且包含雌性选择如何影响人类的进化[2]。齐尔曼继续写道：“20世纪30—60年代，生物学家对人类女性选择的作用置之不理。”达尔文曾表示性选择模式在人类中是相反的，因为人类中选择配偶的是男性而不是女性。对此，齐尔曼表示，达尔文会有这一观点是因为他深受维多利亚时代英国文

---

[1] 参见《性选择和人类起源，1871—1971》(1972)，p181中罗伯特·K. 赛兰德撰写的 *Sexual Selection and Dimorphism in Birds* 部分内容；p124和p126中李·埃尔曼撰写的 *Genetics and Sexual Selection* 部分内容；p342中厄尼斯特·W. 卡斯帕里撰写的 *Sexual Selection in Human Evolution* 部分内容；p100中恩斯特·迈尔撰写的 *Sexual Selection and Natural Selection* 部分内容。迈尔对于性选择的定义与他本人对雌性选择和性选择的观点关系不大，而更多的是源自他最近与杜布赞斯基和赫胥黎就“适应度”定义的争论。迈尔和赫胥黎坚持认为适应度是外在适应性的一种表现，而杜布赞斯基和其他群体遗传学家驳斥说，只有关乎下一代的遗传贡献对适应度重要，在迈尔和赫胥黎看来，适应度是绝对的，而杜布赞斯基则认为，适应度是相对的。关于这场争论的详细阐述，请参见本书第5章内容。

[2] 参见阿德里安·齐尔曼撰写的综述论文：*Sexual Selection and the Descent of Man, 1871–1971*，刊登于 *American Anthropologist*，第67卷第2期(1974)。

化环境的影响，那个时代的英国女性是被动而无自主性的[1]。齐尔曼称赞坎贝尔的著作试图拉开性选择理论与达尔文的不同的配偶选择理论之间的距离，并且认识到雌性选择在灵长类动物和人类进化中的重要性。齐尔曼强调，人类女性选择对于理解性选择历史是非常重要的观点绝对正确，但她的想法以书评的形式呈现后仍旧没有被同行接纳。

1980 年，彼得・奥唐纳德的著作 *Genetic Models of Sexual Selection*（《性选择的遗传模式》）使性选择的标准史得到了又一次跃进。在这本书中，奥唐纳德将费希尔的性选择失控理论从文字转化成数学模型，并且构建了自己性选择理论的群体遗传学数学模型[2]。他也在书中加了一个章节，用来阐述性选择之所以成为“冷门”研究，赫胥黎起到了至关重要的作用。奥唐纳德持续驳斥赫胥黎的分析，称其是“无可救药的混乱”，因为他把性选择和自然选择、自然选择和群体选择混为一谈。奥唐纳德想不明白，赫胥黎文章中有如此显而易见的混乱，为什么其他生物学家还能因为赫胥黎的理论而对性选择失去研究的兴趣。

关于对性选择历史的描述，与赛兰德不同的是，奥唐纳德认为坎贝尔的著作是对达尔文第二个理论（性选择理论）的认可，而不是否定。奥唐纳德是一名数学群体遗传学家，从 20 世纪 60 年代中期开始研究性选择的数学模型。1958 年，《自然选

---

[1] 参见阿德里安・齐尔曼撰写的综述论文：*Sexual Selection and the Descent of Man, 1871–1971*，刊登于 *American Anthropologist*，第 67 卷第 2 期（1974），p476。

[2] 参见《性选择的遗传模式》（1980），p10–22。

择的遗传学理论》的再版激起了罗纳德·艾尔默·费希尔对性选择的的兴趣[1]。奥唐纳德与英国生态和动物行为学界一直保持联系，对果蝇的研究也非常熟悉，所以他的研究中借鉴了李·埃尔曼、克劳丁·佩蒂特和艾略特·B. 斯皮斯关于果蝇雌性选择的研究成果。对奥唐纳德来说，这些群体遗传学家的研究工作让他对性选择产生兴趣的时间比 1972 年早了 10 年。

在对奥唐纳德的著作《性选择的遗传模式》(1980)的评论中，可以看到其他对动物行为感兴趣的生物学家对其所叙述历史的评论。最近刚从哈佛大学获得生物学博士学位的拉塞尔·兰德(Russell Lande)强调，赫胥黎发表于 1938 年的论文《达尔文的性选择理论及其包含的数据》，之所以起到引发性选择沉寂的关键作用，是因为赫胥黎无法区别个体选择和群体选择。兰德继续说道："直到最近，许多研究者仍旧没有意识到，性选择中决定交配成功的性状，其适应度能够降低一个种群总体的平均适应度，其价值远远高于其对生存的影响[2]。"综合进化论的核心人物认为性选择是一个不吸引人的研究，这一观点从恩斯特·迈尔和威廉·B. 普罗文在 1980 年合著的 *The Evolutionary Synthesis: Perspectives on the Unification of Biology*(《综合进化论》)中便可以看出端倪[3]。他们极少提到性选择，甚至都不建议

---

[1] 参见彼得·奥唐纳德的论文：*The Theory of Sexual Selection*，刊登于 *Heredity*，1962 年第 17 卷。另参加《自然选择的遗传学理论》，第 2 版，(1958)。

[2] 参见拉塞尔·兰德的论文：*Sexual Selection*，刊登于《科学》，增刊第 209 卷第 4453 期(1980)，p268。

[3] 参见《综合进化论》(1980)，p9 中可以看到托马斯·亨特·摩根对性选择的无视；p332 中可以看到赫胥黎的观点；p345 中是相关的参考文献。另外，性选择并未出现在该书的索引中。

把行为和进化综合起来，一直到 20 世纪 70 年代都是如此。因此，兰德认为，性选择研究的再次兴起是由一种新的认识引发的，即性选择可能与自然选择作用相反。

然而，当群体遗传学家艾略特・B. 斯皮斯点评奥唐纳德的著作时，他强调，他和同人们在 20 世纪 50—60 年代开展的群体遗传学研究是时下性选择研究活跃于进化生物学的主要原因。斯皮斯也提到赫胥黎是性选择研究沉寂的原因，但指出性选择的名声在 20 世纪 50 年代的实验群体遗传学研究验证后已然恢复，其热度在伯纳德・克拉克・坎贝尔为了纪念达尔文的著作《人类的由来及性选择》出版 100 周年而撰写的《性选择和人类起源，1871—1971》(1972) 出版之后达到顶峰[1]。法国遗传学家克劳丁・佩蒂特以同样的方式回忆了自己的思想历程。她把赫胥黎的文章视为后期研究的挑战目标。赫胥黎的言论非但没有削减她对性选择的兴趣，反而激发了她的研究灵感[2]。在性选择历史的这个版本中，性选择处于无人问津的时间只是从 1938 年到 1950 年！若真是如此，也不足为奇，因为那一代生物学家中很多人的研究工作因第二次世界大战而中断。

在后来一篇关于果蝇雌性选择的大综述中，斯皮斯再次强调第二次世界大战后果蝇研究对 20 世纪 70 年性选择研究的重要影响。他认为，与许多在 20 世纪 40 年代受教育的生物学家

---

[1] 参见艾略特・B. 斯皮斯的论文：*Evolution of Mating Preferences*，刊登于《进化》第 34 卷第 6 期(1980)，p1227。

[2] 参见作者于 2002 年 12 月对克劳丁・佩蒂特的访谈，以及克劳丁・佩蒂特的论文：*Le déterminisme génétique et psycho-physiologique de la compétition sexuelle chez Drosophila melanogaster*，刊登于 *Bulletin Biologique de la France et de la Belgiqu*，第 92 期(1958)。

一样，他有一个认知，认为达尔文在第二性征进化中提出的雌性选择概念，被认为是自然选择的一种形式。群体遗传学家已然忽视了赫胥黎对达尔文性选择概念“目光短浅的批判”，开始着力于对遗传变异的研究，因为遗传变异影响物种两性的繁殖率，特别是果蝇[1]。

在进化论的相关学术文章中，关于“配偶选择”（mate choice）术语的两种潜在含义经常被混淆，斯皮斯对这两种含义进行了详细的区分。与1938年的赫胥黎很像，斯皮斯希望这个术语因两种不同的含义可以被两个不同的词语代替。他建议用选择（choice）指代“一个有机体从一群候选者里做出的选择”。而用偏好（preference）指代“对一群候选者中某一特定选择支持或反对的偏见”。在他的术语方案中，雌性偏好的含义接近20世纪50—60年代动物行为学家所提出的含义，是指配偶选择的一个刺激或阈值模式。而雌性选择意味着对雄性动物某些特征有比较思考。20世纪30年代，对于雌性选择两种含义的术语混乱也曾启发赫胥黎区分性选择和自然选择，但是很显然这个问题没有解决，因为到20世纪80年代，大多数生物学家关于这一问题没有达成共识。

1983年，帕特里克·贝特森（Patrick Bateson）在*Mate Choice*（《配偶选择》，1983）一书上撰写了一系列文章，旨在告诫读者注意避免混淆配偶选择和性选择的概念[2]。当时的贝特森

---

[1] 斯皮斯在文中引用了贝特曼1948年的论文、动物行为学家玛格丽特·博斯托克和奥布里·曼宁的研究成果、大卫·梅里尔坚持用雌性选择测试来进行生殖隔离的理论，以及他自己的研究。详细内容参见*Do Female Flies Choose Their Mates?*（1982），p675。

[2] 参见帕特里克·贝特森编著的*Mate Choice*（剑桥：剑桥大学出版社，1983）。

是一位处于职业生涯中期的动物行为学家，研究兴趣主要集中在鸟类的生殖行为和印记行为上。他的这部著作开始于 1981 年的一次会议，会上演讲者报告内容生成的综述文章都收录其中。在书的前言中，贝特森暗示，绝大多数生物学家倾向于把所有的配偶选择都算作是性选择，但他提醒大家注意某些形式的配偶选择只是简单地识别正确物种的配偶。贝特森 1983 年的担忧与赫胥黎 1938 年的类似，但所处的学科背景大不相同。20 世纪的头几十年里，动物学家更普遍地认为雌性选择只发生在一个单一的物种中。赫胥黎曾试图纠正这一观点，他坚持认为，动物世界中求偶行为的进化，不是因为一个雌性个体在同物种雄性个体中进行的选择（性选择），而是因为一个雌性个体在同物种雄性个体中选择一个雄性个体的需求（自然选择）。20 世纪 40—50 年代，综合进化学家改变了动物学家的研究方向，而这些观点也出现在他们新的研究项目中。近半个世纪后，贝特森的读者主要由对动物行为感兴趣的年轻一代生物学家组成，他们把所有配偶选择的证据解释为性选择的证据，以试图将自己与那些经典的进化理论家区分开来。时代变了！

总的来说，像贝特森这样的年轻一代动物行为学教授把忽视性选择研究的责任归咎于所有综合进化论的支持者，而不仅仅是赫胥黎。1984 年，有一篇对《配偶选择》（1983）的评论文章，题目为 *Revenge of the Ugly Duckling*（《丑小鸭复仇》），作者是刚从华盛顿大学获得动物学博士学位的马克·柯克帕特里克（Mark Kirkpatrick）。柯克帕特里克在文中强调，在现代综合进化论时期，人们对于配偶选择是两性形态和行为差异的机制问题缺乏兴趣。只是在过去的 20 年里，配偶选择和性选择才受到进化生物学家广泛的关注。在将近一个世纪的时间里，除了 E.B. 波尔顿（E.B.Poulton）和罗纳德・艾尔默・费希尔的杰出贡献外，达尔文关于性选择的理论几乎没有获得什么补充。所有支持进化论的杰出人物，包括恩斯特・迈尔和威廉・B. 普罗文在《综合进化论》(1980）中提及的赫胥黎、杜布赞斯基、大卫・拉克和伯纳德・伦施等都对性选择非常不重视，这并非出于单纯的忽视，而是因为他们认为配偶选择是种间隔离选择机制的副产物。直到最近，生物学家才对前辈们的结论提出质疑，认为配偶选择是进化的一个重要因素，进化生物学这只丑小鸭正在经历蜕变[1]。柯克帕特里克通过这篇文章强烈地谴责了赫胥黎和迈尔对性选择目光短浅的无视，并暗示迈尔本不应该如此，因为他是极乐鸟研究方面的权威专家，而直至 20 世纪 80 年代，极乐鸟都是鸟类性选择教科书的案例之一。

毫不意外，作为所有综合进化论相关问题的捍卫者，恩斯特・迈尔迫切地感到有必要为他自己以及他那些亲密的同行进行辩护。迈尔给柯克帕特里克写了一封信作为回应。在信中，迈尔承认在他 1942 年出版的《分类学和物种起源》中没有强调性选择，随后解释道："忽视性选择也许是不可原谅的，但是是可以理解的，理由有以下几个方面。首先，这是赫胥黎的过错，赫胥黎是动物行为领域的专家，每个人都相信他。其次，与求偶时间延长的外来鸟相比，求偶时间不延长的外来鸟与非同物

---

❶ 参见马克・柯克帕特里克的论文:《丑小鸭复仇》，刊登于《进化》，第 38 卷第 3 期(1984)，p704-705。

种鸟类个体发生交配的频率更高，因此我认为，雄性极乐鸟的华丽羽毛以及相关的雌性选择之所以存在，都是为了确保识别正确的配偶物种，而不是因为性选择。最后一点，也可能是最有趣的一点，数学群体遗传学家将适应度重新定义为基因频率的代际变化，这使得自然选择和性选择之间的任何区别都已无关紧要[1]。”迈尔在这封信中所列举的理由出自他 1982 年出版的著作 *The Growth of Biological Thought: Diversity, Evolution, and Inheritance*（《生物学思想发展的历史》）[2]。在这本书中，迈尔表示只有在个体而不是个体的基因再次成为被选择的目标时，讨论性选择才有必要。除了赫胥黎之外，迈尔迅速将忽视性选择的责任从现在综合进化论拥护者推到数学群体遗传学家身上。

尽管所有的历史记载都强调了朱利安·索莱尔·赫胥黎在性选择被忽视问题中的作用，但不同记载之间的差异也十分明显。至少有 3 类生物界的科学家参与了性选择历史的创立，即群体遗传学家、理论数学遗传学家和动物学家。群体遗传学家主要的研究对象是果蝇，如斯皮斯和佩蒂特，他们坚持认为性选择被忽视只持续到 20 世纪 50 年代中期。以彼得·奥唐纳德和约翰·梅纳德·史密斯为代表的理论数学遗传学家通过强调罗纳德·艾尔默·费希尔的性选择失控理论，暗示性选择之所以被动物学家忽视，是因为费希尔的数学模型很

---

❶ 参见迈尔于 1984 年 7 月 9 日写给柯克帕特里克的信，收藏于哈佛大学档案馆，恩斯特·迈尔的文集，普通信件，1952–1987，HUGFP 74.7，第 32 区，第 1382 号文件夹。

❷ 参见恩斯特·迈尔的著作:《生物学思想发展的历史》(1982)，p596。

难被自然学者理解[1]。然而，包括恩斯特·迈尔和罗伯特·K.赛兰德在内的动物学家则认为，早期的群体遗传学家应该为性选择被忽视负主要责任。他们坚持认为是群体遗传学家将自然选择定义为对下一代的生殖贡献，这就排除了性选择成为一个不同概念的必要，正是因为如此，科学家对性选择的兴趣彻底丧失。

代际训练差异也产生了不同效果，因为许多年轻的研究者努力将性选择研究确立为一个全新的、革命性的研究领域。20世纪80年代从事性选择研究的生物学家，绝大多数是新一代的专业学者，他们通过指责进化论生物学家前辈们对性选择理论的忽视，将自己与他们划清界限。同时，对于实验室遗传学家在20世纪50—60年代获得的雌性选择研究结论，这些研究者也选择无视。

快速浏览一下约翰·阿尔科克编著的 *Animal Behavior: An Evolutionary Approach*（《动物行为》）一书的几个版本，就会发现进化生物学家对性选择研究沉寂历史记录缓慢的实例，因为这本书一直是美国大学生学习动物行为的标准教科书。该书的第一版出版于1975年，在书中，既没有特里弗斯的名字，也没有关于性选择的内容。在4年后出版的第二版中，作者介绍道，特里弗斯提出性选择之所以会发生，是因为两性个体在生殖和子代抚育中投入不同。到了1984年，特里弗斯和他的性选择理论声名鹊起，此时《动物行为》的第三版出版，阿尔科克在书中提出特里弗斯创造了亲代投资的概念，并用两个章节的篇幅讲

[1] 出自作者对约翰·梅纳德·史密斯的访谈，采访时间：2002年12月。

述性选择的内容。直到 1989 年出版的第四版，阿尔科克才提到贝特曼对特里弗斯理论贡献的重要性，并讨论了费希尔性选择失控的概念，同时采纳了性选择的消亡史。阿尔科克在书中写道："达尔文之后，性选择的概念在很大程度上被忽视了，直到 1972 年，特里弗斯把人们的注意吸引到安格斯・约翰・贝特曼的一项研究上，性选择才再度回到人们的视野中[1]。"特里弗斯理论对性选择历史的重要性与时下流行的性选择被忽视模式密切相关，而到 20 世纪 80 年代后期，这些内容才趋于稳定[2]。

到 20 世纪 70 年代末，性选择中的雌性选择是一个热门话题。所有研究者不仅都想分得一杯羹，而且都想声称自己的研究领域对性选择被忽视这么多年没有责任。关于性选择历史争论的结束，意味着有机体生物学家赢得了最后的胜利，成功地将性选择纳入有机体研究领域。

性选择作为有机体生物学中一个令人兴奋的研究领域回归生物学家的视野，要归因于多个因素。有机体生物学家倡导把动物作为理解人类行为的行为学模型。基于选择行为的博弈论

---

[1] 参见约翰・阿尔科克的著作:《动物行为》(桑德兰，马萨诸塞: *Sinauer Associates*，1975); 第二版 (1979)，p211；第三版 (1984)，p344；第四版 (1989)，p398；第五版(1993)，p402；第六版(1998)，p433。

[2] 1991 年，在海伦娜・克罗宁推出她具有哲学倾向的著作 *Ant and the Peacock*(《蚂蚁与孔雀》)时，保罗・格里菲斯在一篇评论中说道，尽管克罗宁对利他主义研究历史和现状的描述引起了争议，但是没有任何人批评她对性选择历史的阐述。克罗宁的著作是对 20 世纪 70—80 年代性选择研究中哲学问题的一个极好的探索，主要有利于探究如何利用生物学过去的争论来阐明当下所面临的问题。然而，正如格里菲斯文中所注释，诸如此类辉格党的史书教材，只有所有人都对当下问题观点一致时才有用。这一问题最重要的一点是，20 世纪 90 年代初，所有人关于性选择的时下现状观点一致。请参见保罗・格里菲斯的论文: *The Cronin Controversy*，刊登于 *British Journal for the Philosophy of Science*，第 46 期(1995)，p35 和 p123。

模型提供了一个新的、非拟人化的框架来讨论动物看似理性的选择。罗伯特·特里弗斯 1972 年撰写的文章《亲本投资和性选择》使得有机体生物学家更加理解群体遗传学家和理论生物学家的研究。此外，第二波女性主义运动浪潮，以及关于社会生物学的争论都引起了社会巨大的震动，吸引了更多公众和学者对雌性选择的关注。

性选择的消亡史是实验生物学家对其学科历史着迷的典型案例，也反映了 20 世纪 80 年代性选择的学科领域属性。正因为如此，性选择作为物种生殖隔离机制，或维持种群遗传杂合性的历史便丢失了。只有性选择是产生性别二态性的一种进化机制的历史得以保留。这些学科的关联反映出第二次世界大战后生物学家逐渐分成三个群体：开展实验室实验的生物学家、研究有机体的生物学家和进行理论数学计算的生物学家。性选择的消亡史肯定了野生有机体生物学家对生物进化研究的贡献，而否定了实验室生物学家和理论数学生物学家对生物进化研究的贡献。随着不断重复，生物学家所撰写的性选择历史越来越程式化，所呈现的历史观也有些幼稚。1998 年发表的一篇文章甚至坚称，性选择是唯一一个经历一个世纪谴责之后再度被接受的主要学术理论[1]。这样的历史观并非是不可避免的，而且它掩盖了大量的争论。

当然，关于性选择历史中被忽视的任何问题都不能单单归

---

[1] 参见 C. 克劳福德和 D. 克雷布斯编著的 *Handbook of Evolutionary Psychology: Ideas, Issues, and Applications*（莫沃，新泽西：Lawreuce Erlbaum，1998）中杰弗里·F. 米勒撰写的 *How Mate Choice Shaped Human Nature: A Review of Sexual Selection and Human Evolution* 部分内容。

咎于雌性选择。在维多利亚时代和爱德华时代，大多数生物学家拒绝接受所有动物选择的概念，因为他们认为只有人类拥有选择一个身心喜欢的伴侣的智力体系。与罗纳德·艾尔默·费希尔相似，阿尔弗雷德·拉塞尔·华莱士没有冷漠地接受性选择，也只是因为他简单地认为，这种进化机制可能只存在于人类，而不存在于动物中。尽管朱利安·索莱尔·赫胥黎后来没有发表关于性选择的著述，但他对性选择没有很深的敌意。当然，第二次世界大战之后，学习行为学的动物学家更关注自然选择对动物行为的影响，而对动物行为甚至性选择如何影响进化过程没有什么兴趣。但是，同时期的群体遗传学家热衷于探究包含配偶选择在内的交配行为如何影响一个种群的进化过程。性选择再度成为野生生物学重要研究内容的过程也是非常缓慢的，前后历经几十年。此外，性选择行为成为进化的一种机制，主要的理论依据来自群体遗传学家对果蝇交配行为、刺激行为学模型和进化论数学模型的分析。尽管生物学家并没有认定性选择的重要性，但近一个世纪以来，雌性选择都没有受到责难。

当代生物学家已经成功传播了性选择的消亡史，因此，这也必然成为一个证明他们学习过生物学的标尺。这个历史的叙述之所以经久不衰，其中一部分原因是能够在有机体生物学家和分子生物学家争夺项目资金支持和公众认可过程中给予前者力量和声望。从这个方面来说，有机体生物学家显然成功了。

在 20 世纪 60—70 年代，有机体生物学家转向研究动物模型以寻找人类社交问题的解决方案。这一策略在 20 世纪的生物科学领域有着悠久的历史传统，从 20 世纪 20 年代费希尔的优生学理论到 20 世纪 50 年代狄奥多西·杜布赞斯基和赫尔曼·约瑟夫·穆勒关于进化过程中随机突变的重要性的争论[1]。然而，20 世纪 60 年代，进化生物学僵化为一个适应主义框架，为试图从进化视角理解人类行为生物学基础的生物学家提供了新的可信度[2]。这个框架也已渗透进了其他许多与进化相关的领域，从昆虫 – 植物相互作用的共进化到古生物学和进化生态学[3]。

在有机体生物学中，这个动物形态固化框架的成功是双重的。面对他们所谓的分子生物学“还原论者”(reductionist)，动物学家一直在努力提高与动物整体相关的生物学研究的重要性和公众认可度。通过使用还原论者术语，有机体生物学家希望指出，人们不能通过分析有机体的部分组成来理解生命的全部。在有机体研究者的术语中，还原论 (reductionism) 的意思是在生物学组织的亚细胞水平进行的方法学分析。《社会生物学：新的综合》(1975) 出版后，对人类行为生物学基础感兴趣的有

---

[1] 参见《正优生学》(1917);《自然选择的遗传学理论》(1930)。此外，请参见 *Experiments on Sexual Isolation in Drosophila. III. Geo graphic Strains of Drosophila sturtevanti* (1944)；参见 *Experiments on Sexual Isolation in Drosophila. II. Geographic Strains of Drosophila prosaltans* (1944)；参见穆勒的论文：*The Darwinian and Modern Conceptions of Natural Selection*，刊登于 *Proceedings of the American Philosophical Society*，第 93 期(1949)；另参见 *Evolution in Mendelian Populations* (1931) .

[2] 史蒂芬·杰伊·古尔德关于进化理论“固化”的最后探究是在其去世后发表的，这也是他最全面的一次探索。参见其著作 *Structure of Evolutionary Thought* (剑桥，马萨诸塞：哈佛大学出版社，2004) 的第 7 章：*The Modern Synthesis as a Limited Consensus* 部分内容。

[3] 参见约翰·N. 汤普森的论文：*Concepts of Coevolution*，刊登于《生态学与进化趋势》，第 4 卷，第 6 期 (1989)。另参见迈克尔·鲁斯和大卫·科斯基等编著的 *Paleontology at the High Table: The Emergence of Paleobiology as an Evolutionary Discipline* (芝加哥：芝加哥大学出版社，2007)。

机体生物学家又被贴上了“庸俗的还原论者”的标签[1]。这些社会生物学批判者又有着不同的意图。他们试图强调爱德华·奥斯本·威尔逊和其他社会生物学家秉持的理论，即所有动物和人类的行为都具有可遗传的遗传基础。他们批评的目标不是分析的层面，而是社会生物学家的假设，即所有自然发生的行为都源于遗传基础，因此可以通过自然选择进行更改，而不必分析所讨论行为的遗传基础[2]。

虽然有这样那样的困扰，然而感谢《探索频道》《国家地理电影》《动物星球》以及《纽约时报》相对非戏剧化版面的观影者和读者，让大众对于野生和家养动物行为的兴趣只增不减。通过这些吸引人的巨型动物骇人听闻的故事，我们深刻认识到，我们必须保护地球上的野生动物和生活环境，否则我们可能会失去理解自身生物学特性的能力。

---

❶ 参见亚瑟·卡普兰的著作：*The Sociobiology Debate: Readings on Ethical and Scientific Issues*（纽约：*Harper and Row*，1978）。另参见理查德·兰文廷的论文：*Sociobiology—A Caricature of Darwinism*，刊登于 *PSA*: *Proceedings of the Biennial Meeting of the Philosophy Society of America*，第 2 卷（1976）：专题和应邀论文集，p22。

❷ 我的分析是基于丽莎·劳埃德的归类划分，她将“选择单元”的争论总结归类为 4 个相对独立的问题，即“互作子是什么?”“复制因子是什么?”“受益者是谁?”以及“通过选择产生的进化所引起的个体适应性表现是什么?”。生物学家批评那些针对不适当、低水平生物个体进行这些问题分析的反对者为“还原论”持有者。原文参见拉玛·S. 辛格、科斯塔斯·B. 科里姆巴斯、戴安·B. 保罗和约翰·贝蒂编著的 *Thinking about Evolution: Historical, Philosophical, and Political Perspectives*（剑桥：剑桥大学出版社，2001）中伊丽莎白·A. 劳埃德撰写的 *Units and Levels of Selection: An Anatomy of the Units of Selection Debate* 部分内容。

结语

对于雌性选择历史的探究，主要集中于选择交配行为的科学理念，从 19 世纪晚期查尔斯·达尔文和阿尔弗雷德·拉塞尔·华莱士的研究到 20 世纪晚期的社会生物学研究期间的 100 多年时间里，是如何在不同的生物学家群体里发展起来的。在此期间，生物学家对于交配行为的认知，既依赖于他们的学科训练，也受限于他们关于人类和动物具有相同交配行为的信念。雌性选择这一简短的词语承载了多种内涵，既取决于生物学家的研究对象和理论基础，也依赖于其对动物交配行为和人类求偶行为交织的概念认知。尽管在书的结尾，我提及雌性选择与达尔文的性选择理论有着密切的联系，但是雌性选择的命运与性选择截然不同。在整个 20 世纪里，生物学家对雌性选择的兴趣主要还是将其视为物种形成或遗传多样性的一种机制，而不是作为解释两性区别的一种机制。到了 20 世纪中叶，当雌性选择再次被定义为雌性个体对雄性个体刺激求偶行为的敏感性后，这一概念便被剥夺了其理想主义的含义，也大大地吸引了群体遗传学家的研究兴趣。随着人们对于动物思维认知的改变，雌性选择和性选择作为进化机制的接受度也发生着变化。

在20世纪的大部分时间里，一般科学常识似乎表明，动物不能根据理性或审美标准做出选择。这样的选择是具有智力的人类所特有的。那些试图打破这一认知的科学家，要么被指责为使用了拟人论，要么被指责为拟兽论。甚至这两个术语的含义也不断发生变化。在19世纪末20世纪初，使用拟人论者指那些用过度多愁善感术语描绘动物行为的生物学家。从20世纪早期开始，拟人论开始夹杂一些不同的信息，动物的行为背后存在一定的理性。此后，随着行为主义、比较心理学以及动物行为学的兴起，专业的科学家认为最低程度的动物认知过程是解释他们所研究动物行为的必然。而如今，我们经常把拟人化视为动物过度情绪化行为的过程。例如，我的猫生我的气了；我不在家的时候，我的长尾鹦鹉想念我了。但对于大多数人来说，动物一直是情绪化的生物，他们质疑的不是动物的情感，而是动物的认知能力。20世纪60年代，生物学家重新确定了另一种逾越人类与动物界限的方法，拟兽论成为受过行为学训练的动物学家和社会生物学家的箭靶，他们似乎只用动物特有的非理性术语来描述人类的行为。如果人类只是另一种动物物种，比如裸猿，那么将我们与我们兽性兄弟区分开来的主要特征之一，即我们的反应能力，已经从人类行为的生物学基础分析中消失。

生物学家对拟人论和拟兽论的关注，对于其对雌性选择的认知至关重要。例如，动物行为学家认为雌性选择是一个行为阈值，这与他们所关心的内容匹配，即自然界的行为如何发生。动物行为学家认为，一些雄性动物只是比其他雄性动物更能让雌性个体产生交配的情绪，他们没有使用认知选择来解释所观察到的动物行为。提出这一观点的时候，动物行为学家认为自己避开了早些年的批评，动物行为的研究只不过是业余的拟人化研究而已[1]。然而，群体遗传学家仍然不担心自己的学术地位，不害怕自己的语言描述招致批评，而继续阐释雌性果蝇的行为是选择行为。

虽然争议和分歧一直存在，但是使用拟人论和拟兽论阐释、分析动物和人类行为被证实是持久的策略。这个策略贯穿整个20世纪，部分原因可能是这两个策略都强调动物本能的行为以及人类标准的行为，随着“本能”和“规范”范畴的改变，两者也发生变化[2]。

雌性选择的历史也为探究20世纪中期关于进化论的历史观点提供了一个独特的视角，并且能够从这一视角看到进化和行为相关的理论、实验室及野外研究的变化历程。笔者在书中提出阅读雌性选择的历史有助于理解动物行为研究如何逐渐影响进化论的理论。

生物学哲学家和生物学史学家仍然在为现代综合进化论成为20世纪生命科学史上重要的里程碑之一而欢呼雀跃，然而对

---

[1] 参见《当代达尔文主义》(1907)；*Evolution*(1924)。另参见托马斯·亨特·摩根的著作：*A Critique of the Theory of Evolution*(普林斯顿，新泽西：普林斯顿大学出版社，1916)；*Evolution and Genetics*(普林斯顿，新泽西：普林斯顿大学出版社，1925)。

[2] 参见大卫·M. 巴斯的著作：*The Handbook of Evolutionary Psychology*(霍博肯，新泽西州：John Wiley and Sons，2005)。另参见洛林·达斯顿和费尔南多·维达尔等编著的 *Moral Authority of Nature*(芝加哥：芝加哥大学出版社，2004)，以及迈克尔·T. 盖斯林的论文：*Darwin and Evolutionary Psychology*，刊登于《科学》，第179卷第4077期(1973)。

于该如何描述这一时期的历史还没有达成一致意见[1]。古生物学家、哲学家、历史学家、著名的杂志专栏作家史蒂芬·杰伊·古尔德（Stephen Jay Gould，1941—2002）认为，最好将综合进化论的历史划分为一系列历史时期。第一阶段为 20 世纪 20—30 年代，表示孟德尔遗传理论与达尔文进化论在理论上是一致的[2]。第二阶段开始于 1937 年，杜布赞斯基的著作《遗传和物种起源》出版，群体遗传学家和博物学家通过实验和观察证实野生生物的遗传与进化具有可公度性[3]。然而，正如古尔德所说，即使是两个时期的主要参与者，也是 1959 年在芝加哥大学举行的达尔文百年庆典会议中达成的一致，将综合进化论定义为一个历史实体。在这场会议上确定了选择进化生物学家作为综合进

---

[1] 参见约翰·贝蒂的论文：*Ecology and Evolutionary Biology in the War and Post-war Years*，刊登于 *Journal of the History of Biology*，1988 年第 21 卷。参见 *Common Problems and Cooperative Solutions: Organizational Activity in Evolutionary Studies*；*Ernst Mayr as Community Architect: Launching the Society for the Study of Evolution and the Journal Evolution.* 参见 *Descended from Darwin: Insights into the History of American Evolutionary Studies, 1900－1970*（2009）. 参见 *Darwinism's Struggle for Survival: Heredity and the Hypothesis of Natural Selection*（1998）. 参见《综合进化论》（1980）。另参见 *Disciplining Evolutionary Biology: Ernst Mayr and the Founding of the Society for the Study of Evolution and Evolution*（*1939－1950*）（1994）；*Unifying Biology: The Evolutionary Synthesis and Evolutionary Biology*（1996）；*Unifying Biology: The Evolutionary Synthesis and Evolutionary Biology*，刊登于 *Journal of the History of Biology*，第 25 期（1992）。此外，我们需要一篇多元的阐述，似乎能够涵盖合成时期所有组成部分，但是其有哪些构成部分，请参见约瑟夫·艾伦·凯恩的论文：*What is needed, then, is a polyvalent narrative that includes all the seemingly disparate accounts of the synthesis period, however constituted*，刊登于 *Archives of Natural History*，第 30 卷第 1 期（2003）。

[2] 参见威廉·B. 普罗文的著作：*Origins of Theoretical Population Genetics*（1971 首版；2001 再版），另参见其撰写的论文：*The Role of Mathematical Population Geneticists in the Evolutionary Synthesis of the 1930s and 40s*（1978）.

[3] 参见《遗传和物种起源》（1937），以及《综合进化论》（1980）。

化论的构筑者[1]。

在芝加哥大学举办的这场会议中，进化生物学家和古生物学家就进化生物学的许多关键问题达成了共识，包括从研究进化的适当生物学组织层面（即有机体生物）到研究行为进化的重要性。此外，两个团体都认定达尔文是他们的英雄先辈，从而树立了达尔文在团体中的权威[2]。对古尔德来说，综合进化论的重要性不在于它让生物学家的进化理论在第二次世界大战前得以统一，而是在接下来的第三阶段，固化或限制了进化构想的适用方式，这一现象在 20 世纪 60 年代最为严重[3]。在古尔德的学术生涯中，他花费了大量的时间和精力去打破他认定的综合进化论构筑者对进化论理论的霸权控制。20 世纪 70 年代，他加入由其他一些古生物学家和新生代进化论理论学家组成的阵营，他们自诩为叛逆者，誓与传统的“新达尔文主义者”（特别是迈尔和杜布赞斯基）决裂，后者便造就了进化论理论的适应主义框架[4]。这些对抗可以算作是综合进化论的第四个阶段。历史学家对综合进化时代的阐

---

[1] 参见 *The Evolution of Life: Its Origin, History, and Future*（1960）；*The Evolution of Man: Man, Culture, and Society*，以及 *Issues in Evolution: The University of Chicago Centennial Discussions*（1960）.

[2] 参见 *The 1959 Darwin Centennial Celebration in America*（2020）.

[3] 参见 *Structure of Evolutionary Thought*（2004）的第 7 章：*The Modern Synthesis as a Limited Consensus* 部分内容。

[4] 参见史蒂芬・杰伊・古尔德的论文：*The Spandrels of San Marco and the Panglossian Paradigm*，刊登于 *Proceedings of the Royal Society of London*，生物科学 B 系列，第 205 期（1979）。参见大卫・赛普科斯基的论文：*Stephen Jay Gould, Jack Sepkoski, and the 'Quantitative Revolution' in American Paleobiology*，刊登于 *Journal of the History of Biology*，第 38 期（2005）。另参见大卫・赛普科斯基和迈克尔・鲁斯的著作：*The Paleobiological Revolution: Essays on the Growth of Modern Paleontology*（芝加哥：芝加哥大学出版社，2009）。

述之词仍待确定，但是古尔德的这一多阶段历史描述有助于刻画20世纪进化论对动物行为研究的影响。

那么，反之亦然？以综合进化论为主题的相关学术文章中关于动物行为研究对理解进化论的作用有什么要说明的吗？出乎意料，恩斯特·迈尔是为数不多考虑动物行为研究在综合进化论中作用的学者中的一员[1]。依据迈尔的说法，并不是所有生物学家都将综合进化论主要理论视为理解生物学过程的关键。他声称，除了那些愚昧无知的分子生物学家之外，对有机体行为和发育感兴趣的生物学家也非常有可能在他们的研究中忽视综合进化论的结论。他认为，这些生物学家都着重关注一个个有机体生命中的进化变异，而不是一个种群的进化变异，这使得他们对综合进化论的结论视而不见。1974年，在迈尔举办的一次探索综合进化论历史的会议上，年轻的进化生物学家罗伯特·特里弗斯提出，关于动物行为的工作，只有20世纪60年代威廉·D. 汉密尔顿和乔治·C. 威廉姆斯关于亲缘选择的研究以及自己在20世纪70年代早期提出的性选择理论，能够被整合到综合进化论的研究范畴之内[2]。

---

[1] 参见《综合进化论》(1980)。

[2] 特里弗斯没有理会迈尔让他停止的请求(参见本书第6章内容)。普遍观点认为，随着进化发育生物学在20世纪80年代兴起，发育生物学家开始将目光聚焦于进化。参见恩斯特·迈尔的文章：*Transcript of the Evolutionary Synthesis Conference*，收录于*APS*收藏的《综合进化论论文集》，B / M451t，folder 13.1，p46. 参见斯科特·F. 吉尔伯特、J.M. 奥匹茨和多尔夫·A. 拉夫的文章：*Resynthesizing Evolutionary and Developmental Biology*，刊登于*Developmental Biology*，第173卷，第2期(1996)。另参见格雷格里·戴维斯、迈克尔·迪特里希和大卫·雅各布斯的文章：*Homeotic Mutants and the Assimilation of Developmental Genetics into the Evolutionary Synthesis, 1915 - 1952*，收录于*Descended from Darwin: Insights into the History of Evolutionary Studies,1900 - 1970*，(2009)。

然而，雌性选择和性选择分化的历史说明，进化论和动物行为在 20 世纪是如何不断地被整合到一起的。在综合进化论的第一个阶段，遗传学和进化论有数字上的整合，关于自然种群中进化如何发生的现有观念中结合了遗传学理论。像达尔文一样，20 世纪早期的进化论理论学家认为，虽然自然选择可以解释动物子代的数量，但是子代的质量取决于亲本的配偶选择。他们认为，自然选择影响一个种群的子代数量，性选择影响其子代质量，随着时间的推移，这一种群要么进化，要么退化。综合在进化论的第二个阶段，也就是 20 世纪 30 年代末至 20 世纪 40 年代，动物行为和进化之间的关系真正发生了巨大变化。在这一时期，对动物行为感兴趣的生物学家摒弃了渐进或退化的进化模式，认为人类独占理性行为的万圣殿，从而开始使用强调物种形成过程的多元进化模式。在这种新模式的动物行为研究中，种群中任何一个个体的交配行为都不再有整个种群的平均交配行为那么重要了。

这样从以动物行为和种族等级的角度思考进化到以一个分支和非等级种群反应进化模式的转变，历史学家通常将其归因于自然选择的数学化[1]。罗纳德·艾尔默·费希尔、J.B.S 霍尔丹和休厄尔·赖特等数学群体遗传学家通过使用数学术语重新定义了进化，使用非实体术语重新定义了适应度，将进化变量从不同的生存率转变为不同的生殖率，成功移除自然选择中的优

---

[1] 参见 *The Ant and the Peacock: Altruism and Sexual Selection from Darwin to Today*（1991）；参见 *In the Name of Eugenics: Genetics and the Uses of Human Heredity*（1985）；另参见 *Origins of Theoretical Population Genetics*（1971 首版；2001 再版）。

生说污点。例如，社会学家霍华德·凯伊（Howard Kaye）曾经提出，现在综合进化论的数学化阶段缓和了生存斗争的残酷与配偶选择的审美之间的较量，从而避免了自然选择对人类存在的不良影响[1]。进化中的胜利者是最具吸引力的，但其并不一定是最强大的。

然而，只有在回顾的时候，我们才能看到进化论中的数学与优生学含义分离。费希尔将进化理论数学统计化，使之与他的人类进化优生学相一致。尽管他所定义的适应度不单单基于个体的生存能力，然而仍旧是一个具体的概念，对于个体成功进化的衡量是它们对于异性的吸引力和产生的子代数量。通过证明孟德尔遗传理论与达尔文进化论在理论上相一致，费希尔将遗传和进化的问题交融互通，这也为其后来的生殖数学统计公式成为进化论发展关键奠定了基础[2]。他以数学统计学编写了人类社会的章程，不同于优生学的消极绝育运动，不再是教导人们如何做出正确的配偶选择，也不再鼓励条件优越的夫妇生育更多的孩子[3]。

费希尔在早期著作中提出，达尔文主义和遗传论者的主张首次融合集中在优生学论。当然，在费希尔的进化理论中，人

---

[1] 参见霍华德·凯伊的著作：*The Social Meaning of Modern Biology: From Social Darwinism to Sociobiology*（纽黑文，康涅狄格：耶鲁大学出版社，1986），p39。

[2] 参见《优生学家的希望》（1914）；《性偏好的进化》（1915）；《正优生学》（1917）。数学统计公式参见罗纳德·艾尔默·费希尔的著作《自然选择的遗传学理论》（1930）。

[3] 参见 *Building a Better Race: Gender, Sexuality, and Eugenics from the Turn of the Century to the Baby Boom*（2001）. 参见马克·A. 拉根特的著作：*Breeding Contempt: The History of Coerced Sterilization in the United States*（皮斯卡塔韦，新泽西：罗格斯大学出版社，2007）。另参见 *Love and Eugenics in the Late Nineteenth Century: Rational Reproduction and the New Woman*（2003）.

类的性选择和社会性选择所占的比重远远大于果蝇研究人员的生物学研究得出的结论[1]。尽管在后来的著作中，费希尔呼吁了实验性遗传学的研究，也在整理生物统计学和孟德尔遗传理论的时候引用了果蝇遗传学家的研究成果，但是在《自然选择的遗传理论》（1930）一书中鲜有提及有关果蝇的研究[2]。在这本书中，费希尔只在优势进化和性别决定动力两部分内容中提及了有关果蝇的研究。当真正开始在人类进化论中涉及果蝇遗传研究工作之时，费希尔将遗传研究人员划分为两个同样可忽视的阵营：一是那些认为自己的研究与人类毫无关系的人，二是那些希望自己的研究完全能够体现人类遗传问题的人。费希尔认为后者的贡献主要是人类和果蝇或玉米遗传的相似性，而不能解答人类社会进化中的特殊问题[3]。在费希尔构想的进化论中，社会现实和历史发生的事实远比实验室遗传学家的研究结果重要。在《自然选择的遗传理论》（1930）一书中，关于性选择失控理论对于人类配偶选择的意义，费希尔的意见很明确，即适应度是决定人类种群进化未来的物理现象，而性选择是适应度主要组成内容的一部分[4]。

在20世纪30年代末和20世纪40年代，随着生物学家开

---

❶ 第二个复杂的因素可能是罗纳德·艾尔默·费希尔对朱利安·索莱尔·赫胥黎和艾德蒙·布里斯科·福特关于钩虾（*Gammarus chevreuxi*）的研究比较熟悉，在他们的研究中，遗传因部分外显率和多基因性状而异常复杂。详细内容参见 *The Genetical Theory of Natural Selection: A Complete Variorum Edition*（1999），p55。

❷ 参见费希尔名为 *The Evolution of Genetics* 的讲座，该演讲稿于1953年被运往并收藏于曼彻斯特文学与哲学学会，《费希尔文集》，系列18，AU-BSL.

❸ 参见 *The Genetical Theory of Natural Selection: A Complete Variorum Edition*（1999），p174。

❹ 参见 *Conflicts in Human Progress: Sexual Selection and the Fisherian 'Runaway'*（1994）.

始更加关注物种形成的过程而不再是单个种群的定向进化，进化论对于人类未来发展的影响变得不那么直截了当了。在古尔德所提出的综合进化论的第二个阶段，博物学家和数学群体遗传学家为生物学家探究进化过程提供了新的视角。实验群体遗传学家和系统生物学家开始探究物种如何形成，即在自然界中，一个杂交群如何分裂为两个独立的繁殖种群。利用现代遗传学技术，这些研究者解释了物种多样性的起源。利用达尔文进化论，这些研究也揭示了自然种群中遗传变异得以维持的原因。由于这些研究项目的开展，作为一种进化机制的动物行为相关研究内容发生了根本性转变。

AMNH 的 LEB，也就是后来的动物行为研究室，这里的多位馆长试图将研究方向对准动物行为和进化理论的相关问题以维持其研究经费。因此，当生物学家从线性渐变的进化模式转向多元分支的进化模式后，这些馆长也将他们的研究内容从探究动物社会行为和性行为的进化模式，转向揭示动物行为作为物种形成的一种进化机制的重要性。20 世纪 30 年代，LEB 的创始馆长格拉德温・金斯利・诺布尔便研究了多个物种的交配行为，希望能够绘制出从鱼类、爬行动物到哺乳动物的性行为进化图谱。他认为，研究激素和生态环境对这些动物交配行为的影响，有助于他理解人类的社会行为和性行为。他的实验大多数以每次同时分析两个个体的交配行为来表征所属的物种。此后，也有其他 AMNH 的馆长研究动物的交配行为，但每个物种选取的个体数量大大增加。20 世纪 50 年代，时任 AMNH 馆长的莱斯特・阿伦森和他的同事们选取了一些与诺布尔实验中使用的相同生物，观察了孔雀鱼数百次的交配行为，并收集整理了相关的数据，目的是获得配偶选择中跨物种界限的统计学模式。重新构建人类行为进化上的动物祖先的行为已不再是进化生物学家的研究内容，取而代之的是去理解性选择作为维持不同物种间生殖隔离的一种机制的相对重要性。

在 AMNH 任职早期，阿伦森曾将种群层面的行为方式纳入动物行为研究的范畴，这与时下大多数比较心理学的研究内容形成了鲜明对比。迈尔是阿伦森在 AMNH 的同事之一，他鄙视大多数比较生理学的研究，认为他们只是把同一只大鼠放置于不同的迷宫中[1]。虽然对于康拉德·洛伦兹和尼古拉斯·廷伯根当下的研究成果给予了肯定，但迈尔坚持认为动物行为学家在未来需要做的是分析整个种群的行为。种群层面的分析研究将有助于行为学家理解动物行为如何成为动物分类的特征以及自然选择如何改变动物的行为。阿伦森希望他对孔雀鱼的研究符合种群层面的研究框架。

20 世纪 50—60 年代，训练有素的动物学家和群体遗传学家，两个截然不同的研究团体都接受了动物行为的群体层面分析方法。尽管两个团体都认为自己的研究是为了解决当下人类的困境，但两者的行为学研究方法属于不同的模式系统。一方面，动物行为学家尼古拉斯·廷伯根提出，动物学家用于研究动物行为的方法也可以用于分析人类的行为。为了理解人类行为的原因、目的、个体发生和进化，动物学家需要仔细观察人

[1] 参见 *Behavior and Evolution*（1958），p342 中恩斯特·迈尔撰写的 *Behavior and Systematics* 部分内容。

类在自然环境下的行为。而其他行为学家可以利用这个方法揭示人类共有行为的生态适应性和进化优势。那么，人类并不是代表行为进化上的一个顶峰，而是一个进化上适应非常规环境的物种。另一方面，群体遗传学家利用易于饲养的果蝇来作为模式动物，探究人类的行为。与人类一样，果蝇生活在广阔的地理范围内，具有高度的遗传多样性。由此可见，动物行为学家倾向于用动物的研究模式系统来设计人类行为的实验内容，而群体遗传学家则是用动物来做人类的替身。

动物行为学和群体遗传学对于雌性配偶选择行为的影响有很大的不同：动物行为学家提出行为阈值模式，而群体遗传学家提出主动选择模式。雌性选择的这两种模式涉及进化和行为系统研究的不同方法，并预设不同的待解决问题、分析对象、生物组织水平和方法。当动物行为学家提出进化是如何改变行为的问题时，群体遗传学家更关心的是行为如何改变进化的进程。产生这些差异的核心根源在于，动物行为学家把行为视为他们研究的主要焦点，而群体遗传学家的目的是理解进化的发生过程。

20 世纪 70 年代，当雌性选择和性选择的学科归属问题还没有达成一致的时候，动物行为的研究再次被整合到进化论的研究领域。像古尔德一样的新生代动物行为研究人员极力反对迈尔、杜布赞斯基和赫胥黎所捍卫的新达尔文主义。最终形成新的复杂行为学等级，理解人类的社会行为和性行为成为动物行为研究的终极目标。这是动物行为与进化论最近一次的连续整合，极大地影响了我们对雌性选择和性选择历史的了解。尽管动物行为研究人员在 20 世纪 40—50 年代把自己的研究整合到了他们认为的综合进化论范畴，但是 20 世纪 70 年代的生物学家很难认可他们的操作。新生代的进化生物学家，要么像新达尔文主义者一样，把早期整合进化和动物行为研究的努力视为被误导的做法；要么就是直接忽略费希尔的优生学理论和诺布尔的行为等级等在政治上令人反感的理论。

通过剖析进化和动物行为研究理论的动态变化，我们可以更加清楚地看到动物行为或进化生物学的历史记载所承载的学科关联性和固有的合理化工具。

进化生物学中雌性选择的历史是我们自认为已经了解的历史。在 20 世纪，很少有科学家把自己的研究内容定格于达尔文学说的性选择，谈及求偶行为时，他们更多关注的是其中的雄性竞争。然而，在生物科学的学科划分剧烈动荡时期，这样的历史叙述固定了下来，并被纳入 20 世纪 70—80 年代生物学家极度关注的生物学科二分法中。所谓的二分法即分子方法与有机体方法，实验室研究地点与野外研究地点，以及近因与远因。纵观人类配偶选择、心理生物学、群体遗传学和动物行为学理论的历史，雌性选择的历史与众不同。实验室和野外的研究提供了互补的方法，既能够理解性行为的进化，也能够理解行为改变自身进化的方式。

生物学家关于雌性选择研究的历史也能够阐释动物行为理论和人类行为理论之间不断变化的对应和分歧。似乎很显然，通过观察周围的自然世界，我们能够更加了解自己。但这些年来，所有利用动物行为或进化理论理解人类行为的方法，无一例外地受到很大挑战。同样明显的是，拥有丰富的文化禀赋、灵活语言、技术知识和时间观念的人类，与其他所有动物都不一样。当然，也许有人会说，世界上生活的所有物种都与其他物种有不同之处，但人类可能只关心什么使我们与众不同（或者相同）。因此，为了探究人类的性行为，便有了我们是谁这样基本的问题，从男性和女性的定义到选择的本质。

致谢

在本书的构思和写作过程中，我得到了很多人的帮助。本书以威斯康星大学科学史学系的一篇博士论文开篇，这要特别感谢我的两位导师，格雷格·密特曼（Gregg Mitman）和林恩·尼哈特（Lynn Nyhart），是他们的鼓励、建议和友情让我有了这一决定。麦迪逊市的科学史团体是威斯康星大学研究生院真正乐趣的源泉。

我曾获得密歇根大学的生物学硕士学位。我的硕士研究生导师杰瑞·史密斯鼓励我要全面地考虑古生物学、动物行为和进化理论，包括它们的发展历史。约翰·卡森试着在一位生物学家身上碰碰运气，于是向我介绍了科学史上的多个奇迹。

在准备内容的调研过程中，我走访了位于三个不同大陆板块的多个档案馆。以下是为我提供很大帮助的各位档案管理员、馆长和收藏品管理者的名单：约翰·亨利·班尼特（John Henry Bennett）和谢丽尔·霍斯金（Cheryl Hoskin，阿德莱德大学巴尔·史密斯图书馆），M. 琳达·波奇（M. Linda Birch，牛津大学图书馆和亚历山大图书馆馆长），曼迪·约克·福克（Mandy York Focke，莱斯大学伍德森研究中心），迈克尔·加布里埃尔（Michael Gabriel，罗斯福大学），加尼斯·戈德布卢姆（Janice Goldblum，美国国家档案馆），科林·哈里斯（Colin Harris，牛津大学伯德雷恩图书馆西方手稿和特别收藏品馆），芭芭拉·玛特（Barbara Mathé，AMNH 研究室图书馆特别收藏品馆），芭芭拉·梅洛尼（Barbara Meloni，哈佛大学档案馆普西图书馆），来自 AMNH 爬虫学馆的恰克·迈尔斯（Chuck Myers）、达雷尔·弗罗斯特（Darrell Frost）、大卫·迪基（David Dickey），以及特雷西·伊丽莎白·罗宾逊（Tracy Elizabeth Robinson，史密森学会档案馆）和埃塞尔·托巴赫（AMNH 哺乳动物学部）。此外，在美国哲学学会（American Philosophical Society，APS）图书馆，我也度过了卓有成效和愉快的一个半月时间，这要感谢约瑟夫·詹姆斯·埃亨（Joseph James Ahern）、瓦莱丽-安·卢茨（Valerie- Ann Lutz）、罗伊·古德曼（Roy Goodman）和查尔斯·格雷芬斯坦（Charles Greifenstein）。

此外，李·埃尔曼、克劳丁·佩蒂特、约翰·梅纳德·史密斯、艾略特·B. 斯皮斯和罗伯特·特里弗斯都向我亲切地回顾了他们的科学研究内容和与同事的交流。感谢他们付出的时间和体贴的考虑。克劳丁·佩蒂特夫人是尼古拉斯·冈佩尔（Nicolas Gompel）帮忙引荐联系上的。

当我开始考虑把论文写成书的时候，克莱姆森大学的同事成了我的无价资源。感谢杰克·汉布林（Jake Hamblin）、帕姆·马克（Pam Mack）、汤姆·奥贝丹（Tom Oberdan）和已故的杰瑞·瓦尔德威格尔（Jerry Waldvogel）共同在校园里完善了动植物群体研究的科学与技术。也要感谢生物系的同事们耐心听我讲述构思，并慷慨表达他们的意见和鼓励。在这里特别谢谢卡罗尔·贝尔瑟（Carroll Belser）、里克·伯劳博（Rick Blob）、布莱恩·布朗（Bryan Brown）、迈克尔·切尔德里斯（Michael Childress）、萨拉·德沃特（Saara DeWalt）、诺拉·埃斯皮诺萨（Nora Espinoza）、希德·高特罗（Sid Gauthreaux）、约翰·海恩斯（John Hains）、凯伦·伊克斯（Karen Hall）、卡兰·伊克斯（Kalan Ickes）、金·保罗（Kim Paul）、玛格丽特·普塔塞克（Margaret Ptacek）和丽莎·拉帕波特（Lisa Rapaport）。

我知道写作需要时间，如果没有在柏林马克斯·普朗克科学史研究所工作一年半的机会，完成这本书的写作可能需要更多的时间，而且内容也不会像现在一样有趣。这要感谢罗琳·达斯顿（Lorraine Daston），感谢她让我成为这个研究所的博士后研究员。也要感谢研究所的其他同事，感谢他们为我创造了一个舒适而能激发创作灵感的工作环境。这里要特别感谢夏洛特·比格（Charlotte Bigg）、路易斯·坎波斯（Luis Campos）、迈克尔·戈尔丁（Michael Gordin）、菲利普·凯切尔（Philip Kitcher）、玛利亚·克伦菲尔德纳（Maria Kronfeldner）、尼克·兰利茨（Nick Langlitz）、达林·勒胡克斯（Daryn Lehoux）、安德里亚斯·迈尔（Andreas Mayer）、爱丽丝·纽曼（Elysse

Newman）、克里斯丁・文・厄尔芩（Christine von Oertzen）、克里斯蒂安・赖伊（Christian Reiß）、斯库利・西古德森（Skúli Sigurdsson）、托马斯・斯图姆（Thomas Sturm）、凯利・怀尔德（Kelly Wilder）、安妮特・沃格特（Annette Vogt）和塔尼娅・蒙茨（Tania Munz），感谢他们与我进行了多次关于动物、性别和科学的畅谈。

我在本书初写和完善的过程中，与许多善良的人分享了我的书稿，有些甚至是相当粗糙的内容，他们富有洞察力的建议极大地提升了我的表达能力。感谢曾经读过部分或全部书稿的朋友们，他们是约翰・贝蒂（John Beatty）、詹妮・鲍曼（Jenny Boughman）、乔・凯恩（Joe Cain）、罗琳・达斯顿（Lorraine Daston）、保罗・埃里克森（Paul Erickson）、利比・弗里德（Libbie Freed）、弗瑞德・吉布斯（Fred Gibbs）、迈克尔・戈尔丁（Michael Gordin）、杰克・汉布林（Jake Hamblin）、朱迪・霍克（Judy Houck）、玛利亚・克伦菲尔德纳（Maria Kronfeldner）、乔书亚・昆德尔特（Joshua Kundert）、帕姆・马克（Pam Mack）、格雷格・密特曼（Gregg Mitman）、林恩・尼哈特（Lynn Nyhart）、布伦特・拉斯维克（Brent Ruswick）、乔纳森・赛茨（Jonathan Seitz）、艾略特・索伯（Elliott Sober）、费尔南多・比达尔（Fernando Vidal）、斯蒂芬・瓦尔德（Stephen Wald）、布雷特・瓦尔克（Brett Walker）、凯利・惠特默（Kelly Whitmer）和卡林・扎赫曼（Kärin Zachmann）。在我即将完成全部书稿时，奇普・伯克哈特（Chip Burkhardt）和塔尼娅·蒙茨通篇阅读了全书很长时间，此后我能够以全新的眼光看待一切。此外，在书稿编辑成书阶段，布拉德·赫什（Brad Hersh）为其内容和版式的设计费尽了心思。

我感到很幸运成为马里兰大学历史系的一员。特别感谢马里兰州关于科学史、技术和环境的各种研讨会，感谢华盛顿特区生物历史和生物哲学研究团体举办的多次愉快的讨论，所有这些都让我受益匪浅。

此外，也要感谢对我研究项目给予资金支持的机构。在威斯康星大学，我获得了约翰·纽·威斯康星杰出研究生奖学金和威斯康辛大学论文奖学金，这两项奖学金支撑了我早期的研究开展和写作论文的最后阶段。美国哲学学会图书馆之友的图书馆常驻研究奖学金让我能够利用闲暇时间探索图书馆中遗传和进化的历史资源。美国国家科学基金会提供的博士论文提升基金（SES-0423612）支撑了我走访其他档案馆和完成所有口头采访。

本书第 3 章的修改版本收录于乔·凯恩（Joe Cain）和迈克尔·鲁斯（Michael Ruse）主编的文集 *Descended from Darwin*：*Insights into the History of American Evolutionary Studies*，*1900-1970*（《达尔文的后裔：对美国进化研究史的领悟，1900—1970》，费城：美国哲学学会学报，2009），感谢他们同意我把这些内容写入本书。

我感谢获准在本书引用罗纳德·艾尔默·费希尔的信件（收

藏于阿德莱德大学巴尔·史密斯图书馆）、朱利安·索莱尔·赫胥黎的论文（收藏于莱斯大学伍德森研究中心丰登图书馆）、格拉德温·金斯利·诺布尔和查尔斯·博格特的论文（来自 AMNH 的爬虫学馆）、恩斯特·迈尔的论文（来自哈佛大学档案馆）、动物行为系的档案（AMNH 研究图书馆特别收藏品）、杜布赞斯基的论文（隶属于美国费城哲学学会的收藏手稿）、综合进化论的相关会议记录（来自美国哲学学会的收藏手稿）、艾伦·约翰·马歇尔的论文（来自澳大利亚国家图书馆），以及 NRC–CRPS 论文（收藏于美国国家科学院档案馆）。感谢约翰·阿尔科克允许我引用他给恩斯特·迈尔写的一封信。感谢廷伯根一家亲切地准许我引用尼古拉斯·廷伯根的论文内容。

也要感谢罗伯特·J. 布鲁格（Robert J. Brugger）和乔西·唐（Josh Tong）的指导，感谢他们让我的书稿顺利通过 Johns Hopkins University Press 的审查而得以出版。此外，哈丽雅特·瑞特沃（Harriet Ritvo）和一位匿名审稿人在修改润色书稿的过程中提出了许多非常有帮助的建议。琳达·斯特兰奇（Linda Strange）敏锐的编辑眼光让我避免了很多不必要的误解。

在本书的创作过程中，朋友和家人一直是我坚强的后盾。感谢他们耐心地聆听，慷慨地提供吃喝，对我糟糕的笑话报以大笑，并能让我一直保持头脑清醒。莎伦·威西科姆（Shannon Withycombe）、佛瑞德·吉布斯（Fred Gibbs）、希拉里·科普（Hilary Copp）、罗伯特·冯·塔登（Robert von Thaden）、佛瑞德·温施（Fred Wuensch）、伊琳·恩格尔（Erin Engle）、费思·汉德利（Faith Handley）和威廉·米拉姆（William Milam）——我爱你们，从心底里感谢你们。

参考资料

在这里，我不是要详细介绍任何新发现的档案收藏品，也不会针对如何挖掘现有资料的信息提出敏锐的见解。这本书的一个美妙之处在于，所有的参考资料都隐藏于大家的众目睽睽之下。在书中，我引用了很多档案馆收藏品，以及初版或再版的文章和图书。这里不再赘述，下面我要列举一些别的参考资料，注释中的绝大多数参考资料都不在其中。

主要参考资料

档案资料

在本书的创作过程中，为了追踪往来于大西洋和澳大利亚的信件，我曾查阅了几份档案。做档案研究的乐趣之一就是能够在意想不到的地方发现有参考价值的书信和文献。我创作中的很多小花絮都来自我所请教的那些科学家收到并保存的信件，而不是他们自己撰写并保存的文档。

美国哲学学会（American Philosophical Society，APS，费城）收藏的手稿是探究 20 世纪生物学历史的一个非常好的资源。特别是，APS 一直连续不断地收集遗传学发展史相关的论文，这些论文涉及范围非常广，涵盖进化、发育和有机体等。在 APS 里，我拜读了狄奥多西·杜布赞斯基（B D65）、查尔斯·库什曼·墨菲（B M957）、雷蒙德·柏尔（MS Coll. P312）、菲利普·谢帕德（MS Coll. 65）和乔治·盖洛德·辛普森（MS Coll. 31）的论文集，以及一些关于恩斯特·迈尔所举办的综合进化会议（B M541）和相关会议记录手抄本（B M541t）的相关资料。特别需要说明的是，在 APS 阅览室的旁边有一个文件柜，里面有一个 APS 收藏的所有含有信件的文集的交叉索引。换句话说，研究人员利用这个索引可以查找感兴趣的科学家名字，并找到学会内收藏的所有关于这位科学家的文集，其中包括他寄出或收到的个人信件。截止到 2008 年 12 月，这个文件柜还没有被数字化取代，仍然值得亲自去体验一下。

恩斯特·迈尔是一位高产的通信者，而且他对自己在 20 世纪进化生物学中的权威地位有自我认知，所以从职业生涯的早期他便开始收集和保存他和同行科学家之间往来的信件。这些信件收藏于哈佛大学档案馆（剑桥，马萨诸塞），是探究 20 世纪进化生物学历史旅途中值得停留的一个站点。哈佛大学档案馆的网上在线通信索引列表中，迈尔的普通信件，1931–1952（HUGFP 14.7）；普通信件，1952–1987（HUGFP 74.7）和其他或匿名信件，1920–1993（HUGFP 74.10）中列出了所有的信件，包含通信的作者、地址和一些主要参考内容。此外，我也查阅了他收藏的与朱利安·索莱尔·赫胥黎（1937–1974，HUGFP 14.15）、康拉德·洛伦兹和尼古拉斯·廷伯根（1953–1982，HUGFP 14.17）的通信合集。在其中，我发现了许多廷伯根写给迈尔的信件（很多都是手写的），这些信件的内容并没有出现于廷伯根自己发表的文章中。

朱利安·索莱尔·赫胥黎的文件收藏于莱斯大学伍德森研究中心丰登图书馆（休斯敦，得克萨斯），其中包含了他的通信、个人日记、笔记本、稿件草稿和他在旅行途中收集的其他资料。通过赫胥黎和廷伯根的通信，我对廷伯根有了更深入的了解。

在牛津大学伯德雷恩图书馆西方手稿和特别收藏品馆中，收藏了牛津大学以前很多教授的论文和通信，其中包括尼古拉斯·廷伯根（NCUACS 27.3.91）、艾德蒙·布里斯科·福特（NCUACS 14.7.89）和西里尔·迪恩·达林顿（CSAC 106.3.85）。福特的文集中有几处亮点，我最喜欢的是他与朱利安·索莱尔·赫胥黎之间关于合作研究的通信，他们的研究对象是钩虾（*Gammarus chevreuxii*），这项研究是一次勇敢而最终失败的尝试，他们原本试图将钩虾培养成为英国生物研究领域的模式生物，从而抗衡美国遗传学家对果蝇的垄断。

AMNH 位于纽约市，馆内的特别收藏品陈列于中央研究图书馆，其中包含各分馆和部门的行政管理资料、过往员工的传记和一些私人的文件、新闻稿，以及令人惊叹的照片和影像收藏。此外，每个分馆可以保留自己的档案资料。例如，爬虫学馆的档案室内收藏了许多本馆历任馆长的论文和通信，其中包括格拉德温·金斯利·诺布尔和查尔斯·博格特。

罗纳德·艾尔默·费希尔的文集（MSS 0013）收藏于澳大利亚阿德莱德大学的巴尔·史密斯图书馆的特别收藏区。费希尔在去世前搬去澳大利亚阿德莱德市生活。有关费希尔的这些收藏品大部分已经数字化，可以通过罗纳德·艾尔默·费希尔的数字化档案网址（http: // digital.library.adelaide.edu.au / coll /special / fisher / index.html）进行查阅。费希尔的这些收藏文集包含了他与福特从 1930 年到 1961 年的所有通信记录，内容要比福特的个人收藏文集完整很多。

尽管我已经在澳大利亚查阅了费希尔的信件，但也还是翻阅了艾伦·约翰·马歇尔的收藏文集（MS 7132）。虽然其中收藏的信件不多，但是关于一些他撰写的非常受欢迎的文章以及他参与撰写的一些影视节目的脚本保存得很好。马歇尔的收藏文集陈列于澳大利亚国家图书馆，位于澳大利亚堪培拉市。

美国国家科学研究理事会医学科学部研究委员会关于 1920—1965 年期间性问题研究项目（NRC-CRPS）的官方通信和项目档案收藏于国家科学档案馆，位于美国华盛顿市。在美国国家科学基金委员会之前，国家科学研究理事会资助了美国心理生物学的大部分研究项目，其中包括 20 世纪 30—40 年代期间 AMNH 的许多研究项目。想要了解更多关于 NRC-CRPS 的信息，请参阅索菲·D. 阿伯利（Sophie D. Aberle）和乔治·W. 科纳（George W. Corner）的著作 *Twenty- five Years of Sex Research: History of the National Research Council Committee for Research in Problems of Sex, 1922–1947*（费城：W. B. Saunders, 1953），以及阿黛尔·E. 克拉克（Adele E. Clarke）的著作 *Disciplining Reproduction: Modernity, American Life Sciences, and the "Problems of Sex"*（伯克利：加利福尼亚大学出版社，1998）。

最后，数字化档案逐渐成为重要的参考资源。特别值得注意的是，《查尔斯·达尔文全集》在线资料由约翰·范·维尔（John van Wyhe）指导，目前由剑桥大学艺术、社会科学和人文学研究中心（the Centre for Research in the Arts, Social Sciences and Humanities，CRASSH）主办，网址是 http: // darwin- online. org.uk.

口述历史资料

有关 20 世纪进化生物学历史的第一手资料丰富了我对生物学学科和科学中长期合作友谊重要性的理解，这是书面文字无法做到的。在获得威斯康星大学麦迪逊分校人体项目审查委员会的批准后，我先后采访了李·埃尔曼、约翰·梅纳德·史密斯、克劳丁·佩蒂特、艾略特·B. 斯皮斯和罗伯特·特里弗斯。我非常享受采访他们时的每一分钟，感谢他们分享他们的回忆和故事。

学术期刊

为了让自己熟悉动物行为、进化，特别是动物求偶行为的历史，我发现翻阅与进化和动物行为史有关的重要期刊的完整版非常有帮助，包括从第一本到 1980 年出版的所有相关期刊。在阅读这些期刊时，我既可以看到期刊相关的人员网络框架，包括主编、审稿人团队和文章作者的身份，也可以看到各期刊上发表文章的研究类型，包括研究对象、实验设计以及研究团队。关于动物和人类求偶行为的生物学讨论我推荐以下期刊：

《优生概述》（伦敦，1909—1968）；*Journal of Genetics*（伦敦，1910—）；*Genetics*（奥斯丁，得克萨斯州，1916—）；《动物心理学》（柏林，1937—1985），后改名为 *Ethology*（1986—）；*British Journal of Animal Behaviour*（伦敦，1953—1957），后改名为 *Animal Behaviour*（伦敦，1958—）；《进化》（劳伦斯，堪萨斯州，1947—），以及《行为遗传学》（纽约，1970—）的早期文章。

其他资料

性选择

关于历史学家对性选择的研究，值得关注的是海伦娜·克罗宁的著作：*The Ant and the Peacock: Altruism and Sexual Selection from Darwin to Today*（1991）。这本书是对两个时代性选择争论共鸣之处的哲学调查，两个时代分别是过去达尔文、华莱士、费希尔和赫胥黎争论的时期以及 20 世纪 80 年代。克罗宁利用哲学方法分析这些争论，为当前性选择理论的分歧提供新的解释。这是一本自封为"辉格党史书"的著作。而保罗·格里菲斯在这本书的评论文章中指出，这个自封只有在当下人们对性选择观点都一致的情况下才成立（参见论文 *The Cronin Controversy*，刊登于 *British Journal for the Philosophy of Science*，1995 年第 46 卷，p122-138，作者：保罗·格里菲斯）。基于此，我认为该著作的性选择部分内容取得了一半的成功。然而，由于她更多地关注现代生物学中的争论，所以她的分析没有涉及那些生物学家感兴趣而尚未达成共识认定是性选择发展史至关重要的部分内容，例如动物行为学或群体遗传学中的雌性选择。历史学家玛丽·巴特利着眼费希尔和赫胥黎关于人类进化的理念及其动物求偶理论之间的对称性，完成了一篇非常有价值的性选择理论史方面的博士毕业论文，大部分的分析结论整理为两篇学术论文。博士毕业论文：*A Century of Debate: The History of Sexual Selection Theory*，*1871-1971*（1994）。学术论文：*Conflicts in Human Progress: Sexual Selection and the Fisherian 'Runaway'*（1994）和 *Courtship and Continued Progress: Julian Huxley's Studies on Bird Behavior*（1995）。另一篇有参考价值的论文来自西蒙·J. 弗兰克尔（Simon J. Frankel），基于他在剑桥大学攻读硕士学位时开展的研究课题，参见罗伊·波特（Roy Porter）和 M. 泰西（M. Teich）编著的 *Sexual Knowledge, Sexual Science: The History of Attitudes to Sexuality*（1994）p158-183 中 *The Eclipse of Sexual Selection Theory* 部分内容。达尔文在著作《人类的由来及性选择》（1871）中关于性和种族描述之间的关系也受到了很多历史学家关注。其中值得关注的包括伊夫琳·理查兹的论文：*Darwin and the Descent of Woman*，收录于大卫·奥尔德罗伊德和伊恩·朗厄姆编著的 *The Wider Domain of Evolutionary Thought*（1983），p57-111； 史蒂芬·G. 阿尔特（Stephen G. Alter）的论文：*Race, Language, and Mental Evolution in Darwin's Descent of Man*，刊登于 *Journal of the History of the Behavioral Sciences*，第 43 期（2007），p239-255；乔纳森·史密斯（Jonathan Smith）的论文：*Picturing Sexual Selection: Gender and the Evolution of Ornithological*

Illustration in Charles Darwin's Descent of Man，收录于伯纳德·莱特曼（Bernard Lightman）和安·B. 希黛儿（Ann B.Shteir）编著的 *Figuring It Out: Visual Languages of Gender in Science*（黎巴嫩，NH：新英格兰大学出版社，2007），p85–109。以及参见阿德里安·德斯蒙德和詹姆斯·摩尔的著作：*Darwin's Sacred Cause:How a Hatred of Slavery Shaped Darwin's Views on Human Evolution*（2009）。此外，如果没有仔细研读罗伯特·理查兹的著作：*Darwin and the Emergence of Evolutionary Theories of Mind and Behavior*（1987），那么对于达尔文性选择理论的历史分析也是不全面的。

首次激发我对性选择产生兴趣的是我在读生物学本科时读过的一本书，书名为 *Túngara Frog: A Study in Sexual Selection and Communication*（芝加哥：芝加哥大学出版社，1985），作者是迈克尔·J. 瑞安（Michael J. Ryan）。那时候，这本书已经绝版，瑞安的新研究结果已经让他开始重新审视自己关于青蛙发声和性选择的论点，但我仍然觉得他在书中的描述扣人心弦，极具吸引力。从那以后，也有几位生物学家为普罗大众撰写了一些性选择方面图书，也许其中最成功的是以下两本书：马特·里德利（Matt Ridley）编著的 *The Red Queen: Sex and the Evolution of Human Nature*（纽约：Harper Collins，2003）和奥利维娅·贾德森（Olivia Judson）编著的 *Dr. Tatiana's Sex Advice to All Creation: The Definitive Guide to the Evolutionary Biology of Sex*（纽约：Henry Holt & Company，2002）。最近，著名的进化生物学家琼·拉夫加登（Joan Roughgarden）对动物的性选择进行了彻头彻尾的批判。拉夫加登认为，所有的性选择理论都是预设物种是两种性别，即雌性和雄性，然而在动物世界中，这个预设并没有我们想象得那么普遍。详细内容请参见她的著作*Evolution's Rainbow: Diversity, Gender, and Sexuality in Nature and People*（伯克利：加利福尼亚大学出版社，2004），以及*The Genial Gene: Deconstructing Darwinian Selfishness*（伯克利：加利福尼亚大学出版社，2009）。

20世纪生物学和进化论发展史的综合性著作

很多书为我了解20世纪进化论发展史提供了有益的帮助。首先要介绍的是加兰·艾伦（Garland Allen）的经典著作：*Life Sciences in the Twentieth Century*（纽约：John Wiley & Sons，1975）。近年来的著作主要有：吉斯·本森、简·梅恩沙因和罗纳德·雷恩格合编的*The Expansion of American Biology*（1991）；彼得·鲍勒（Peter Bowler）的著作：*Evolution: The History of an Idea*（伯克利：加利福尼亚大学出版社，2003）；苏拉娅·德查达雷维安（Soraya de Chadarevian）的著作：*Designs for Life: Molecular Biology after World War II*（剑桥：剑桥大学出版社，2002）；米歇尔·莫朗热（Michel Morange）著、马修·科布（Matthew Cobb）译的著作：*A History of Molecular Biology*（剑桥，马萨诸塞：哈佛大学出版社，1998）；罗纳德·雷恩杰（*Ronald Rainger*）、基思·本森（Keith Benson）和简·梅恩沙因（Jane Maienschein）编著的*The American Development of Biology*（费城：宾夕法尼亚大学

出版社，1988）；菲利普·J. 保利（Philip J. Pauly）的著作：*Biologists and the Promise of American Life: From Merriwether Lewis to Alfred Kinsey*（普林斯顿，新泽西：普林斯顿大学出版社，2000）；以及简·萨普（Jan Sapp）的著作：*Evolution by Association: A History of Symbiosis*（纽约：牛津大学出版社，1994）。关于综合进化论历史的参考资料，特别推荐的是：让·伽永的著作：*Darwinism's Struggle for Survival: Heredity and the Hypothesis of Natural Selection*（1998），瓦西莉基·贝蒂·斯莫科维茨的著作：*Unifying Biology: The Evolutionary Synthesis and Evolutionary Biology*（1996），以及乔·凯恩和迈克尔·鲁斯编著的 *Descended from Darwin: Insights into the History of Evolutionary Studies*，*1900-1970*，第 99 卷（2009）。考虑到迈尔与进化论史研究的未来息息相关，我也推荐综合进化论参与者恩斯特·迈尔和威廉·B. 普罗文的著作：《综合进化论》（1980），以及恩斯特·迈尔的著作：《生物学思想发展的历史》（1982）。有关进化论思想的另外一本不同视角、重要而全面的概述来自史蒂芬·杰伊·古尔德的著作：*Structure of Evolutionary Thought*（2004）。

理论与实践中的实验室和野生动物行为

历史学家通常从实验室的视角研究生命科学中科学实践问题。参见阿黛尔·E. 克拉克（Adele E. Clarke）和琼·H. 藤村（Joan H. Fujimura）等编著的 *The Right Tools for the Job: At Work in Twentieth- Century Life Sciences*（普林斯顿，新泽西：普林斯顿大学出版社，1992）；安吉拉·克里杰（Angela Creager）的著作：

Life of a Virus: Tobacco Mosaic Virus as an Experimental Model（芝加哥：芝加哥大学出版社，2002）。另参见罗伯特·科勒的著作：*Lords of the Fly: Drosophila Genetics and the Experimental Life*（1994），以及凯伦·A. 雷德（Karen A. Rader）的著作：*Making Mice: Standardizing Animals for American Biomedical Research, 1900–1955*（普林斯顿，新泽西：普林斯顿大学出版社，2004）。

科学史学家在一个科学领域背景下研究人与动物互动时，他们大多是从哲学或文化的角度来开展的。在这些分析中，动物的角色是观察人类文化运作的方法论窗口，或者是反映人类社会中劳动、种族或性别的历史关系的镜子。这样的著述包括莫莉·H. 马林（Molly H. Mullin）的论文：*Mirrors and Windows: Sociocultural Studies of Human- Animal Relationships*，刊登于*Annual Review of Anthropology*，第28卷（1999），p201–224；洛兰·达斯顿（Lorraine Daston）和格雷格·米特曼（Gregg Mitman）等编著的*Thinking with Animals: New Perspectives on Anthropomorphism*（纽约：哥伦比亚大学出版社，2005）。沿着这些分析路线，我们可以看到很多关于皇权、阶级、宗教、自然和道德等文化中特有概念的信息。具体参见唐娜·哈拉维的著作：*Primate Visions: Gender, Race, and Nature in the World of Modern Science*（1989）和*The Companion Species Manifesto: Dogs, People, and Significant Otherness*（剑桥：Prickly Pear，2003）；尼古拉斯·渣甸、詹姆斯·西科德等的著作：*Cultures of Natural History*（1996）；哈丽雅特·瑞特沃的著作：*The Animal Estate: The English and Other Creatures in the*

Victorian Age（剑桥，马萨诸塞：哈佛大学出版社，1987）；彼得・辛格（Peter Singer）的著作：*The Expanding Circle: Ethics and Sociobiology*（纽约：Farrar, Straus & Giroux，1981）；弗兰斯・德・瓦尔（Frans de Waal）、罗伯特・赖特（Robert Wright）、克里斯蒂娜・M. 科斯嘉（Christine M. Korsgaard）、菲利普・基切尔（Philip Kitcher）和彼得・辛格共同编著的 *Primates and Philosophers: How Morality Evolved*（普林斯顿：普林斯顿大学，2006）；布雷特・沃克（Brett Walker）的著作：*The Lost Wolves of Japan*（西雅图：华盛顿大学出版社，2005）。

最近，科学史学家的注意力逐渐转向 20 世纪动物行为研究的理论和实践方法，研究背景不再是实验室，而是更广阔的野外环境。这些书兼具把动物作为 20 世纪科学研究对象的方法，以及动物和人类之间的进化、语言和文化关系的密切分析。例如，小理查德・W. 伯克哈特的著作：*Patterns of Behavior: Konrad Lorenz, Niko Tinbergen, and the Founding of Ethology*（2005）；艾琳・克里斯特（Eileen Crist）的著作：*Images of Animals: Anthropomorphism and Animal Mind*（费城：天普大学出版社，2000）；丽贝卡・列莫的著作：*World as Laboratory: Experiments with Mice, Mazes, and Men*（2005）。另参见格雷戈里・拉迪克的著作：*Simian Tongue: The Long Debate about Animal Language*（2007）；埃德蒙・罗素（Edmund Russell）的著作：*War and Nature: Fighting Humans and Insects with Chemicals from World War I to Silent Spring*（剑桥：剑桥大学出版社，2001）；

夏洛特·斯雷的著作：*Six Legs Better: A Cultural History of Myrmecology*（动物、历史、文化系列之一）（巴尔的摩：约翰霍普金斯大学出版社，2007）。

罗伯特·科勒是为数不多的科学史学家之一，他分析了生态学家和进化生物学家的实验室和野外文化之间的方法、想法和理想的交融。参见他的著作：*Landscapes and Labscapes: Exploring the Lab-Field Border in Biology*（芝加哥：芝加哥大学出版社，2002）。从他的著作中，我们可以清晰地看到实验室和野外两个研究场所是互补的存在。动物行为是生命科学中一个极具吸引力的学科，部分原因是动物行为研究者从很早就意识并接受这两种形式的研究都是动物行为研究的核心组成。

女性、性别、科学

女性主义者的分析丰富了我们对科学文化和研究进展的理解，拓展了我们对科学事业核心活动种类的定义，也扩大了科研人员的名册。参见安妮·法斯托–斯特林的著作：*Myths of Gender: Biological Theories about Men and Women*（纽约：Basic Books，1985）和 *Sexing the Body: Gender Politics and the Construction of Sexuality*（纽约：Basic Books，2000）；芭芭拉·T. 盖茨的著作：*Kindred Nature: Victorian and Edwardian Women Embrace the Living World*（1998）；芭芭拉·T. 盖茨和安·施泰尔的著作：*Natural Eloquence: Women Reinscribe Science*（1997）；埃韦林·福克斯·凯勒（Evelyn Fox Keller）的著作：*A Feeling for the Organism: The Life and Work of Barbara McClintock*（旧金山：W. H. Freeman and Co., 1983）；萨莉·格雷戈里·科尔施泰特（Sally Gregory

Kohlstedt）等的著作：*Gender and Scientific Authority*（芝加哥：芝加哥大学出版社，1996）；萨莉·格雷戈里·科尔施泰特的论文：*Nature Not Books: Scientists and the Origins of the Nature Study Movement in the 1890s*；罗纳德·纳伯斯和约翰·斯坦豪斯的著作：*Disseminating Darwinism: The Role of Place, Race, Religion, and Gender*（1999）中萨莉·格雷戈里·科尔施泰特和马克·R. 乔根森（Mark R. Jorgensen）撰写的 *'The Irrepressible Woman Question': Women's Response to Darwinian Evolutionary Ideology* 部分内容；伊丽莎白·劳埃德（Elisabeth Lloyd）的著作：*The Case of the Female Orgasm: Bias in the Science of Evolution*（剑桥，马萨诸塞：哈佛大学出版社，2005）；玛格丽特·罗西特（Margaret Rossiter）的著作：*Women Scientists in America: Struggles and Strategies to 1940*（巴尔的摩：约翰霍普金斯大学出版社，1982）；辛西娅·伊格尔·罗塞特的著作：*Sexual Science: The Victorian Construction of Womanhood*（1989）；隆达·席宾格（Londa Schiebinger）的著作：*The Mind Has No Sex? Women in the Origins of Modern Science*（剑桥，马萨诸塞：哈佛大学出版社，1989）。

优生学和遗传学

人类遗传学中优生学的策略和研究一直吸引着历史学家的注意力。这一部分首先要推荐的是丹尼尔·J. 凯夫尔斯的著作 *In the Name of Eugenics: Genetics and the Uses of Human Heredity*（1985）和戴安·B. 保罗的著作：*Controlling Human Heredity: 1865 to the Present*（1998）。关于优生学历史的研究，最近突出的工作包括约翰·卡森（John Carson）的著作：*The Measure of Merit: Talents, Intelligence, and Inequality in the French and American Republics, 1750–1940*（普林斯顿，新泽西：普林斯顿大学出版社，2007）；温迪·克莱恩的著作：*Building a Better Race: Gender, Sexuality, and Eugenics from the Turn of the Century to the Baby Boom*（2001）；马克·A. 拉根特的著作：*Breeding Contempt: The History of Coerced Sterilization in the United States*（2007）；安琪莉可·理查森的著作：*Love and Eugenics in the Late Nineteenth Century: Rational Reproduction and the New Woman*（2003）；莱拉·赞德兰（Leila Zenderland）的著作：*Measuring Minds: Henry Herbert Goddard and the Origins of American Intelligence Testing*（剑桥：剑桥大学出版社，2001）。

就像在日常生活中一样，科学中被称之为"自然"的东西承载的分量也比较重。这样的主张是文化中特有的，在制定通用规则时的影响力是巨大的。在我思考雌性选择和性选择历史的这些问题时，有几本书给了我很多帮助，比如威廉·克罗农（William Cronon）的著作：*Uncommon Ground: Rethinking the Human Place in Nature*（纽约：W. W. Norton，1995）；洛兰·达斯顿（Lorraine Daston）和格雷格·米特曼（Gregg Mitman）等的著作：*Thinking with Animals: New Perspectives on Anthropomorphism*（纽约：哥伦比亚大学出版社，2005）；洛兰·达斯顿和费尔南多·比达尔（Fernando Vidal）等的著作：*The Moral Authority of Nature*（芝加哥：芝加哥大学出版社，2004）；唐娜·哈拉维的著作：

Primate Visions: Gender, Race, and Nature in the World of Modern Science（1989）；格雷格·米特曼的著作：*The State of Nature: Ecology, Community, and American Social Thought, 1900–1950*（1992）；米丽娅母·G. 罗伊曼（Miriam G. Reumann）的著作：*American Sexual Character:Sex, Gender, and National Identity in the Kinsey Reports*（伯克利：加利福尼亚大学出版社，2005）。